上海市本级学科建设项目"中国设计理论与创意文化研究" 资助
上海大学中国设计理论与创意文化研究中心　荣誉出品

设计学研究

邹其昌 主编

DESIGN STUDIES

2014

人 民 出 版 社

责任编辑：洪　琼

图书在版编目（CIP）数据

设计学研究·2014 / 邹其昌　主编．－北京：人民出版社，2015.6
ISBN 978 － 7 － 01 － 014797 － 0

I. ①设⋯　 II. ①邹⋯　 III. ①设计学－研究　 IV. ① TB21

中国版本图书馆 CIP 数据核字（2015）第 085267 号

设计学研究·2014

SHEJIXUE YANJIU · 2014

邹其昌　主编

人民出版社出版发行
（100706　北京市东城区隆福寺街 99 号）

北京中科印刷有限公司印刷　新华书店经销

2015 年 6 月第 1 版　2015 年 6 月北京第 1 次印刷
开本：787 毫米 ×1092 毫米 1/16　印张：17.75
字数：340 千字　印数：0,001 － 1,500 册

ISBN 978 － 7 － 01 － 014797 － 0　定价：56.00 元

邮购地址 100706　北京市东城区隆福寺街 99 号
人民东方图书销售中心　电话（010）65250042　65289539

目　录

一、中国当代设计理论建设与研究系列：历史篇

二、设计基础理论研究

一、中国当代设计理论建设与研究系列：
历史篇

中国当代设计学理论体系建构研究，是当前设计学科建设一项十分重大的课题。构建当代设计理论体系，涉及的问题很多，是一个多学科、多领域、多部门的互动过程，也是设计实践和设计理论深层互动生成的历史过程，需要大量潜心设计理论体系研究的各方面人才以及相关人员等对这一事业贡献智慧。

《设计学研究》理应承担这一历史使命，为当代中国设计学理论体系作出自己应有的历史贡献。为此，《设计学研究·2014》将继续围绕"中国当代设计理论建设与研究"主题展开多视角、多方面的系统深入探讨，以期为中国当代设计学理论体系建构做历史性的研究基础。

"中国当代设计理论建设与研究"主要包括：人物篇、观念篇、行业篇、经济篇、文化篇、技术篇、历史篇、实践篇、国际篇、教育篇、时尚篇等。

《设计学研究·2014》的"特别栏目"以"设计史"写作与中国当代设计理论建设为主题，重在回顾与考察"设计史"（中外设计史）在中国现代设计理论建设中的价值和意义。限于篇幅，本书选择了8位专家学者（以出生年月为序排列），以访谈或论文描述的方式介绍了他们各自与中国当代设计理论建设问题中有关中国设计史编撰问题的回顾。需要特别说明的是，这一栏目中，还选编了陈芳的研究成果，这一成果较为系统和全面地展示了中国当代设计史写作的基本面貌，特全文发表。

田自秉与中国设计史写作[①]

郭秋惠（清华大学美术学院）、王丽丹

时间：2006 年 3 月 10 日、3 月 15 日

地点：北京市朝阳区慈云寺晨曦园

访谈者：郭秋惠、王丽丹

图 1　2006 年 3 月，清华大学美术学院院史访谈合影（左起：王丽丹、田自秉、吴淑生、郭秋惠）

---

① 原题：田自秉、吴淑生先生访谈录，原载《传统与学术——清华大学美术学院院史资料集》2006 年第 1 期。杭间主编：《传统与学术——清华大学美术学院院史访谈录》，清华大学出版社 2011 年版。曾部分发表于《装饰》2006 年第 6 期。

田自秉，男，土家族，1924年出生于湖南石门。1948年，毕业于杭州国立艺专应用美术系，后留校任教，兼任辅导员与系秘书。1953年，调北京中央美术学院，参与筹备全国第一次民间美术工艺展览。1956年，转入中央工艺美术学院，从事工艺美术史论教学和研究，历任副教授、教授、博士生导师。1956—1957年，在中央工艺美术科学研究所参与创办《工艺美术通讯》，并负责理论研究室。1983年，参与创建工艺美术史论系。1983—1987年，任工艺美术史论系副主任。1988年退休。主要著述：《中国工艺美术史》（获教委高等院校优秀教材奖）、《中国染织史》（吴淑生、田自秉合著）、《中国纹样史》（田自秉、吴淑生合著，2004年获第14届中国图书奖）等。并获全国博士优秀论文导师水晶球奖。享受国务院特殊津贴。2004年5月，获"卓有成就的美术史论家"奖。

吴淑生，女，1925年出生于江苏南京。1948年，毕业于杭州国立艺专应用美术系，在浙江科普协会负责宣传。1953年，调北京中央美术学院工艺美术研究室。1956年，转入中央工艺美术科学研究所，负责刺绣研究室。1958年，参与筹建北京市工艺美术学校，并历任副教授、教授。

一、求学经历

问：郭秋惠、王丽丹（以下简称问）：田先生，请介绍一下您第一次接触工艺美术的情况。1944年，您考入迁校到重庆的国立艺术专科学校，就读什么系，什么专业？

田自秉（以下简称田）：我上高中的时候就对美术有兴趣，经常写美术字、编墙报。抗战时我在重庆考大学，从湖南跑到重庆要一个礼拜，很艰难！到重庆时，一般的大学招生都过期了，最后就剩国立艺专，当时的校长是潘天寿。所以我就报考国立艺专，最后考取了。我就读于应用美术系，专业主要有染织、陶瓷、装潢。我们读的是综合的专业：第一年是基础，学习图案等基本功；第二年是专业，学习陶瓷、染织，还用汽油桶烧窑，也做木工，很重视实践；第三年是综合的，实际上就是室内装饰，画装饰图、搞室内布置，就是把染织和陶瓷综合应用起来。当时高中毕业考取的学生，学制是三年。学校在重庆盘溪，沙坪坝的对面。在重庆住了一年后，我因病休学一年。抗战胜利后回到杭州国立艺专，刚好和吴淑生同班。

问：什么原因使您选择了应用美术专业？

田：因为我专门学国画也不行，其他的还有西画（油画）、雕塑，所以就学了比较实用的应用美术。毕业了可以弄弄广告、搞工业产品设计。杭州那时候人才济济，潘天寿、林风眠等老先生都在那里。他们对学生都非常好，都强调实践。一定要实践，不然体会不了。一个是强调生产实践，一个是重视面向大众，这两个大方向不是某个人的想法，而是自然形成的观点。

吴淑生（以下简称吴）：我们的素描老师是林风眠，素描助教是赵无极。当时，林风眠比较忙，经常看看就走了，主要是赵无极教。教图案的老师是雷圭元，教染织的老师是柴扉，教装潢的老师是邓白，教烧窑和木工的老师是王隐秋。我们还学蜡染、扎染，做小木工，做画箱，等等。

问：请您谈谈当时杭州国立艺专被接管的情况？

田：解放后，要接管国民党的学校，杭州国立艺专改名为中央美院华东分院。它被接管的情况是这样的：延安来了一批人，像江丰、莫朴等；还有一批是国统区进步的人士，包括庞薰琹，共同接管；我是从南京回来的。1948 年毕业后，我和吴淑生到南京市委成立的南京文艺工作团工作了半年。因为学校缺少老师，军代表刘苇（倪贻德先生的夫人）、倪贻德打电报让我回校，他们也是我的老师。回校后，我在应用美术系当助教兼辅导员，当时每个系都有辅导员。之后，我又做系秘书，搬迁到北京后还是当系秘书，一直到工艺美院成立。

吴：我们从南京文工团调到杭州后，他在美院，我经刘苇老师的介绍，在科普协会负责宣传工作，两个单位离得很近。

二、创办图案研究会

问：请您谈谈在杭州国立艺专上学时创办的图案研究会。为什么要成立图案研究会？主要成员和活动有哪些？出版过什么刊物？

田：大家不太注意这个，我现在觉得蛮有意思的。大约是 1946 至 1947 年，图案研究会是我在杭州做学生时组织成立的，我是第一届会长。当时的美术院校受过去文人画的影响，对工艺美术不太重视。我们心里不太服，因为工艺美术和人民生活紧密结合，为什么不重要？

应用美术系的全体师生都参加了。为了扩大影响，还吸收了外系的同学。系里的雷圭元、邓白、柴扉等先生都参加了。在杭州的美院校刊上还有照片。它的主要活动是研究工艺美术的历史与理论，做学术研究，请专家做讲座，搞社会活动，组织展览。我们主要想把作品推向社会，让社会了解。这个图案研究会被传下去了，1952 年才撤销。当时出版过画册，是关于中国几何图案的。在杭州西湖边的民众教育馆举办了一次展览，让大家了解什么是工艺美术，影响挺好的。展品有我们做的陶器、蜡染和小木工作品等。

吴：美术学院一般比较重视绘画和雕塑，忽视应用美术系。很多年轻人不了解应用美术系，所以我们要成立图案研究会。

问：这三张图案研究会的老照片，一直保留到现在很珍贵，而且都没有发表过，请您介绍一下照片的历史场景。

田：第一张是1947年图案研究会成立的会议照片，我作为会长站着发言。第二张是我们开完会到楼下集体合影，其中还有邓白、雷圭元、柴扉老师，是在杭州国立艺专图案教学楼下照的。另一张是几天后，我们在杭州西湖边的民众教育馆举办展览会时的同学照片。

三、南北实用美术系合并

问：1949年，杭州国立艺专更名为中央美术学院华东分院。1952年底1953年初，全国高等院校调整，您所在的实用美术系合并到中央美术学院实用美术系。对于两系合并，系里的老师有没有不同意见？

吴：大家都同意合并。第一，我们年轻人很向往北京。第二，解放区来的华东分院的领导很重视、支持合并这件事。我们还带了大批的资料，来北京成立全国性的工艺美术学院。

田：当时系里的老师都赞成合并，没有不愿意的。我们知道把两个系合并起来，人力比较集中，实际上是准备筹建中央工艺美术学院。因为经济建设、人民生活都需要这个学院。所以，大家都愿意调到北京来，希望成立一个学院。到北京以后，有三年的筹备工作，1956年才成立工艺美院。南北两系合并，我是代表南边的系秘书，北京的代表秘书是陈若菊。

我觉得工艺美院的建立和江丰有关系。那时，庞先生和江丰靠得比较近，因为他得依靠江丰。江丰从老区来，地位高，可以和周总理直接对话。庞薰琹抓具体工作，实际上庞先生上面的人是江丰。

问：当时为成立学院，做了哪些具体的准备工作？

田：当时的内情我还知道一些。原来是要成立八个学院，例如戏剧学院、美术学院、舞蹈学院等。计划是在西郊动物园附近，八大学院都在一块。当时有两派意见：一种认为集中好，集中是学习苏联的，艺术院校全集中在一起可以交流；我们认为工艺美院应该建立在城里，紧靠人民生活，了解商业贸易的情况，不适合集中。这是最早的事。到了1953年，文化部决定南北两个实用美术系合并。教师合并，资料也合并，合并后力量强一点，才能成立这个学院。

原来华东分院实用美术系有染织、陶瓷、装潢和建筑四个组。当时，建筑组并到了上海同济大学，因为建筑组缺老师，顾恒老师是后来的，梁启煜老师当时没来北京，回四川了。另外，也请不到别的教师。1952年，我把建筑组这个班的学生送到同济大学。我是系秘书，在上海的这种联系都由我来做。我还把上海美专的陈汉民他们接到杭州的华东分院。

院史很重要，将来就作为资料，所以要全面、辩证地看事物，符合史实。应该注意合并北上有哪些人，南边杭州是哪些人，北边北京是哪些人；合并以后，在中央美术学院成立工艺美术研究室又是哪些人。在这过程中有走的，有新加入的，要把这个名单也弄出来。然后是研究室做了哪些工作。

吴：院史应该完整、正确，要记载哪些人做了哪些工作，对这个学校有没有贡献，贡献是什么。院史对社会应有诚信度。

问：原来院史上南边的名单是这样的：庞薰琹、雷圭元、柴扉、顾恒、程尚仁、袁迈、柳维和、温练昌、程新民、田自秉、吴淑生。您看有遗漏的吗？

田：当时邓白留下了，因为他的夫人病了。邓白也是主要教师，教装潢，人很好。按道理，等师母病好了他再来北京，但是莫朴不放，他被扣下来了。温练昌、程新民是学生，还没毕业。

问：从杭州调到北京筹建中央工艺美术学院的具体情况如何？当时从杭州过来的老师住在哪里？从杭州带的资料主要是书籍资料吗？

田：老师都在大雅宝美院的宿舍。当时，张仃、李可染、董希文、彦涵等都住那。我因为当系秘书，天天上班，江丰就把我调到中央美院大礼堂后面的宿舍。从杭州带的资料主要是图书，实物的少。原来两个国立艺专搬到四川后合并了，抗战胜利后图书资料直接运到杭州了。北京的艺专是徐悲鸿新建的。南北实用美术系合并后，北京有的书就不带。当时北京书也蛮多，所以有一些书就没带来。

问：合并时成立的工艺美术研究室，为工艺美院的建立做了哪些筹备工作？

田：到北京后，实用美术系就改成工艺美术研究室，不叫系了，地址在中央美术学院里。高庄、常沙娜从清华大学调过来，都在研究室里。我们接触的人也蛮多的，像梁思成、郑振铎等。1953年、1954年工艺美术研究室停课不招生了，专门搞研究、收集资料。三年间，工艺美术研究室的工作实际上是筹备成立中央工艺美术学院：一是搞了个展览会，全国调查，收集资料；二是准备教材，收集资料、研究出版。研究室还出版了六七种书：图案的组织、皮影、藻井图案、民间染织刺绣、民间雕塑工艺、中国蓝印花布等，为成立学院做准备工作。北京对传统比较重视，一解放，党的政策也比较强调传统。杭州好像比较西化。那时，我们经常去故宫，故宫为了服务教学还让我们进仓库观看、临摹。

吴：在杭州也强调传统，只不过北京更加强调和重视。而且北京是古都，传统的东西比较多。当时研究室还有理论组，常沙娜老师和我们临摹、研究古代的青铜器、画像石、敦煌藻井图案。准备教材，要搞传统文化。

四、全国民间美术工艺品展览会与学院资料室建设

问：田先生，请您详细介绍一下1953年12月举办的首届全国民间美术工艺品展览会，因为这个展览很重要。当时为什么要办这个展览？

田：我在中央美术学院待了三年，参与做了一件大事，就是1953年举办的第一次全国民间美术工艺品展览会。当时，文化部举办了一系列活动：全国民间美术工艺品展览会、全国戏曲会演、全国舞蹈会演，全部强调民间的。所以，工艺美术展览会也是强调民间的。第一次全国民间美术工艺品展览会是在劳动人民文化宫举办的，第二次在团城。第一次展览的展品，后来很多留给咱们学院作为资料了。办展览之前，我们分了几个小组到全国进行调查，发现、收集、购买了一些东西。这样既积累了工艺美术的资料，又对全国民间工艺美术的情况，例如生产状况、艺人队伍大概摸了底。这既是展览会的基础，又是成立中央工艺美术学院的基础。

问：听说，田先生为了这个展览倾注了大量的心血，都累吐血了。

吴：他为了这次展览差一点就失去了生命。他搬了很多东西，累得大出血，后来病了三年。但是，工作一点都没有耽误。新中国成立之初，大家都有热情，而且十分高涨。当时有两种热情，一种是要成立这么一所学院，而且很大，这是我们所希望的，这种热情鼓舞着我们。另外，刚解放热情更高。做展览会的时候，他到处征集作品，不仅让人家送展品来，而且还要写说明。我们也要配合做研究，尤其是传统图案的研究，临摹藻井图案、织锦、石刻，一边临摹、一边研究。当时有很多领导和校外的人来参观过。办民间美术工艺展览时，周总理来参观了，他非常平易近人，很支持成立工艺美术学院。

在筹建学院阶段，工艺美术研究室还准备资料，负责向国内外宣传中国的工艺美术以及即将成立的中央工艺美术学院，文字和图片的资料都有。他还到处去找和工艺美术有关的书籍，虽然病了，还是写论文。我们大家积极地设计东西准备宣传，像常沙娜也在设计。我设计的台布、围巾、靠垫，经过陈万里挑选，在美术馆展出了，后来还被故宫博物院收藏了。我非常高兴，一方面是自己的东西被收藏了；更高兴的是，我们有这个力量来成立中央工艺美术学院。后来，我们设计的作品还被送到德国莱比锡以及东欧国家展览了。

问：当时，选这些展品秉持了什么原则？当时展览的效果怎样？展品主要是百姓的生活器用吗？有没有陈设性的工艺品？展览和学院的成立有何关系？

田：我们发现有价值、有美学价值的都收集了，资料非常雄厚。当时去华东、西南、西北等各地调查收集还比较方便，因为文化系统和手工业管理局都管，双管。展览是传统和民间的体现，展品非常多，摆满了劳动人民文化宫，效果挺好的，连朱德也去看了。展品主要是老百姓衣食住行等日用品。也有一些陈设性的工艺品，因为陈设性的工艺品在当时可以争取外汇。我们叫特种工艺，例如玉器、牙雕，但这不是主要的，当时的方向还是大众的。

其实，这也是为了筹办工艺美院。我们学院的标志就是衣食住行，强调大众化、日用的。中央工艺美术学院成立后，国家大展览的展品都先让我们挑，不要的才给别人。我病了以后，展览是梁任生接管的，也可以问问他。

吴：我觉得是这样的：因为刚解放，北京要成立专门的工艺美术学院，学校的领导特别重视，外面各地的领导也非常重视。所以，各地都拿出当地最好的东西。

问：全国民间美术工艺品展览会的名称是谁起的？展览名称为何用"美术工艺"，而不用"工艺美术"？

田：这是文化部定的，那时候叫美术工艺，也就是工艺美术。为什么叫工艺美术？因为原来叫图案，觉得图案是纸上谈兵，没实践。庞薰琹和我们都强调实践，要有工艺。工艺美术不是光指手工艺，而是代表一个艺术品种。现在大家都叫设计，这是西方工业革命之后出现分工才这样叫的。工艺是工艺美术的简称，和绘画、雕塑、建筑、音乐、舞蹈一样是一个艺术品种，一共有十几种。当时工艺美术和美术工艺没什么区别。他们用"美术工艺"，可能是因为觉得这样艺术性高一些。所以，把美术放在前面。他们可能觉得工艺就是手工艺。确切就不知道文化部是怎么考虑的。

问：那时，到东欧国家办展览用的展品和全国民间美术工艺品展览会的展品是同一批吗？是否有一些作品是新设计的？

田：两种展览的展品不太一样。当时我们依靠苏联，东欧民主国家和我们关系比较好，他们来展览，我们也出去展览。出国展览的展品不光是我们工艺美术研究室设计的，还有民间的，这样才能代表中国。有一些是我们研究室设计的，还有一些是地方设计的。故宫原来准备成立现代民间工艺馆，陈万里去选过作品，但后来又没成立。

吴：全国民间美术工艺展的展品是从全国收集上来的。到国外巡回展出的展品，我不知道有多少是民间的，但是展品里还包括我们设计的作品。现代民间工艺馆没有成立，也许是故宫觉得收藏以古代的东西为主比较好。

问：学院资料室的藏品来源和资金来源是什么？

田：它的来源比较多。第一次全国民间美术工艺品展览会的资料，就留在了工艺美院。当时没收的外国人留下的美术作品，也给我们学院了。还有苏联展览会、东欧国家展览会的东西也留下来了。个人捐献的不太多。我们到专家家里访问，买特别珍贵的书，例如到著名的收藏家朱启钤先生家买过书。一共收集了大概三万多件资料。像南京云锦，就是西藏解放后农奴主被没收的一批云锦在珠市口展卖，我们得到消息后，买了十几匹。那批资料在全国范围内都是少有的，是全新的，没用过。还有像琉璃厂，和我们关系很好，经常来送东西。学院要就留下，不要他就带走。

资金是文化部给的。邓洁来了以后，也搞了一笔专款，他喜欢国画，就买了一批国画。那时候，实物资料价格比较低，一幅国画才二三十元，一个彩陶才七八元。当时的米是一毛五一斤。工资是讲单位的，一个单位五毛钱，我是八十个单位，四十块钱。单位是国家定的，多少米、多少油等，平均起来一个单位是五毛多。

吴：除了我们自己在北京收集之外，更多的是全国各地文化局送来的。还有一个来源是没收当地地主和外国人的藏品。

五、上级领导对于成立工艺美院的支持与指示

问：一般提起中央工艺美术学院的建立，就会认为这是庞薰琹先生提出的。您说江丰对成立中央工艺美院做了很大的贡献，能展开谈谈吗？

田：江丰接管杭州国立艺专时，我就认识他了。后来中央为了人才集中，又把他调到北京。他是先到北京的，兼任中央美术学院的院长。他很了解我们，认为工艺美术很重要，应该发展。我估计他是起了作用的。我觉得庞先生是通过江丰，江丰又和周总理沟通。当然，写方案是庞先生，具体的事情都由庞先生操办。但是负责支持、联系的都是江丰，包括和周总理、朱德的联系，没有他不行。江丰资历蛮老的，他是工人阶级出身，又是美术界的老前辈。我们都把他当做党的代表。当然，周总理也重视工艺美术，朱德也很重视手工艺。当时的美术院校都重视绘画，一般都把工艺摆在最后，觉得工艺美术是羁绊艺术，是受限制的。

吴：江丰很平易近人，他的家我们可以随便进，不用敲门。我们的关系是完全平等的，什么都谈。他说工艺美术系很小，可以扩大。庞薰琹也是这样，我们和他更熟悉。那时工艺美术系在学校里地位比较低，我们和学生的感觉都这样。

问：学院成立时，曾经有毛泽东和周恩来两位国家领导人的批示。我感觉这两个批示的方向不太一样。像周总理的批示倾向于面向现代人民生活的需要，毛主席的批示则倾向于保护老艺人。

田：对，两个出发点不一样。毛主席谈手工业一万年都不会消失，老艺人是国家的

财富，这是他的思想。周总理是总理，他从经济建设、文化建设出发，从专业角度来了解，所以必须要有这个学院。

问：这是否和毛主席的出身有关？他是在农村出生，搞农民运动，他的关注点还是偏向老艺人。新中国刚成立时，杨士惠曾经为他雕过像，毛主席很感叹。

田：对，杨士惠为毛主席雕过大象牙雕。当时对这个还有争论，好像有种倾向认为越大越好。这是不合适的，因为这不是大小的问题，而是实用的问题。1957年以前还蛮自由的，大家有辩论。反右以后，大家就不敢说了。这和当时的国际背景也有关系。当时，欧洲出现一个反共产党的事件，在匈牙利。国内反右就把这个套上了，说这批人也是反共产党的。反右扩大化，提得太高了。其实，有些人是好心的，不是坏心的，所以错划了一批人。

问：陈叔亮先生当时也写过一篇名为《为了美化人民的生活》的文章，批评过工艺美术的误区，其中就有这种越大越好的误区。

田：对，所以他就被打成右倾了，不是右派。右派就要戴帽子了，变成敌人了。右倾就是思想是右的，不是左的。

问：当时，除了毛主席、周总理，朱德对工艺美术也很重视。全国民间美术工艺品展览会，他也去看了。但是，他的重视和毛主席、周总理的重视又不一样。他们的审美趣味是否也不一样？朱德为什么关心工艺美术？

田：这个我不太清楚。朱德在解放后是人大委员长，没有具体的管辖工作，但他很关心手工艺，很奇怪！

吴：朱德和他的夫人对工艺美术非常关怀。北京市工艺美术学校的建立就是朱德支持的，他曾经先后来视察过三次。原来我们学院的谢邦选（谢局长）也是长征老干部，和朱总司令非常好。谢邦选的思想感情和邓洁的思想感情是有一定距离的。就是谢邦选，把我带去筹建北京市工艺美术学校的。谢邦选参与了中央工艺美术学院的筹建，北京市工艺美术学校则是他一手建立起来的。

六、教学、研究、销售、展览四结合

问：学院成立时，有什么相关的工艺美术体系设想？

田：当时有这么一个构思：教学、研究、销售、展览四结合。中央工艺美术学院、中央工艺美术科学研究所和工艺美术服务部是同时成立的。中央工艺美术学院是教学机构，中央工艺美术科学研究所是研究机构，王府井的工艺美术服务部是销售门市部，像现在复兴门中国工艺美术馆那样的工艺美术馆则是展览机构。工艺美术服务部是国家办的，和学院的关系很密切。以后各地也有工艺美术服务部，是向中央学的。各地也纷纷成立了工艺美校。

问：成立这四个机构是谁提议的？

田：说实话，这主要是庞薰琹先生提议的。当时雷圭元先生不太管这些。最后，由江丰拍板。刚解放，领导和人民群众是融为一体的。

问：中央工艺美术科学研究所成立时的宗旨是什么？和学院的办学思想一致吗？

田：成立的宗旨是做研究，研究和教学是一条龙，研究是为教学服务的。再就是生产、销售、展出，就是对外的。

问：建院时，参考了国外办学模式了吗？当时的想法是不是要做得更丰富一点？

田：庞薰琹去过苏联，可能参照过莫希娜工艺美术学院的设想。后来，反右批判他太庞杂，都有半个文化部那么大。现在看来也不是，他有他的想法，反右一弄就整个都变了。

七、办学思想之争与学院归属问题

问：田先生，您说过工艺美院成立后，大家都有一股热情来做好学院。但是1957年，大家对办学思想产生了分歧。分歧产生的原因是什么？

田：是这样的，这个学校是文化部领导，艺术院校都属于文化部。但是工艺美术学院成立没有校舍和后勤人员，于是乎，上面决定归手工业管理局来管。它有地点，就是位于白堆子的手工业干校。校长是刘鸿达，后来当过咱们学院的党委书记和副院长。在白堆子有房子，还有人马，像后勤、财会那些行政人员等都是手工业管理局的。原来是要到南方的，庞薰琹不同意，我认为是对的。反右的分歧是从邓洁院长要搞手工作坊开始的。我觉得工艺美术应该面向大众、大生产。手工作坊作为教学实践也是需要的，我们也不是不重视民间工艺美术，像泥人张、面人汤都是那个时候进来的。我们主张面向大众的现代化教育，搞设计，侧重点不同。

办校有分歧，邓洁是从他的角度出发的，他也是老干部，手工业管理局的副局长。我们想搞现代化教育，庞薰琹到苏联看过莫希娜工艺美院，想学习那里的经验。邓洁也有他的道理，先办作坊，先实践。这下大家就想不通了，本来要办一个学校，现在变成作坊了。我们认为作坊是不是落后了一点，应该搞现代教育、现代化生产。一下子，大家就矛盾起来。庞薰琹认为手工业管理局不懂工艺美术。实际上，是他们跟我们的想法不一致，于是产生了矛盾。因此，庞先生提出重新归文化部领导，但是他就被打为反党。当时的口号就是"文化部领导"、"回到文化部"。后来国务院批准学院回到文化部，大家高兴极了，认为手工业管理局不太懂，这就套上了"外行不能领导内行"。矛盾越搞越大，教学分歧搞成政治风波了，刚好赶上了全国性的反右运动。学院最终也没回到文化部。

问：一开始是作坊和现代设计这两个办学分歧，后来又有张光宇和张仃比较提倡的注重装饰的办学思想。

田：对，他们是另外一种路子。最早张院长也当过中央美术学院实用美术系的系主任，两系合并以后，他就搞国画了。成立中央工艺美术学院时，他没来，张光宇来了。产生办学分歧之初，张仃院长还没来，反右以后他调过来了。当时要加强党的领导，陈叔亮院长、吴劳也来了。反正我们是主张大众的、日用的，不是搞少数的、特种的工艺美术，但是这个也要做一点。慢慢分析也讲不清了。

问：原来的院史记载，当时柴扉、何燕明、田自秉、祝大年、郑可、刘守强等9名教师也被划成右派分子。除了写出来的六个，还有谁？

田：很多都是系主任啊。还有袁迈、顾恒、高庄。袁迈是很好的人，也没参加活动，反右扩大化了把他也错划成右派了。后来又补了三个学生，像刘芳春打成右派后到青海好多年。反右时，江丰这样的老革命都被打成右派了。之后，中央工艺美术学院、中央美术学院、浙江美术学院（以院长莫朴为首）就被认为是三个大的反党集团。

吴：当时我已准备材料排课，都不让我上课，因为我是右派家属。

问：田先生，反右前夕庞先生为什么要让您看《跟着党走，真理总会见太阳》？

田：因为我是搞理论的。庞先生怕出问题，让我看看有没有问题。实际上，我们有点近乎包豪斯的那种想法。手工艺的东西也重要，但不是主要的。我们当时接受党的一些教育，有面向社会、面向大众的思想，并贯穿在办学思想中，觉得工艺美术不是为少数人服务的。当然，当时的特种工艺在换外汇出口方面还是有作用的，我们也没有排斥它。我们也没有排斥民间工艺，像泥人张、面人汤、皮影路（路景达）在中央美院时就来了。

问：1974年学院恢复办学之后，学院的归属问题是怎么解决的？学院的归属问题一直很复杂。

田：1974年后，好像文化部又管了，但主要还是轻工部管的。在庞薰琹时代，曾经有一种想法，这个学院应该几个部联合管理，成立一个什么委员会，我们和商业、外贸有关系，跟轻工有关系，跟文化也有关系。所以，国务院应该有这么一个委员会来管，但是这个想法没实现。工艺美院不像美术学院，它是交叉学科，跟科技也交叉。

八、中央工艺美术科学研究所

问：原来院史是这样记录的：中央工艺美术科学研究所是 1956 年和学院一起成立。庞薰琹兼任所长，下设两个委员会，一个美术委员会、一个科学委员会，另外还有理论研究室。请您谈谈各个研究室的负责人。

田：中央工艺美术学院成立的同时，中央工艺美术科学研究所也成立了。学院成立后和研究所是分的，两边的人要搞清楚。不过，学院和研究所的教员可以彼此轮换，互相调动。丘堤是工艺美术研究所副所长。理论研究室一直是我负责，但是没什么名义，下面有好几个人。何燕明是整个研究所的秘书。吴淑生负责刺绣研究室。周燕丽原来在理论研究室搞日文翻译，后来可能调到服装研究室了。家具研究室是谈仲萱负责。金工研究室是郑可负责。

吴：1955 年，丘堤负责全国服装展览，我是她的助手。这是全国唯一的一次展览，以后就没有了。

问：请您谈谈 1956 年学院成立后，您从事的教学和编辑工作。

田：最早我在理论研究室。到光华路以后，理论研究室改成共同课教研室。当时中央工艺美术科学研究所有个印刷厂，我们就利用这个厂办了一个刊物《工艺美术通讯》。《工艺美术通讯》出了八期，1957 年反右时作为反党刊物停了，当时太左了。1958 年创办《装饰》时，我被打成右派，没有参与。

问：《工艺美术通讯》虽然是内部刊物，它是否也有发行网？当时刊物的影响比较大，组织开展了有关工艺美术的性质、发展方向等一系列问题的讨论。

田：它的影响蛮大的。我们是免费送给有关单位，例如各省的文化局，还有一些高校。它不是正式刊物，但是发行量挺大，大约有几千份。它没有公开发行，是我们几个年轻人自己做的，像我、王家树、何燕明、张道一等。当时也没开会，就是写文章，发表意见，让更多的人知道自己的观点。我们主张大众的、日用的，不主张特种工艺，主要的辩论就是围绕这个问题展开的。

九、工艺美术史论研究

问：20 世纪 50 年代初，您为何放弃所学的实用美术创作转而从事工艺美术史论研究？

田：到北京在中央美术学院成立工艺美术研究室，筹备工艺美术学院的时候，大家都重新分工了，各有钻研方向。我向庞薰琹先生请示过，他让我搞工艺美术的历史和理论。我对这个也有兴趣，就不搞创作了。我觉得传统很丰厚，东西太多，大家又不太重视。20世纪50年代，特别强调传统、民族特色、民族风格。所以，我就投入史论研究了。

问：理论研究室和后来的共同课教研室的主要教学目标是什么？

田：教全校的基础课，例如工艺美术史。原来我的想法是，第一年上工艺美术通史；第二年上专史，例如陶瓷史、染织史；第三年上美学，应该叫工艺美学。高年级应该学美学。但是我们的美学没有好好地建立起来。

问：当时工艺美术史的教材是怎么编的？

田：因为前人没有，所以我就自己编。我考察了很多博物馆，写了一个提纲，但书还没有出来。我就搭架子，然后在这个基础上写书。1954年，研究室停课了，大家都在分工搞研究。吴淑生在研究室临摹敦煌图案和汉画像石。我是搞理论的，就到南方进修、考察、调研了半年。之前，故宫也是我主要考察的地方，每天去一整天，中午随便吃点不回来，就这样考察了半年。故宫有陶瓷馆、通史馆等。我顺着看作品做比较：明代和清代有什么区别？装饰纹样有什么特色？之后，上海、南京、杭州的所有博物馆我都去了，考察时做笔记，给自己建立一个体系。特别是上海博物馆的专题展览，陶瓷、绘画都很精彩。南京博物馆也不错，是通史的。浙江博物馆，我做学生的时候就经常去。湖南、湖北的博物馆后来才去，像马王堆汉墓出土时，我就去看了。

问：反右后，您被下放到图书馆很多年，这段经历对您的学术积累有何影响？

田：我靠边站以后在图书馆待了不少年，这对我很有帮助。文革期间我也在图书馆。1970年到1973年全院师生下放到石家庄，我也去了。回校后我还在图书馆。一直到1975年学院招收工农兵学员时，我做了一些讲座。所以，图书馆的书和资料我都很清楚。搞工艺史，我有三个路子：一个是文献，就是图书馆；一个是实物，也就是博物馆；还有一个就是社会调查。要有文献，没有文献就没有依据。要有实物和社会调查，要了解制作的过程。然后看一些历史，这样比较全面。

我到南方考察后，什么东西怎么织、怎么做，我都亲眼看过，这样教学生才能说得出话，光靠文献是不行的。像做漆器用的钩刀，问老年人都不知道，钩刀的刀锋呈钩形，用它一划一刻，线条是圆的。漳绒怎么织？织一根纬线，加一根铜丝，最后才割出两个绒，原来是圆的。漳绒的花纹以团花为主，这和织造工艺有关。漳州在元代是出口口岸，也值得研究。怎么烧窑？氧化焰和还原焰烧出来的效果也不一样。我学过，然后又有心地看，得到的一些知识，是书本上没有的。

问：您在石家庄下放时，师生之间有专业交流吗？

田：师生都在一块，以系为单位，分成各个班，干活也在一起。有心的人就会搞专业，在下面画点速写。我自己就写了200多篇短文章，都和专业有关系。是千把字的感想式的散文，是一种体会。

问：您是以怎样的历史观写《中国工艺美术史》的？有没有受到西方历史研究方法的影响？当时史学观的主流是马克思主义的唯物主义史学观，您是采取这种史学观，还是采用自己理解的史学观？

田：要说受西方的影响，图案方面倒有一些。治史观还是用中国的。日本研究中国古代的青铜器、漆器、织锦等，还是蛮有深度的。所以后来我又自学日文，学日文后，我掌握了很多材料。唯物主义史学观对我有影响。我在四川的时候，就参加进步活动。我觉得唯物主义还是比较科学的，唯心的就是完全主观了。我现在很辩证地看，以唯物为基础，唯心还是有一定影响的。主线是唯物的，必须根据事实研究历史。

问：20世纪80年代初期，您在治史的同时，为什么开始进行工艺美术理论建设？和当时的美学热有关吗？发表后有没有引起争论？

田：我觉得要把工艺美术的基础弄清楚。什么叫工艺形象？工艺和科学的关系？什么是工艺美学？20世纪80年代我才能发表文章，以前不能发表。我倒没有受美学热的影响，因为工艺美术主要是研究美，工艺美术要美化生活。我在50年代就一直有这种想法，大学三年级应该上美学。李绵璐当副院长时，我向他建议，但是学校开不出这门课。这些文章发表后，没有多少争论，因为搞工艺美术理论的人太少，一般都看不起理论，都是重视创作，见效比较快。实际上，理论很重要。

问：您关注工艺美术与美学、科学、技术、经济等学科的关系，率先提出了建立"工艺美术学"的构想以及工艺美学、工艺形象、工艺思维等命题。您为何提出这些构想与观点？

田：工艺美术就涉及这些内容，比纯艺术复杂得多了。它是和物质生产结合起来的，跟经济也是联系的。工艺形象是从文艺的角度引过来的。艺术评论是有艺术形象的，我认为造型、色彩、装饰是它的形象。还有工艺和科学，它要用材料、技术。再一个就是工艺美学，从美学的角度来研究工艺美术。

问：您是不是有这样的愿望，把这个学科的领域扩大，形成交叉学科。但是不管是学院，还是社会上，专业的或非专业的，都不是很了解交叉的重要性。所以，您就提出了这些论题。

田：对。我原来提的是边缘学科，现在觉得应该是交叉学科。我们在科学院申报时，课题是作为交叉学科来报的。但是在20世纪80年代初，学院不是很重视，拿出去，别的学科也不理解。

问：请您讲讲您提出"工艺美学"的来龙去脉？

田：虽然我关于工艺美学的文章是20世纪80年代才在《装饰》上发表，但是这个思想我在 50 年代就有了。工艺美术应该学美学，因为它是以美作为基础的。每个专业都有美学，工艺美术也有美学。设计的东西应该是美的。"工艺美学"这个词已经得到承认了，有的书已经采用了，在辞典上也有。我觉得工艺美学应该以美学为主，因为工艺美术是为了美化人民的生活，美化、提高日用品和室内环境等等。所以，要研究美学。如果不知道什么是美，什么是不美，那怎么设计？所以，必须建立这么一个学科。但是，搞的人不是太多。不光是美学，搞理论的人都不是太多。搞创作多好，也很自由。搞理论的艰苦，首先要把基础打扎实。根子深，基础好就会开花结果，枝叶繁茂。学问也是这样，基础好，你就会不断提高、发挥，产生新的东西。但是，历史必须走进去，钻出来。不要成为死古董，历史是为现在服务的。

问：您的这些论点后来就包含在您的《工艺美术概论》中了？

田：我那本《工艺美术概论》太赶了。要是不赶的话，就要写得详细一些。我那时想工艺跟艺术挂钩，跟科技挂钩，跟经济挂钩，它是交叉的。研究起来也是蛮庞杂的。这本书只是一个轮廓，太简单了。我们现在还在搞一个工艺美术通史，四卷本 200 万字。美术通史有好几种呢，王伯敏的那部我也参加了，还有王朝闻的，就是没有工艺美术通史。那么丰厚、悠久的历史，这么大一个国家，四卷本早就应该弄了。高等教育出版社的老社长有远见，他出版我们的《中国纹样史》获奖了。所以，四卷本的通史也在高等教育出版社出。我们虽然退休了，老了，但是还想弄。如果人还能活一辈子就好了。

问：现在形式和装饰、工艺美术和装饰艺术、实用美术、设计等概念都很含混不清，应该如何区别这些概念？

田：对，应该分清。形式是广义的名词。工艺美术不能否定形式美，应该强调形式美。它就是以形式美来影响人的。工艺美术的功能就是内容，此外就是形式，色彩、造型、装饰都要好看。装饰一般是指纹样，其实它不一定是指纹样，装饰有装饰美，没有纹样也有装饰美。像宋瓷没什么纹样，它也很美，有造型的美。宋代受理学的影响，不追求装饰的美。所以，搞工艺美术史论又要和哲学联系，它的根是哲学。各个时代的背景也不一样，这样就可以研究得深入一些。现在工艺美术叫设计也可以，工艺美术史叫设计史也可以。我觉得设计缺一些制作、实践。设计是脑子的思维、考虑。工艺美术应该包括设计和制作两个部分。设计出来不做，等于零。制作的时候还会出一些艺术效果，像陶瓷的窑变、蜡染的花纹都是制作中间出来的，不是设计出来的。所以，要强调设计，强调制作，这两个都很重要。当然，设计是根本。

问：20 世纪 80 年代，您还有什么社会活动？

田：我们在山东成立了中国工艺美术学会理论委员会。这是我发起的，当时出了一本文集。我主张多出一些文集，多出一些成果，扩大影响，普及知识。

十、重建学术委员会

问：1979 年，学院重建学术委员会，陈叔亮为主任委员，张仃、庞薰琹、雷圭元、吴劳、郑可、祝大年、吴冠中、阿老为副主任委员，您是秘书。当时学院重建的学术委员会主要做了哪些工作？

田：我是学术委员和学位委员。当时还有学位委员会，主要评职称。学术委员会基本上是各系的系主任，主要讨论学院的学术发展问题。当时学术委员会组织了七八个和工艺美术有关的学术讲座，还请著名艺术家来表演，像邀请刘秉义到学校演唱，放与工艺美术有关的电影，等等。

十一、史论系的建立与发展

问：1983 年，中央工艺美术学院工艺美术历史和理论系成立，您是首任副主任。当时，筹建这个系有何教学目标和规划设想？

田：庞先生很重视理论建设和研究，20 世纪 50 年代两系合并后就出了很多书了。1983 年史论系成立时他很支持，我们请他参加了。中国的工艺美术实在很丰富，历史也很悠久，一些原始材料不能提高到规律上来，必须用理论找出规律。所以，建立了这个系。工艺美术和生活的关系太紧密了，但是工艺美术的理论人才不多，就想培养这些人才。对创作、对现状都要有一些研究、评论。就这么想，很单纯的。但没有什么长远的规划。当时就知道这个系很重要，是全国唯一的，后来又首先设立硕士点、博士点。在西方，硕士、博士的专业名称都把史放在设计创作前面，比如陶瓷就是陶瓷史，然后才是陶瓷专业，其他像染织史、染织专业。我觉得应该先了解自己的历史。高等教育也有值得讨论的地方。现在有一种偏见，瞧不起搞理论的，认为专业搞不好才搞理论。我觉得理论很重要。中国的文化遗产那么丰富，好多新的学科还没建立呢！

在西方工业革命以后，搞设计是必须的。但是，我们国家的工艺美术传统不能丢，应该建立在这个根上。现在搞创作也必须依靠传统，传统是根，毕竟是中国人，中华民族。20 世纪 50 年代，我们国家的文化政策也是重视传统的。重视传统一直贯穿在学院的办学思想中。另一个是传统和现代怎么辩证地结合好，做到既是传统的，又是民族的，也是现代的。不能光搞现代的、洋化的，认为洋化的就是现代的。我们必须建立在自己的基础上，区别于其他民族，这样在世界上才能站得住脚，有民族特色。要辩证地看，你要强调传统，但是不要太腐朽；你要强调时代，但是不要太洋化。强调传统，这是基础，不等于不重视外国的东西，像新艺术运动、包豪斯，我们还要了解它们的优点，要和工业社会结合起来。

吴：当时很多人对工艺美术这个行业不是很了解，向群众的宣传是不够的，需要有文字来进行介绍。所以才要成立史论系的。还可以把中国的传统文化介绍出去。要重视传统文化，但是传统文化不是一成不变的。不是不重视国外，而是要拿来为我所用。现在应用高科技，但是还要具备中国的风格。

问：当时史论系的课程设置有何安排？史论系除了培养本系的学生，有没有支持其他系的教学？

田：在系里，奚静之老师和吴达志老师教外国工艺美术史；我上中国工艺美术史。另外，想不断地扩大专史，像叶喆民就调来教陶瓷史。根据这个思路，还请了一些校外专家。但是，听了人家的，还要有自己的见解。支持其他系的教学就是上共同课和大课。我上中国工艺美术史，吴达志教外国工艺美术史、外国美术史，奚静之教以苏联为主的外国美术史，尚爱松教中国美术史，后来是陈瑞林教中国美术史，叶喆民教陶瓷史。工艺美院应该有专业史，像染织等都应该有专业史，但是专业史并不全，因为没有老师。

吴：我很坦诚地讲，过去学院很重视工艺美术史。当然，这个史包括论。现在好像比较侧重论，应该有研究史的教师。

问：您觉得我们史论系的学生应该具备哪些学养？是否也应该具备一点绘画的基本素质？

田：一是历史，必须了解祖国历史的发展规律。搞历史既要走进去，也要走出来。如果只走进去，就变成国粹主义。历史要为你所用，古为今用，要和现实结合起来。二是生产，必须了解生产，不然就很空。三是美学，不要太神秘，应该大众化。其实，人们每天都在审美，比如买服装，家里的布置，其实都体现了美学观念，只不过没有把它提炼为理论。

我看一些哲学书特费劲。你们写文章一定要大众化，不要迷信外来的名词就是好的。何必呢？你有自己的语言、习惯。文字表达要让人家看得懂，不要很怪，像有的论文，请答辩委员都看不懂。一定要注意这个，特别是青年人，不一定西方的就是好的。西方有它的优点，但是也有不足。我们也是，不要一边倒。看书不要完全相信书，要有自己的思考、见解。看书的时候，我就喜欢在上面写一点自己的感受，或者把要点写在上面。最好是做卡片，分类一查很方便。现在你们用电脑更方便了。

史论系的学生要画一点，懂得一点，不体会不行。我们都学过画。有体会跟没有体会，就是不一样。像我是自己搞理论研究，我原来还有美术基础。如果没有，我就不太懂得，不理解。否则谁都能搞，谈不到点子上。搞工艺理论，如果是哲学出来的就差一点；中文出来的也要差一点。学工艺美术出来的，就是不一样。但是，不排除应该学哲学、文学。史论之分就随个人的发展了，要侧重史就研究史，侧重论就研究论。如果学论，美学很重要。

问：您作为史论系的前辈，对这个学科的发展有何建议？

田：我觉得必须注意生产实践，注意人民喜好，这是变化的。依据人民的喜好，了解生产的现状，这两个必须随时掌握。

十二、学科名称变化与基础教学

问：1988年，各专业名称的"美术"都改为"设计"，这在当时是怎样的情况？当时转变学科名称，没有经过大家讨论？

田：改革开放以后，西方的一些名词都传过来了，所以，有的人认为应该叫设计。把设计搞得无限大，把工艺美术又变得无限小。后来，工艺美院缩小成一个工艺美术系，成什么了?! 针对工艺美术的学科建设，当时上面召集过学科讨论会，我们学院也参加的。后来就等于取消了工艺美术专业，只有设计专业了。转变学科名称没有经过大家充分讨论。

问：工艺美术缩小成一个系。其他的改成设计的系，像陶瓷艺术设计系，陶瓷本来就是工艺美术的一个门类、品种，还有服装、染织、室内、装潢、工业等等，原来是属于工艺美术学科的，现在的工艺美术系里有漆器、金工、玻璃等专业。是不是有这样的想法：原来比较大的品种像陶瓷、染织等变为一个系，而漆器、金工、玻璃这些传统的工艺、特种的工艺就放在工艺美术系里？

田：我觉得这样改不太合适。像玻璃不仅是手工的，它也有现代化的、机器生产的。

问：现在工艺美术系的专业有一个倾向，偏向艺术创作了，而非面向实用的。

田：这个有人也有看法。这些品种应该和生活紧密联系在一起，不是搞纯艺术。陶瓷也应该以日用为主。

问：20世纪80年代末，学院成立基础部，一二年级强调基础教学。学生到了大三才接触专业，大四又忙着毕业设计、找工作，学专业的时间太短。

田：这个问题一直在反复，原来基础教学是在系里面的，后来又把各系的基础课集中。基础部把绘画教员全部集中。有的人认为这样又不好，跟专业结合得不紧。各有各的矛盾。应该第一年，哪怕是半年，把基础打好，然后就进入专业。高等院校应该以专业为主。招生考试就应该抓基础水平，水平达不到就不要录取。不要进入工艺美院才开始学基础课，太晚了。

问：当时这种变换频繁的原因是什么？

田：那就不知道了。就看谁在位，谁当领导，没有经过论证。我觉得大家应该讨论讨论。

十三、老一辈先生的学术思想

问：您能讲讲学院学术思想的变化吗？

田：庞先生是搞绘画的，特别是现代绘画。他在法国的最大的感受是绘画和人们生活的联系不是太紧密，只有工艺美术最关心人们的生活，衣食住行，所以他就转到了工艺美术。雷先生最早是研究外国的，解放后又强调传统，这是个变化。应该这样讲，成立工艺美院雷先生也起了很大的作用，但雷先生后来不怎么出来了，主要是在专攻学术，庞先生全面考虑多一些。庞先生这个人很倔，我觉得他是为工艺美院作出牺牲了的。原来这个学校找不到校址，当时华东无锡有一个华东艺专要撤销变成南京艺术学院，就让我们到那里去，庞先生坚持不去，我觉得是对的。到无锡去，好处就是离上海近，不好的地方就是视野就窄了，北京的影响还是要大一些。办学的经过可以说是很曲折的，也不容易。我们当时真的是一点私心都没有，就是为了学校，特别想把工艺美术给弄起来。那时确实受了很多冤枉，将来历史会公正的。

问：您说现代化设计教育的办学思路，受到了包豪斯的影响。当时，郑可翻译了200万字的包豪斯的资料、书稿，这些资料有没有应用到学院的教学研究中？

田：他们系的教学我不太清楚。但是他的思想我比较了解，基本上是建立在包豪斯的思想体系上，重视功能、重视材料，属于包豪斯体系，搞现代设计。

问：您认为，我院五十年的办学思想和学术思想的精髓是什么？

田：首先我们很明确，要面向人民大众的生活。第二是重视生产实践。第三是重视传统。这些必须坚持。工艺美术和人们生活、经济建设有密切关系，它比纯艺术还要有作用的。这是一个宏观的问题。

吴：工艺美术真的是太重要了，和国家的存在、国家的强盛、国家在国际上的地位有密切的关系。

问：工艺美术关乎我们国计民生的大事。也可以说，工艺美院的建立是为了改善人们的生活，这不仅是一个学校的问题。

王家树与中国设计史写作[①]

张 黎

王家树（1929.10—2004）山东蓬莱人。擅长工艺美术设计、美术史论。1948年入北平国立艺专，1953年毕业于中央美术学院实用美术系。历任中央工艺美术科学研究所、中央工艺美术学院教授，博士研究生导师。出版有《中国工艺美术史》、《装饰艺术史话》、《中国工艺美术古今谈》等。

一、王家树其人

1956年中央工艺美术学院成立，标志着中国设计学的历史形状正式由图案学转型为工艺美术研究，正因如此，那段峥嵘岁月注定要在中国设计历史里留下几抹不可磨灭的印迹。而在20世纪50—80年代，一批最早研究中国工艺美术的先生们，如王家树、张道一、杨先让、靳之林、廉晓春、李村松等[②]，奠定了之后乃至现在中国工艺美术研究的历史结构与理论框架[③]，也附带着埋下了中国设计史论研究的萌芽体。他们对现代中国工艺美术与设计学科的建立与发展做出了一番了不起的大事业。

王家树作为中央工艺美术学院当时最早，也是唯一担任"中国工艺美术史"课程的教师，至1958年初执教鞭以来，在工艺美术教学岗位与研究工作中默默坚守了四十余年。从播下"中国工艺美术研究"种子肇始，王家树见证了其生根、发芽、苗长、成熟一直到式微并转型到设计学的全过程。王家树四十年的教职史既是中国工艺美术研究集大成的四十年，也是中国设计学走过自我定义与摸索探位的四十年。

[①] 本文原题为《知行无疆：从工艺美术到设计》。

[②] 参见李砚祖：《立德传道，授业解惑：王家树学术思想研究》，载李砚祖主编：《中国工艺美术学研究》，中国摄影出版社2002年版，第333页。

[③] 参见杭间：《中国的工艺史与设计史》，载杭间主编：《设计史研究：设计与中国设计史研究年会专辑》，上海书画出版社2007年版，第58页。

1929 年 10 月，王家树出生于吉林长春一个普通的农民家庭。与土地为伴，与花鸟做朋的农村生活经历，再加之受教于父母二老朴素的手艺活熏陶，王家树从小就对"美"萌生了浓厚的兴趣与憧憬。民间手艺、手工劳作、素描、散文与诗……这些"造美"的活动，构成了王家树童年乃至青少年的主要内容。为了考学而又不给家里二老增添负担，王家树一人只身来到青岛为人画像挣取学费。这段经历应该是王家树人生境遇中第一次将他对美的感悟投入到实践的机会。

1948 年，天赋使然又或是天道酬勤，王家树如愿顺利进入徐悲鸿时任校长的北平国立艺术专科学校（后文简称"北平艺专"）。进入北平艺专的这一年是王家树艺术事业的正式起航年。在北平艺专的五年学习期中，除了以优异成绩完成实用美术系的全部科目学习之外，王家树阅书无数，他几乎读完了那个时代里那种环境中他所能接触到的所有艺术理论和文艺书籍。即使在黑暗的斗争年代，王家树仍然没有中断读书求知，反而以读书为契机，以知识武装自己团结同学。① 这段扎实而深入的知识原始积累过程为王家树日后成长为中国工艺美术理论研究之大家聚集了巨大的能量，可以说，王家树对于工艺美术诸问题的思维意识与理论自觉也就激活于这重要的五年。这五年为王家树的知者身份奠定了根基，毕竟在那个时代环境里，能够完整读五年书安心做五年学问的人不太多，而能在五年之后将这些书本文字的死知识活用到新中国文化事业建设与社会实践的人就更少了。

二、知行合一：学、造、教、思

时势造英雄，历史选择了王家树。1953 年毕业后的头两三年，王家树一直活跃在实用美术行业的前线岗位并从事了大量基础设计工作。从中国历史博物馆的美术组到中国美术家协会美术服务部，从字体设计、书籍装帧设计、丝绸图案设计、染织设计到展示陈列设计，正值青春澎湃精力旺盛的青年王家树将其在北平艺专的所学所思全面实施到设计知识的运行之中。如果说，儿时对"美"的懵懂铺就了少年王家树的艺术之路，促成其由知到行的第一次转化；艺专五年，构筑了其成为知者的初步基础框架；那么，毕业后两三年的从业经历，便成全了青年王家树由知到行的二次提升；甚至在担任教职的 50 年代至 70 年代间，王家树也曾多次亲历农村、厂区等工艺美术行业一线深入考察调研。这难得的 20 年，一边纵横讲坛一边深入田野，所教所言合以所见所闻形成其所

---

① 1948 年秋冬和平解放前夕，整个北京城笼罩在一片黑暗统治的反动氛氲中。王家树所在的北平艺专组织了多种学生斗争活动，王家树担任其中学术组组长一职。参见王家树：《自序》，载李砚祖主编：《中国工艺美术学研究》，中国摄影出版社 2002 年版，"序言"第 1 页。原刊于国务院学位委员会办公室编：《中国社会科学家自述》，上海教育出版社 1997 年版。

思所感，完成了中年王家树知行合一的完美升华。尽管王家树被学界定位为一名理论大家，然而在对待理论知识的态度方面，他最反对的就是"从书本到书本"的封闭理论循环系统。王家树在《关于理论工作和理论工作者的素质培养》①一文中，曾对于一般理论家两耳不闻窗外事，一心只作文字工的"剪刀浆糊理论家"形象提出批评：

（理论）工作首先要有坚实的理论基础，同时一定要有丰厚的专业实践知识——包括社会生产、生活实践、科学实践以及我们专业领域的艺术设计实践。大家熟悉的一句名言"理论来源于实践"，就是这个意思。一切理论都是来源于实践，一切理论的出发点是实践，工艺美术理论也不例外。况且工艺美术是美化人民生活的艺术，人民生活中衣、食、住、行等方面的审美实践，都是我们理论研究和教学工作的根本出发点。

深厚的设计实践背景以及鲜活的艺术创作体悟，不仅为王家树的工艺美术理论注入了活水，也为他的教学工作彻底沾染了现实的细胞。不只一位曾伫立于王家树授课历史现场的老师或学生评价过，王家树的课着实精彩②，能将一门历史课上到学生们爱听并全程充满乐趣，除了师生各自的投入与互动之外，王家树从儿时小打小闹的手艺活，到少年为了生计的摹绘人像，再到青年实现理想的实践事业，这些直接与设计发生的亲密关系是这其中的根本原因。除了丰富的实践经验作为课堂质量的强力保障之外，王家树琢磨出了"卡片教学法"和"新四段教学法"③，也为缺乏多媒体手段的旧式课堂增加了参与性、互动性、体验性与实践性。

三、工艺美术史及其分期研究

除了以上设计实践与教学工作之外，王家树的主要学术成绩以中国工艺美术研究为中心，出版了诸如《中国工艺美术史》（写于20世纪60年代初，1994年正式出版）、《中国工艺美术史纲》（1963年）、《当代中国工艺美术史》（1984年）、《中国丝绸图案》（1957年）、《中国美术史·秦汉卷》（2000年）等重要著作。其中《中国工艺美术史》的写作几乎倾注了王家树一生的心血。身处国内第一个以"工艺美术"命名的专业艺术

---

① 《关于理论工作和理论工作者的素质培养》一文已收入本文集，本篇所引王家树文章，如未加注明，则表明文章已经收录，烦请参见，恕不一一注明。

② 参见常沙娜：《杏坛耕耘的回报》，第327页；杨永善：《热情与冷静：回忆王家树先生的授课》，第329页；邹文：《感受王家树先生的学术思想》，第374页；卞宗舜：《辉煌的业绩与默默的耕耘》，第393页；凌伟异：《听王家树先生上课的一点感受》，第395页。以上均载李砚祖主编：《中国工艺美术学研究》，中国摄影出版社2002年版。

③ 将传统的四段教学法：课堂讲授、课外读书、作业写作、闭卷考试等四个环节改造为教师讲授、同学体验、创新探索、理论升华等四个模块。参见王家树：《艺术设计史论课四段教学法》。

设计类院校，再加之自 1958 年走上教坛至"文革"前，王家树一直是担任《中国工艺美术史》教学重担的唯一教员，他所处的历史位置当之无愧应该是当年国内工艺美术研究的第一人。当时，工艺美术学科刚刚建立，其教学工作和理论研究还处于起步阶段，国内还没有一本可以直接使用的对口教材。于是，1961 年文化部组织了一批高校教师参与编写《中国工艺美术史》一书以便充当课程教材，其中中央工艺美术学院的代表就是王家树①，编写成果为 30 万字的《中国工艺美术通史》。然而由于不可尽知的种种原因本书并未如期出版，反而催生了一大批以此书为引子的诸版《中国工艺美术史》②。与其他众本的最大不同在于③：第一，王本的理论基础除了根源于文献的解读与梳理之外，更是他三十余年④教学实践中不断调整与润色的结果。应教学需要而生，以教学实际而作。针对广大的工艺美术专业学生的学习要求，王本的读书群体特征十分明显。第二，王本的历史研究融工艺美术史与设计史于一体，以现代的设计视角解读古代的工艺美术文本。特别是第二个特点，可以视为酝酿王家树于 50 年代末 60 年代初期提出的重要理论"适用性与审美性的统一"的肥沃基培土。同时，也为王家树后来与时俱进地将学术重心从工艺美术转移到设计研究，找到了历史与逻辑的线索。

一本工艺美术史的常规写作并未停住王家树对于工艺美术理论的深入探索。从写史结构入手思索建构中国工艺美术史新的可能性。除了参考借鉴中国通史的断代方式或以社会形态作为区分方式之外，工艺美术史依其本身存在的质性而言，是否具备独立的叙述体例？比如从技术演进的历史解读工艺美术史，或从造物设计的角度结构工艺美术史，抑或是依从哲学思想的进化线索来重新组织工艺美术史……王家树对于工艺美术的历史结构问题提出了他独到的分期思想⑤，但对于整个工艺美术研究而言，王家树的贡

---

① 其余还有南京艺术学院的陈之佛、罗东子，四川美术学院的龙宗鑫，以及鲁迅美术学院的和兰石等先生。参见李砚祖：《工艺美术历史研究的自觉》，《装饰》2003 年第 2 期。

② 王家树等人于 20 世纪 60 年代初出版了油印本，中央工艺美术学院编写组的《中国工艺美术简史》（人民美术出版社 1983 年版）、田自秉的《中国工艺美术史》（上海知识出版社 1985 年版）、龙宗鑫的《中国工艺美术简史》（陕西人民美术出版社 1985 年版）、卞宗舜等人的《中国工艺美术史》（中国轻工业出版社 1993 年版）、王家树的《中国工艺美术史》（文化艺术出版社 1994 年版）。参见李砚祖：《工艺美术历史研究的自觉》，《装饰》2003 年第 2 期。

③ 李砚祖将王本的主要特点归结为三个部分，参见李砚祖：《立德传道，授业解惑：王家树学术思想研究》，载李砚祖主编，《中国工艺美术学研究》，中国摄影出版社 2002 年版，第 342—344 页。

④ 王家树 1958 年登上中央工艺美术学院讲坛至 2002 年退休。若从王家树的教师经历来看，从业 44 年；若从担任"中国工艺美术史"课程的具体教职来看，除去"文革"10 年，教龄 34 年。

⑤ 王家树的工艺美术史分期思想大致经历了四个阶段，分别是阶段一：1991 年的"七分期"：起源时期、童年时期、古典时期、人文时期、花的时期、手工艺终极时期、新旧交替时期；阶段二：1993 年的"六分期"：起源时期、鱼水自如时期、饕餮龙凤时期、自我回归时期、手工艺终极时期、新旧交替时期；1994 年的"三分期"：史前时期、古典时期与人文时期；1996 年的"四分期"：童年时期、古典时期、人文前期与人文后期。参见张孟常：《器以载道：中国工艺美术史分期研究》，中国摄影出版社 2002 年版，第 143—149 页。

献更在于他的思考启动了重新分期的可能性，鼓励更多的后来人对于这个关乎工艺美术史基本面貌的质性问题进行延伸性思索。

四、理论五阶段与主要设计思想

结合现有已掌握的王家树文本来看，视 20 世纪 50 年代中期以学者身份涉足工艺美术史论研究为开端，大致以 10 年为界，王家树的学术思想可粗略分为以下五个阶段，分别是：

(一) 第一阶段（1950—1959 年）：摸索期

在这个 10 年里，王家树的工作主要分两个阶段：头 5 年从事设计实践工作，后 5 年的理论兴趣点则比较广泛，各种思想齐头并进，除了先后担任了《工艺美术通讯》与《装饰》等重要期刊的编辑工作并发表若干文章之外，还参观了各种文艺展览，考察了多种民间美术与设计的特征与生存境遇等，从事陶瓷、花边工艺、民间剪纸、邮票设计、丝绸图案设计等。

(二) 第二阶段（1960—1969 年）："用"与"美"的思辨期

这个十年穿插了"文革"之变，王家树的文本数量不多，实际上基本集中在 1962 年至 1964 年间。但在这一时期，王家树集中发表了三篇围绕"适用性"与"审美性"为主题的理论辨析，并引发了其后的 20 世纪 70—90 年代对这一议题的系列思索，"适用性与审美性的辩证统一"思想贯穿在王家树整个学术生命的始终。

最早的文献可以追溯到 1952 年 12 月 21 日发表于《人民日报》的《注意政治口号的严肃性》一文。在本文中，王家树结合当时的社会政治氛围，适时指出了在日用品设计中滥用政治口号的危害，并进一步提出这类着眼人民生活中的设计，要同时考虑其"实用"和"美观"的方面。在接下来的 1955 年与 1959 年，王家树在陶瓷工艺与搪瓷设计的两篇文献中，都分别涉及了"使用"与"观赏"的二重要求。在《丰富多彩的我国陶瓷工艺：参观"全国陶瓷展览会"有感》（1955 年）一文中，他写道：

> 考虑到"使用"对于一只茶壶的意义，所以在把子的曲线和厚度的设计上，做到了美和实用的有机的统一。……从而达到既实用又美观的要求。

在《日用搪瓷的美术设计问题》（1959 年）中，王家树写道：

> 有些人说，搪瓷器皿只是叫人使用的，不是什么欣赏品，用不着花多大力气，随便喷上点花就可以了；特别是有一些美术家，把日用搪瓷的美术设计视为"低级"，因而

是不屑为的。这是一种片面的、错误的看法。

1962年王家树一连发表的三篇文章中，均谈到了适用性与审美性的问题：

《天真·质朴·美——原始彩陶工艺"实用"与"美"的统一》（1962年）：

作为新石器时代造型艺术的主体——陶器工艺，……为我们揭示了工艺设计的基本规律——"实用"和"美"的辩证统一。

《新石器时代的彩陶工艺》（1962年）：

一般说来，适用性与审美性的统一是原始工艺美术所共有的特性；也是任何历史时期优秀工艺美术作品所具备的特质。

如果说前两篇还是从彩陶这一原始工艺美术个案作为载体，第三篇发表于《人民日报》的《"适用性"和"审美性"的统一——漫谈日用工艺品的特性》则是将传统工艺美术中用与美的辩证统一规律推而广之为现代日用品设计的总体原则。本篇文章既是王家树对以上诸多零散观点的统筹，也是他以辩证的哲学思维对用/美的问题做出的系统思考，是这一系列文献的纲领篇目，他在文中写道：

作为日用品，如果不能用，那就失去了它本身存在的前提，当然更谈不到美。可是，只看到物质使用这一面，而忽略了日用品与人们的关系中的另一面——精神上、审美上的作用，不能不说是一种偏颇。这种偏颇，不仅会脱离今天人民群众的要求，对社会主义日用工业和文化事业不利，而且也是违反日用工艺的特性的。日用工艺品的基本特性是什么呢？概括说来，就是"适用性"（"实用性"）与"审美性"的统一。

……

"适用性"与"审美性"二者不能有所偏废。这是我们的基本出发点，一般说来，前者是事物的基本方面。……日用品的"适用性"的特质，决定于一件物品生产的具体使用价值。人们要喝水，总要有个盛水的杯子；而且还要有日常泡茶的杯子、旅行用的杯子、宴会上用的杯子、儿童用的杯子……由此可见，日用工艺的"适用性"问题，是工艺美术创作中正确的设计思想的首要标志。

也正是在这一篇文章里，得以窥见身处新中国建设初期的王家树，眼见人民日常生活中的迫切所需，将其学术重心由工艺美术研究转移到设计研究的最初动态。这与王家树出生于农民家庭，扎根于朴素生活，一早便对"实用理性"与"吃饭哲学"的身体力行和透彻把握是分不开的。

之后，王家树在20世纪70—90年代的三个十年间，均有论文进一步阐释其"适用性"与"审美性"的观点。以下罗列的王家树文本完全可以视为中国早期的现代设计思想的雏形，以及王家树理论体系中传统工艺美术与中国设计具有一脉相承、血缘关系的基本预设。

诸如《发展工艺美术》（1978年）一文中提到的反对生硬的"美术加工"以及生搬

硬套外国样式，王家树写道：

> 日用工艺品的基本特质是适用和审美相结合。这是对立统一，是不同性质的对立的东西的统一。……发展日用工艺品，注意提高各类产品的外观美术效果，并不是要在设计和生产过程中额外地生硬地加上许多奇形变化、色彩装饰；或者照抄国外的式样。这样的"美术加工"并不能增强产品的美术效果；有时恰恰相反，既增加了成本费，又破坏了适用性与审美性的辩证统一关系。

又如《发展工艺美术之我见》（1981年）一文，也是在以设计思维考察工艺美术发展的典型文本：

> 用与美（适用性与审美性），二者不能有所偏废。在一般情况下，前者是事物的基本方面，是第一性的；但后者也决非可有可无，它通常是寓于前者之中。正是因为审美性寓于适用性，是第二性的，所以有时候不易被人重视，甚至视而不见。但它总是这样那样地在人们精神上发生一定的影响，自觉或不自觉地培养着人们的审美趣味。

十年"文革"之后，王家树在当时百废俱兴的历史环境之下，1982年在《实用美术》上发表了《"用"与"美"小议》一文，对"适用性"与"审美性"议题进行了更加深入的辨析与总结，虽题为"小议"实则为此议题的重要"大文本"。在文中他说道：

> "用"与"美"的统一，也就是"适用性"与"审美性"的统一。这是日用消费品的基本性。适用性，是日用消费品的物质属性，是它的内部结构所形成的特定功能；审美性，则是日用消费品的精神属性，是它的外部构成形式，能给人以一定的视觉感受。任何时代的日用消费品，都有物质和精神的两重性质、两种作用；尽管两者之间因条件不同而有程度上的差别、作用的对象和大小的不同。

> "用"与"美"的统一，意味着日用消费品所具有的适用性和审美性是互为条件的，二者不能有所偏废。这是我们的基本出发点。在一般情况下，前者是事物的基本方面。

> 日用消费品的设计，首先要考虑"用"，要把设计建立在科学的基础上——诸如生理学、心理学、人体工程学、设计论……要通过设计给人们生活带来方便。日用消费品要做到好用，这是基本方面；同时还要讲求好看。好看，就是美。但日用消费品的美往往比"用"易于被人们忽视，原因之一就是因为日用消费品的"美"是寓于"用"之中的。在实用美术创作设计中，"审美性"寓于"适用性"，是一条很重要的规律。

对比1962年与1982年的论文，同是探讨"用"与"美"的问题，但前者的对象是"日用工艺品"，后者则相应变为了"日用消费品"。尽管只是"工艺"与"消费"二字的差异，实际上却反映出王家树在宏观社会与时代之变下对微观细节之新所具备的学术敏锐与理论自觉。

1995年王家树在《民间美术探赜》中对民艺作品的评论也基本上遵照了"用／美"的辩证思路。

（三）第三阶段（1970—1979年）：工艺美术事业的畅想期

时值工艺美术作为新中国换取外汇的有效途径与成为人民生活的必需品之际，工艺美术的社会认同达到历史峰值，在这个十年里，王家树的学术重点在于推动工艺美术事业的实践发展。结合工艺美术的存在现状，他与多位国家或部门领导人通信进行诚恳的探讨或独立撰文深入分析现实并拟出发展意见，诸如做社会考察调研、办专门杂志、结合考古工作、收集信息建立资料库、培养相关人才、工艺美术的古为今用、工艺美术的民间研究、成立委员会、体制问题、举行全国性质的工艺美术大会、做好宣传工作等。其他几篇介绍评论类文章可以看做是王家树为了进一步扩大民众对工艺美术认知度的良苦用心。

（四）第四阶段（1980—1989年）："生活美"与理论高峰期

除了继续工艺美术历史的深入研究之外，王家树在20世纪80年代的十年里重点关注了工艺美术与"民"的关系，并集中发表了为数众多的相关论文。这里的"民"既可以指代"民间工艺"，又可以表示"人民生活"。也正是基于后者的关注，王家树在适用性与审美性统一理论基础之上催生了第二个重要观点："生活美"。"生活美"观念的提出也标志着王氏理论中心正式从工艺美术移动到现代设计的研究领域。

在1981年第1辑《工艺美术论丛》中，王家树撰文《发展工艺美术之我见》，其中他第一次谈到"生活美"的概念：

在现代生活中，"生活美"必然渗透到全社会的生产和生活的各个领域。……不言而喻，"用"与"美"都是由于人的生活需要所决定的。任何人都要穿衣，住房，吃饭要用食具……这是物质需求；与此同时，任何人也都有自己的审美爱好，并且按照自己的尺度、按照美的法则去创造或者去选择这些用品——这是精神需求。

为了向人民群众提供喜见乐用的工艺美术品，一定要有设计。这里说的设计，不是一般意义上的工程设计，主要是指有关工艺产品的外观美术设计，而这种设计是建筑在产品特定功能的基础之上的。……凡与"生活美"有关的可视物品，其外观形象都必须经过认真的设计。

1984年，王家树与经济学家于光远以写信的方式探讨了"生活美"与生活方式的问题，并强调了"生活美"作为学科和理论的独立性。成文于《关于"生活美"问题的通信》，王家树在其中写道：

随着新技术革命的滚滚浪潮、国内改革的风起云涌、亿万人民生活水平快速提高（相对地说）、当代社会生活方式和审美心理的不断变化，到了建立"生活美"这一综合性边缘学科的时候了。

工艺美术是建立"生活美"的基本手段。社会生活方式（衣、食、住、行、用、环境、空间等）总有自己的可视形式，而这些形式的内部构成和联系，给人的视觉感、触觉感、空间感以至复杂的心理感受，都有其自身的规律性。是的，这一切都与哲学美学、技术美学、人体工学等有关，但却不能代替"生活美"的理论体系。

1986 年，王家树为国际实用美术设计协会成立 25 周年撰文《"设计"在中国》，从中国传统工艺美术成就到现代设计成果，向大会作了简要的历史梳理。文中他认为，现代中国人民的消费品设计不论具体内容是什么，其宗旨都是为了创造一种"生活美"：

从事这些设计的艺术家们各有自己的专业组织和活动领域。他们工作的出发点和归宿是创造现代人的生活美。也就是说，他们的工作内容虽有千差万别，但却有一个共同的目标：如何使十亿中国人民在现有的消费水平上，获得适用（功能合理）而美观（富有艺术性）的产品，从而以可视形象"塑造"当代的生活美。不消说，这种生活美，涉及到人们的衣、食、住、行、用以至整个环境。

1987 年发表于《装饰》的《生活美和工艺美术》是"生活美"理论的集大成之作，文中王家树阐明了生活美与工艺美术的内在关系，并认为工艺美术是"生活美"的工具。

是的，生活美是不可少的。人们对自己的衣、食、住、行、用，以至整个生活环境和气氛，总是尽可能按照各自的审美要求进行美的设计和创造——尽管这种活动有时不被注意。这是生活美的创造。马克思说过："人又是按照美的法则而创造的。"

创造生活美，或者说生活美的创造，它的物质体现者往往集中表现在各类工艺美术作品上，首先是生活里各方面的实用工艺品。如工具、服饰、饮食器皿、家具、车饰……正因如此，人们常说：工艺美术是美化人民生活的艺术。

一说起工艺美术，人们很容易想到展览会上那些玲珑别透的陈设手工艺品（如象牙雕刻、玉器、景泰蓝等）；至于我们身边为数众多的日常用具和衣物等，虽然随时用、天天看，但人们往往忽视它们美化生活的作用。殊不知，即使那些专供欣赏陈设的传统手工艺品，追溯历史，其渊源也是日常生活用品或某项生产工具逐渐演变而来。

由此可以发现，在由"工艺美术"向"设计"转向的过程中，王家树创造了"生活美"的概念作为二者的衔接与过渡。1987 年 8 月，王家树还曾专门为了建设"生活美"学科体制事宜给时任轻工业部部长的曾宪林写信，具体内容详见《给曾宪林同志的信》一文中。

（五）第五阶段（1990—2001 年）：成熟期

经历了 20 世纪 50 年代至 80 年代的岁月磨砺与理论积累之后，王家树在 90 年代逐渐树立起工艺美术理论大家的学界地位和社会认可。在生前最后的十几年中，王家树以大家身份，受邀参加了众多国内外研讨会并发表了重要论文，其中最重要的当属以下三篇，分别是 1990 年在加拿大第 33 届国际东方学学术会议上宣讲的论文《圆之蕴——中国装饰艺术中的圆和圆的连缀》、1993 年在中央工艺美术学院中美艺术家交流会上的发言，整理为《宇宙·生命·人和花——从中国工艺美术史看中国艺术之"道"》，以及 1996 年为中央美术学院美术史论系学生授课的课程讲稿，整理为《中国古代工艺美术的文化内涵及其分期研究》。综而观之，在最后十年的学术期中，除了在"道"之规律层面，以及解构述史基本结构这两方面对工艺美术史进行了深入骨髓的本质研究之外，王家树从理论建树的盛极之时返璞归真到"圆"、"宇宙·生命"、"点与线"等元问题之上，也意味着历经 40 年学术漫游的王家树终于画出了一个完满的理论之圆。

细读 1995 年王家树为鼓励青年学者致力于学术改革而写作的短句，似乎可以体味和描摹出先生一生低调而厚重的学人剪影：

曲如钩反封侯，

直如弦死道边，

又有谁能笑傲王侯？

朱铭与中国设计史写作^①

朱铭　荆雷（山东艺术学院）

一

虽然人的设计活动从人类脱离猿类动物、作为"人"而存在的那一天起就已经产生，但把它纳入科学的表现规范和描述范畴，还是最近的事情。1969 年，美国学者赫柏特·亚历山大·西蒙（Herbet Alexander Simon，1916—　）首次提出"设计科学"这一学科门类概念，他的著名论文《关于人为事物的科学》，从人的创造思维和物的合理结构之间的辩证统一和互为因果的关系出发，总结出设计学科的基本框架，它包含它的定义、研究对象和实践意义。任教于伊利诺斯理工学院和卡耐基—梅隆大学的西蒙教授于 1978 年因管理学科和广义设计学方面的成就，成为当年诺贝尔经济学奖的获得者，受到自然科学与社会科学领域的许多著名学者的关注，在不到四分之一世纪的时间里，迅速成长为独立于科学之林的一门新学科。

设计科学的生命力主要在于：它把自己的研究领域放在人类自身最宝贵、最神秘而又令人神往的领域——人类的创造思维和设计技能上，它把人们经常使用而又往往无从弄清其真切意义的，诸如"智慧"、"才能"、"灵感"、"巧妙"等名词的内涵，一一剖析，从而使人类对自身的创造力有了较多的了解和自觉的把握。正因为这样，设计学科的研究不能不涉及诸如人类学、生理学、心理学、哲学、逻辑学、方法学、思维科学和行为科学等传统学科，并且利用着这些学科已经取得的研究成果。因此，设计科学也可以说是一门新生的、跨学科的边缘科学。

按照上面所说的路，设计科学的基本框架应当包括六个大的领域，即设计现象学

---

① 本文原题为《〈设计史〉导论》。——编者注。附注：本文为朱铭、荆雷合著的《设计史》引论部分，见于山东美术出版社 1995 年出版的《设计史》（上、下集）之上集卷首。——荆雷注

(Phenomenology)、设计心理学（Psychology）、设计行为学（Praxiology）、设计美学（Extegic）、设计哲学（Philosophy）、设计教育学（Pedagogy），其各个领域的研究对象，可以从以下的体系中看得出来：

设计科学的基本框架：

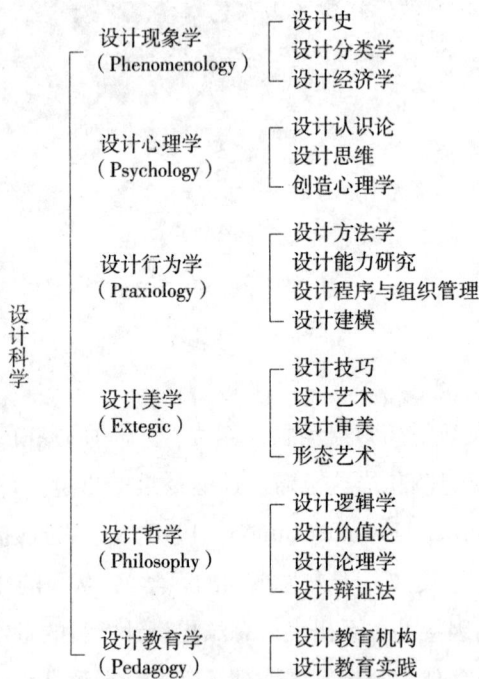

```
                 设计现象学        设计史
                （Phenomenology）  设计分类学
                                  设计经济学

                 设计心理学        设计认识论
                （Psychology）    设计思维
                                  创造心理学

                 设计行为学        设计方法学
                （Praxiology）    设计能力研究
                                  设计程序与组织管理
 设                               设计建模
 计
 科              设计美学          设计技巧
 学             （Extegic）       设计艺术
                                  设计审美
                                  形态艺术

                 设计哲学          设计逻辑学
                （Philosophy）    设计价值论
                                  设计论理学
                                  设计辩证法

                 设计教育学        设计教育机构
                （Pedagogy）      设计教育实践
```

①设计现象学

（Phenomenology）——包括：设计史、设计分类学、设计经济学……

②设计心理学

（Psychology）——包括：设计认识论、设计思维、创造心理学……

③设计行为学

（Praxiology）——包括：设计方法学、设计能力研究、设计程序与组织管理、设计建模……

④设计美学

（Extegic）——包括：设计技巧、设计艺术、设计审美、形态艺术……

⑤设计哲学

（Philosophy）——包括：设计逻辑学、设计价值论、设计论理学、设计辩证法……

⑥设计教育学

（Pedagogy）——包括：设计教育机构、设计教育实践以上分类虽然难免有不尽人意之处，但大体上反映了当今设计学科研究者对这门学科的基本认识和概括。其中各分支领域的内容界定和层面位置，还有待于今后设计科学的自身发展来给予这个框架以修正和补充。

从以上框架中也可以看出，设计史的研究，是设计现象学领域的一个分支。它是各个不同历史时期和发展阶段的人对设计的认识的反映，也是人类社会纵向的和横向的、错综复杂的设计现象的总体的反映。它几乎涉及人类生活的各个方面，甚至可以这样认为：从广义的设计定义出发，人类的一部设计史就是人类文明史、文化史，或者说是作为人文科学领域中最重要的传统学科——历史的同义词。因此，设计史的研究将是一项十分浩繁而庞大的工程。

二

探索设计的历史，我们必须首先回答的问题是：什么是设计？它的基本内涵是什么？

就汉语词汇常见的解词方式而言，"设计"一词，可以解释为"设想、计划"，它本来是一个动词，后来慢慢地也变成做名词来用。像《三国演义》里诸葛亮常常言道："待老夫设一计谋"，大约便是最形象的表述了。一部《三国演义》，提到设计用计的就有十七个回目，脍炙人口的空城计，在中国几乎是家喻户晓、妇孺皆知的故事，其余如连环计、美人计、苦肉计、计中计等，举不胜举。那些精通天文、地理，重视调查研究，占有大量信息、聪明过人的军师、谋士们，以巧计演出了一场场惊心动魄的斗争。就军事科学而言，古人对"设计"一词绝不陌生。

在英语中，设计——Design，也曾长期被作为动词使用，第一次世界大战之后，尤其是德国包豪斯学院的建立，"设计"被用作于某些课程的名目，例如"金属设计"、"印刷设计"、"家具设计"等。从此，"设计"也被作为名词流行起来。作为传统手工艺的延续和发展，现代工业制品日益普遍，"设计"在现代往往被理解为"工业设计"（indnstrialdesign）的简称或代名词，也就是说，如果不加任何冠词，只是"设计"，人们便常常认为是单指"工业设计"。它包括对一切工业制品（从人造卫星、宇宙飞船一直到指甲剪、打火机等，但大量的是人们日常生活用工业制品）从材料、结构、功能、造型、色彩一直到价格、包装、销售等诸多方面的、立体的、全面而系统的设计和策划。至此，设计的含义不仅仅是简单的构思和艺匠活动，也不是表面上的美化和装饰，它是人类创造产品、产品为人类服务的双向过程中所涉及的诸多创造性思维活动和创造性操作实践的总和。从数百万年前人类的祖先打制出第一个粗石器工具开始，一直到现代大工业、高技术所创造出来的诸如航天飞机、人造卫星、大型计算机、智能机器人等等尖端科技产品，无不出自人的设计。从这个角度来说，设计的内涵包括人类对自己将要创造的产品的前期构想，以及使这种构想实现为产品的整个过程，前者可以称之为"观念"，后者暂且名之曰"操作"：

观念——创造事物（或产品）的意识，及由这种意识发展、延伸的构思和想法。

操作——使上述构思和想法成为现实，并得以最终形成客观实体（或产品）的可行性判断。

我们在书本上（指我与荆雷合作的《设计史》一书）中探讨和研究设计的发展历史时，便是以上述两方面为基础来进行工作的。

人类文明的历史绵延数百万年，要想使已经逝去的事件、人物、生产方式和生活方式重新复活在我们面前，当然是不可能的。到目前为止，考古学所达到的水平只能使我们借助于地下文物和史籍的记载，从事物和观念两方面来研究过去，这种研究对于本书的任务来说将侧重于如下三个方面：

第一，作为观念形态的社会哲学思潮、政治主张和审美需求的变化和发展。

第二，作为经济基础的社会组织结构、经济形态、生产方式和科学技术的变化和发展。

第三，作为以上二者的综合和互相渗透而形成的人类基本生活方式，将为设计史研究提供丰富多彩而十分有趣的大批素材，是设计研究主要涉及领域。不论在任何时代，任何设计的产生、实现、应用、蜕变，都是通过人（或人群）的生活方式的变化体现出来的，没有不存在于特定生活方式中的设计，也没有不是由特定的设计和产品构成的生活方式。正是在那些琐碎、复杂、衣食住行、举手投足都是息息相关的日常生活现象和种种家私杂物中，蕴含着作为设计科学的最根本的启动因素——创造力，蕴含着人类创造合理的生存形态的愿望，蕴含着人类按照自己的理想改造客观世界，达到每个历史阶段上主体与客体间的和谐、协调和相对统一的境界的巨大努力。从青年时代起，笔者曾经对"人类生活方式史"抱有极大的兴趣，多次着手进入这一领域的准备工作，均因工程的繁浩而中止，直到在三十年后的今天，忽然悟到，它应当是设计史的外在表现，是从设计的根、茎上生长出来的枝叶花朵，这也是我们对"设计史"这一课题注入如此热情的原因。但是，在"人类生活方式史"中所碰到的困难在"设计史"中同样存在，因此，我们的努力很难说得上理想，只能作为"抛砖引玉"，希望引起同行的注意，共同来繁荣我国的设计科学这一新兴的事业。

三

作为"史"的研究，设计史的第二个重要问题是分期问题。用社会组织形态或社会制度的变化作为社会发展史的分期标准，通常把人类历史划分为原始公社制度社会、奴隶制社会、封建社会、资本主义社会等，这种按照生产关系和社会制度来分期的方法，对历史学的研究来说是适宜的。作为设计史的分期与一般历史学不同，应当以设计观念和设计艺术风格变化作为其分期的依据，以便显示出设计从幼稚到成熟的发展过程。当然，决定设计观念和设计风格的主要因素，仍不外上节所述的观念形态、经济基础和生活方式三个方面。据此我们尝试着把人类设计史划分为五个时期。

第一，设计的萌芽时期：人类的创造意识的萌生。事物的起源、早期生活方式的形成……这是一个漫长的历史过程。如果从现今所知的人类最初的发源——南非古猿算起，那就是四百万年以前的事。其下限可以定到金属时代的初期。人类在与自然作斗争的过程中，逐渐实现了征服自然的愿望，掌握了维持自己的生存和发展的基本生活手段，出现了建筑、服装、工具、器皿的最初形式。由于生产力水平和交流工具的局限，各个社会群体间处于封闭和孤立的状态，各个局部间的自然环境给各自的生活方式造成强烈的地域特色和民族特色，但总体来说，"实用性"仍是这一时期的主导倾向，而"审美性"则在经过很长时间之后才逐渐抬头。在新石器时代，许多形式美的基本法则，如对称、均衡、反复、交替等，开始为人们所认识，并且应用于设计中，为了提高人们征服自然的力量，作为四肢和体力的延伸与解放的工具，在早期设计史中占有重要地位。

第二，手工业时期：从冶炼技术的出现到工业革命之前。在西方大约从公元前3000年到17世纪，在中国则可以追溯到公元前21世纪的夏代初期，到19世纪中叶封闭的农业经济开始崩溃为止。不论在东方还是西方，这都是一个辉煌的时代。虽然有简单的机械出现，手工劳动仍然是这一时期生产方式的主要特征。在一定技术因素的制约下，全世界仍然出现了许多个高度发展的文明地区，在那里，古典主义的哲学和美学达到了炉火纯青的地步，从而使设计观念和设计技能出现了令人瞠目结舌的高度发展，创造了令人难以置信的伟大建筑和艺术造物。由于交通闭塞，地域性和个性仍是这一时期设计的主要倾向，处于各自封闭地域的人们，不约而同地创造出高度发达的文明。由于阶级的出现和社会等级制度的森严，设计领域明显地出现宫廷风格与民间风格（贵族风格与平民风格）的差异，而占据着统治地位的宫廷风格与民间风格虽然被深深地打上了贵族阶级审美的烙印，就技艺精良而言，仍不能不承认它们代表着这个时代设计艺术的最高成就。

第三，前工业时期：文艺复兴运动的人文主义促进了欧洲科学技术的发展，现代自然科学的各门类、各学科突破中世纪神学的禁锢，迅速发展壮大，为技术和技艺的发展开辟了广阔的天地。17世纪，首先在英国开始了工业革命的步伐，以蒸汽机的发明为起点，传统手工业作坊被隆隆作响的工厂所代替，"日出而作，日落而息"的自由农民，被作为"钢铁巨兽"的机器的附庸而拼命动作的雇佣工人所代替……告别了田野的人们面对的是一个烟尘弥漫的工业世界。而忙于聚敛财富的资产阶级根本无暇去顾及新文化、新艺术的需要，从而使早期工业社会的设计表现出新旧文明的冲突和矛盾，回归田园和复古情调成为普遍的怀旧心理的归宿，虽然技术的突飞猛进给这一时期的设计注入了新鲜的血液，但古典美学的传统规范仍然是设计观念的主导原则。19世纪末至20世纪初期欧洲各国的手工艺运动和新艺术运动，便是早期工业时代设计风格的最后的标志。在中国，西方列强的侵略打破了闭关自守的大门，一半殖民地一半封建社会的结构，自然不能成为西方产品的被动市场，中国民族工业的艰难困苦决定了中国的民族设计风格的发展困难重重，不得不沦为西方设计风格的附庸，个别有识之士的提倡，使民族设计风格思想火花在古老中国的大地上时时闪烁，为后来的发展做着准备。

第四，现代主义时期：工业技术的长足发展、社会财富的急速增长，使度过了早期工业社会忙碌时期的资产阶级得以开始着手建设自己的工业文化和哲学体系，现代主义便是成熟的工业文明的缩影。就设计领域而言，现代主义设计的第一次被系统化、规范化，应当以1919年德国包豪斯学院的实践为起点。它冲破了早期工业社会的怀旧情绪，在深刻地认识机器文明普遍地承认现代技术土壤上构架起现代设计观念和现代设计操作的科学体系，并由此创造了一种新的审美境界。现代主义文明是技术至上的文明，人们把技术奉为新的上帝，顶礼膜拜于高耸入云的摩天大楼面前。功能主义扫荡着古典的装饰美，国际风格取代了地域性与民族性。高能物理、合成化工、电子计算机、宇航技术……使人们迷迷糊糊地相信：技术像上帝一样无所不能，技术像上帝一样主宰一切！大约半个世纪的高速度发展——仅仅半个世纪！人类为无所节制地发展技术付出了惨痛的代价：在工业发达国家和它们的势力范围内，普遍出现了能源危机。

环境污染、气候异常，乃至人的感情与品格的异化和失调，精神的堕落和崩溃，致命的疾病快速流行，等等。这不能不预示着需要一场革命，需要一个新时代的来临。

第五，后工业时代：1972年，美国的一座方盒式高层公寓还没启用便被炸毁，后现代主义理论家詹克斯说："现代主义死了。"以此为标志，开始了后工业时代。作为对现代主义的反动，后工业时代以人的地位回归为主要特征，可以说是一种"新人文主义"。工业技术的恶性发展带来了人类社会的精神灾难，但是，人们要问："这是技术的罪过吗?"不，技术是人创造的，人类完全可以驾驭技术而避免使自己成为技术的奴隶。人们不再是技术上帝的狂热信徒，而是理智地承认了技术的局限性，从而在设计中更多地注意保护和弘扬人的主体精神和内心世界，在设计的指导思想上，表现为对物质与精神的并重，对环境与自身的并重，对功能与审美的并重。地域性、民族性、个性得到新的张扬，枯燥、单调的国际风格为各具风采的多元的、多样的、有机的、感情化的和富有文化性的设计所代替。后现代设计正处于方兴未艾的阶段，我们还很难预言未来的世界将以什么样的新反叛来取代它。

浮光掠影地扫描了人类设计的历史，可以看出，人类是一个不断地"实践——认识——再实践——再认识"的过程中，依循着一条螺旋式上升的路线逐步完善自己和自己的生存条件，逐步地改造客观世界，而又在改造客观世界的同时改造着自己的主观世界。一批设计家以自己的智慧创造了新世界又培育出新一代设计家……如此循环往复，永不止息。在我们所生存的 20 世纪最后年代中，能源和生态系统危机已经多次向人们亮出了红灯，它迫使人们去思索、去挖掘，去争取新的突破，历史正等待着人类做出新的选择。

荆雷附记：

一、朱铭教授主要著述：

1.《绘画美学提纲》，载《美学论文集》，山东美术出版社 1985 年版。

2.《设计——科学与艺术的结晶》，山东美术出版社 1989 年版。

3.《中外名画欣赏》（主编），山东教育出版社 1989 年版。

4.《外国美术史》，山东教育出版社 1990 年版，1998 年再版。

5.《世界美术史》（合著，10 卷），山东美术出版社 1990 年版。

6.《现代广告设计》，山东美术出版社 1995 年版。

7.《设计史》（上、下），山东美术出版社 1995 年版。

8.《中外雕塑名作欣赏》，山东教育出版社 1995 年版。

9.《设计家的再觉醒——后现代主义设计》，中国社会出版社 1996 年版。

10.《设计学与设计史论纲》，载张道一主编：《艺术学研究》（创刊号 1996 年出版）。

11.《壶中天地——道与中国园林》，山东美术出版社 1998 年版。

12.《汇入世界洪流的中国设计》，《设计艺术》1998 年第 1 期。

13.《迈向美学时代的中国广告》，《设计艺术》1999 年第 2 期。

14.《设计艺术教育大事典》（主编），山东教育出版社 2001 年版。

15.《什么是造型艺术》，《齐鲁艺苑》创刊号。

朱铭教授于 1984 年和 1999 年分别在山东艺术学院和山东工艺美院创建了设计系和设计艺术学系。这也是它他计艺术学研究"形而下"和"形而上"的两个层面。一个是侧重设计实践教学，满足经济发展对设计人才的需要，另一层面则是将设计艺术学纳入人文学科框架，对设计艺术学学科的建设和理论进行探讨。

1994 年，朱铭教授与东南大学张道一教授、南京艺术学院奚传绩教授联合招收了我省第一批设计艺术学硕士研究生。

山东艺术学院艺术学院的创办者之一，创立山东艺术学院的科研、美术系和校刊校报等。

《设计史》注重用辩证唯物主义和历史唯物主义的观点来研究人类艺术创作和设计艺术的发生、发展和客观规律，是从全人类的角度、全人类的设计历程来叙述的，他尊重历史，尤其重在对自己祖国设计史的尊重，这是完全区别于一些所谓现代设计史视我国的设计成就而不顾，一味地鼓吹西方的所谓的 DESIGN。他在书中讲："设计史，不应该是科技发明，也不应该是工艺美术史，更不应该是人类文明史。可是现在所形成的状况却是它既像是科技发明史，又像是工艺美术史，也有点像人类文明史"。

《设计——科学与艺术的结晶》，验证了中国设计理论上一个完整的宏观的设计体系，这个体系是将人类放在一个宏观的设计体系之下，纳入美学哲学以及管理学、市场学等很多的学术体系里面，形成一个理解设计的方式和框架。

将设计学的本质还原到生活的状态。总是能从身边的点滴的一个小事或者简单的一件器物当中搭建、理解设计，而且把设计本质的一些东西放置到生活的一个形态当中，给人非常丰富的一个启示。

二、朱铭先生生平年表

时间	事件
1937 年	农历七月二十七日诞生于江苏省泰州市溱潼镇
1949 年	溱潼中学
1951—1954 年	初中毕业，考入江苏省立如皋师范学院
1954 年 9 月	考入山东师范学院艺术系（现山东师范大学）
1956 年 7 月	山东师范学院美术专修科毕业，留在山东师范学院任助教
1957 年	在山东艺专（现山东艺术学院）被定为"右派"送到广北农场劳动改造
1961 年	第一次到南京艺术学院美术系学习，进修图案和书籍装帧课，师从张道一，刘汝醴；到上海人民出版社实习；编写第一本讲义《书籍装帧设计》
1962 年夏	参加"探讨振兴山东国画大计"会议（山东省美术家协会办）
1964 年春末夏初	作为山东艺专教员，在烟台考点负责招生考试
1975 年	11 月参加"农业学大寨"工作小组
1978 年秋	第二次到南京艺术学院进修；在山东艺术学院执教外国美术史
1984 年	加入民盟组织
1985 年	被聘为美术史教授，并担任院科研处长、实用美术系主任、学报主编等职
1986 年	《外国美术史》山东教育出版社（第一本出版物）；参加轻工部工艺美术教育研讨会
1987 年	授《西洋美术史》
1991 年	迁居济南，从山东艺术学院调任山东工艺美术学院副院长（分管教学和科研）
1992 年	被评为省专业技术拔尖人才、享受国务院特殊津贴的专家
1993 年	受聘为南京艺术学院美术专业硕士研究生导师（承担山东招生的这一届委培研究生的教学任务）
1997—2008 年	民盟换届，担任山东省政协副主席、全国政协常委、民盟山东省委主委
2011 年	往生

张夫也与中国设计史写作 [①]

张夫也（清华大学美术学院）

编者按：张夫也（1955—　），清华大学教授，博士生导师，《装饰》杂志主编。代表著作有《外国工艺美术图典》、《外国工艺美术史》、《外国工艺美术简史》、《日本美术》等。主要学术贡献：（1）开创并建立了外国工艺美术史研究体系，出版了首部此类研究方面较为全面而具权威性的著作及相关图书。张夫也开创的外国工艺美术研究已在全国相关院校、尤其是艺术设计学博士点列为研究项目或指定为教材；（2）开创并建立了外国工艺美术史教学方面的体系，在我国高等学府率先开设了外国工艺美术史课程。全国相关院校逐步开设外国工艺美术史课程，苏州大学艺术设计学博士点已将此课指定为研究课程。清华大学美术学院将此课定为所有专业的必修课，同时作为攻读硕士学位研究课程。（3）由于外国工艺美术史教学与科研体系的建立，打破了长期以来工艺美术史教研活动只有中国工艺美术史的局面，完善了工艺美术史学科的建设。

一、外国工艺美术史论教学研究在中国的发端

（一）时代背景

在五四运动的影响下，20世纪开始，中国就有一批有志青年胸怀爱国热情和教育理想，面向世界，发奋进取，力图发展我国的现代工艺美术。20世纪20—30年代，庞薰琹、雷圭元、郑可、李有行先后留学法国，陈之佛、祝大年、沈福文等留学日本，他们从不同的着重点学习、研究工艺美术。回国后，在各自不同的工艺美术实践领域取得了令人瞩目的成就，奠定了中国工艺美术教育的基础，也成为第一批将外国工艺美术知

[①]　本文原题为《关于外国工艺美术史论的教学与研究》。

识带回中国的人。

新中国成立之初，随着国家政治经济建设的发展，工艺美术高等教育引起党和政府的高度重视，国家对工艺美术人才有了迫切需求。一批早年就怀有通过实用美术救国的有识之士，终于在此刻有了才干得以发挥的机遇，在经过了四年的精心筹备后，1956年11月1日，中央工艺美术学院正式宣告成立。国内从此有了正规而系统的工艺美术教育，为外国工艺美术史论的教学和研究提供了载体。

此时，由于政治气候的影响，我国对于外国工艺美术的介绍侧重于如苏联、波兰、民主德国等东欧友盟国家。如1958年，雷圭元和袁迈曾经编纂了四册有关匈牙利、保加利亚、捷克斯洛伐克、罗马尼亚的工艺美术作品选集，第一次较为全面地介绍了外国的工艺美术。1959年，陈之佛亦曾撰文《波兰的民间工艺美术》，发表于《美术》杂志（1959年第7期）。1958年创办的中央工艺美术学院学报——《装饰》杂志，也在此时期文图并茂地介绍了诸如罗马尼亚、波兰、伊拉克等国的工艺美术发展情况和相关信息。

（二）准备阶段

从中央工艺美术学院成立到20世纪80年代之前的一段时间，由于各种条件的制约，在给学生讲授的公共理论课程中，开始设置有中国美术史、西方美术史、中国工艺美术史等，并逐渐发展为较为系统的专业史论课程。然而，直至工艺美术历史与理论系建立之初，外国工艺美术史的教学与研究尚属空白，这意味着给予学生的营养存有缺陷，如此的结构，对于我国高等工艺美术教学与研究来说也是极为不合理的。

改革开放为外国工艺美术史论研究打开了一扇通往世界的大门。20世纪80年代初，为了积极适应社会主义市场经济发展的需要，适应国际艺术设计教育的优势，中央工艺美术学院率先在全国创建了工艺美术史系。1983年4月1日，教育部同意中央工艺美术学院增设"工艺美术史"专业，该系主要研究方向即为中外工艺美术的历史、现状以及相关理论。随着工艺美术历史与理论系的建立，原有的史论课程得以进一步的建设和发展，并逐步走向成熟。同时，外国工艺美术史的教学和研究也有了建设和发展的良好环境。

我国著名外国美术史论专家、原中央工艺美术学院工艺美术史论系主任奚静之教授，长期以来十分关注和支持外国工艺美术史论的教学与研究工作。她对西方美术史，特别是俄罗斯和法国美术史的研究十分精深，对俄罗斯工艺美术和欧洲民间美术的研究也造诣颇深，并时常撰文介绍一些来自异域的工艺美术作品。中央工艺美术学院工艺美术史论系建立后不久，奚静之教授给我带来了几本南京艺术学院学报，其中刊载有青年学者张少侠撰写的欧洲工艺美术史方面的连载文章，这是我知道的在当时较为系统而深入地研究外国工艺美术史的第一位中国学者。他的文章使我很受启发，也促使我在外国工艺美术史论研究的田地里耕耘至今。之后，我还见到了张少侠、保彬等人编著的欧洲工艺美术图典之类的书籍，在学界有相当好的反映。此外，需要特别提到的是，原中国工艺美术总公司总工程师朱培初先生和原上海工艺美术学校校长朱孝岳先生一直笔耕不辍，历年来撰写了多篇关于欧洲、亚洲、非洲、美洲各国的工艺美术史文章，且学术视野相当广泛，涉及家具、服装、首饰、陶瓷、金属工艺、民间工艺以及外国工艺美术理论史和中外工艺美术交流史等领域。我认为，他们为中国的工艺美术史论教学与研究体系的建设与完善取得了成绩，特别是为外国工艺美术史论研究的开创与发展做出了贡献。

（三）雏形之形成

1982 年，我由中央工艺美术学院毕业，经过在学院一年时间行政工作的锻炼之后，成为当时新组建的史论系的一名青年教员。奚静之教授为了组建史论系，从当时学校的优秀毕业生中招纳了一些人，如工业设计系、装饰艺术系的毕业生，还有从沈阳鲁迅美术学院装潢系招聘来的毕业生，这些人都有不同的专业基础和实践经验，同时又对理论研究持有浓郁兴趣，具有良好的学术基础和文化素养。当时的系主任奚静之教授希望我来做外国工艺美术史方面的教学与研究，认为笔者外语比较好，并有一定的实践经验，有很好的条件从事这方面的工作，于是，我从此开始了专门的外国工艺美术史论的教学与研究，并且一直坚持做到今天。实际上，当时史论系的青年教师们研究外国工艺美术史有一定分工，我负责欧洲部分，另外两位分别负责伊斯兰地区、大洋洲、美洲、非洲部分，但是因为各种原因，其他教员有的调离了史论系，有的甚至离开了学校，最终，讲授并研究外国工艺美术史的重任，实际上就落在了我一个人的肩上，因此，我就把原来那些并不属于自己研究范围的内容也接过来一起做，进行基础的通史研究，并形成了最初的授课教案，外国工艺美术史论的教学与研究开始走向了稳固发展的道路。

二、外国工艺美术史论教学研究在中国的认同与发展

（一）在中央工艺美术学院的实践与探索

1984 年，创建一年后的工艺美术史论系，在奚静之教授此前初步构想的基础上，确定了外国工艺美术的教学与研究这个重大课题之后，我们开始了漫长而艰苦的工作。研究之初，首先是搜集大量的文图资料，主要是通过各大图书馆来搜集相关文献和图片资料，其中外文资料占绝大多数。当时只能通过这种方式，根本不可能有到国外去考查

的条件。把这些资料搜集整理好之后，自己要花大量的时间反复进行分析研究，然后努力兼容与消化，并进一步归纳、总结，最后编写出教案。庆幸自己读大学时外语就选择了日本语，当时学校图书馆的日文书籍数量最多，这为我的研究工作提供了许多方便。日本学者对外国的文化史迹的考察进行得十分广泛且特别深入，并有大量资讯可靠、内容深刻、图版精美的出版物和印刷品，加之研究工作做得也很深入细致，这对我的工作启发颇大，同时，也萌生了有机会一定要去日本留学的想法。这些想法和动因，促使我不厌其烦并周而复始地在外国工艺美术史论这块处女地上辛勤耕耘。在很长一段时间里，我都是在翻译外文资料、建立资料卡片、拍摄图片、撰写文稿、整理文案……就这样一点一滴地向前拓进。有效的积累和有益的探索，终于结出了可喜的果实——可用于开课的教案诞生了。

两年之后，也就是 1986 年，笔者在中央工艺美术学院史论系开设了我国第一堂"外国工艺美术史"课，这样，就填补了我国艺术院校没有正式的"外国工艺美术史"课程的这一空白。同时，这一课程的问世，也与已有的中国工艺美术史对应起来，使我国的高等工艺美术教学结构更趋合理化。

外国工艺美术史论的教学与研究是从几个文明古国入手的，诸如古代埃及、古代印度、两河流域，以及古希腊、古罗马等等。一开始是分专题讲，一个专题讲一个地区或一个国家的，也有一种宗教体系下的工艺美术史专题，如伊斯兰工艺美术。在讲的过程中有一个特点：就是一定要区别于长期以来讲授的美术史，不能受其影响，只讲外国的工艺美术，如外国的陶瓷器、玻璃器、石器、金属器、漆器、染织物在造型与装饰方面的发展历史和艺术风格的演进等。对外国工艺美术史发展的进程划分，基本上承袭了外国美术史研究的划分方法，因为外国文化艺术发展的大背景是一样的。但是，在一些具体的风格时段的划分上，如古希腊陶器的不同风格的分期（我将此划分为五个时期）和一些基本概念或提法上，坚持使用有利于认知和理解外国工艺美术史论的，如将过去一直称谓的"希腊瓶画"，改称为更为确切的"希腊陶器装饰"……就这样深入分析，精心研究，反复推敲，从原始社会时期、上古社会时期、中世纪一直到 20 世纪末，不断地充实、调适和完善内容，并积累经验。

（二）赴外学习研究

1990 年，笔者有幸受国家教育委员会（现教育部）派遣，赴日本东京艺术大学任客座研究员。在东京艺术大学美术学部的艺术学科主要学习研究的是日本工艺美术史，但我给自己设定了一个目标——不能仅是研究日本艺术，还要借助日本良好的研究条件，深入研究日本以外的其他地区和民族的艺术发展史。于是，除了在东京艺术大学图书馆和艺术资料馆阅读和鉴赏大量外国工艺美术资料外，我也反复观摩了古代埃及艺术博物馆藏品展、卢浮宫藏品展，以及埃特鲁里亚、玛雅、安第斯等专题性的古代艺术展，看到了不少工艺美术品的实物。同时，我也领略了许多西方现代艺术展和世界艺术博览会的风采，着实获益匪浅。利用境外的研究条件，学习了大量外国工艺美术史方面的知识，看了许多世界范围内的优秀艺术作品。通过这个学术研究平台，掌握到更多欧洲、美洲、非洲、大洋洲地区的工艺美术史论知识。原来在国内学校开设了"外国工艺美术史"课程，其中讲到的许多作品，都是看图片，从来没见过原作，但是在境外能够近距离地观察它们，对一些作品的质地、体量和色彩有了更为明晰的认知。

以此为契机，笔者又有计划地赴亚洲、欧洲、美洲、大洋洲等地的各大博物馆和文化遗址及艺术史迹，进行了一系列的考察，进一步丰富了外国工艺美术史研究的图片资料与文献资讯，并购买了大量参考书籍，收获颇丰。

笔者认为，从留学的意义来说，最重要的是要充分利用留学国家先进的研究条件，学习其先进的研究方法，来充实自己的研究工作，最终要把它带回来，而且要在自己的国家实现和完成自己的理想。这种留学才是有价值的，尤其是从事外国文化历史与理论的教学与研究者。我认为，今天我所取得的这些成绩，应该是因为有了这样的留学经历，学习到了先进的研究方法，这至关重要。

（三）《外国工艺美术史》之问世

回国以后，我意识到，首先要做的事就是要把学习掌握的这些知识尽快地运用到教学中，要把它转化为自己的研究成果，这样就开始筹划写书。要在"外国工艺美术史"以前仅为一门课程的基础上，把这个学科体系建立起来。当时"外国工艺美术史"已经作为一门正式的课程上起来了，这些从国外带回来的资料进一步充实了我的教学资料，首先编写了一个较为完整的外国工艺美术史授课提纲，然后在此基础上开始撰写正式的外国工艺美术史的学术专著。

为了进一步充实自己的学养和提升学术水平，我从1995年开始，师从奚静之教授在职攻读博士学位，为了紧密结合教学任务，与导师商定，就把攻读博士学位的论文选定为《外国工艺美术史研究》，这样就可以结合博士论文的撰写来完成这本书。三年后，1999年在我攻读博士学位毕业答辩前，由中央编译出版社出版了《外国工艺美术史》，这是国内出版的首部研究较为深入、体例较为系统、内容较为全面的《外国工艺美术史》专著。当然，现在看来，这本书还不能说是很完美的，因为它毕竟是作为外国工艺美术的一种基础史和通史的定位来展开研究的，只能说是在这个领域做了积极的探索，起到了抛砖引玉的作用。我想，在这个基础上，外国工艺美术史论的教学与研究还需要不断地充实和改进。让其进一步适合于我们的学科研究，并为此做出更大的贡献。目前已有很多艺术设计类院校和相关专业，都以这本专著作为研究生和本科生的教材，反映了该书的应用范围、市场需求和学术质量。2003年，由中央编译出版社再次出版了这本书的修订版，使之进一步完善和适用。从目前的乐观形势来看，在外国工艺美术史论教学与研究的田地里，很有必要继续耕耘下去。笔者认为，一方面仍要不断充实和修订《外国工艺美术史》这本书的内容，另一方面，我们还要在这一基础之上不断派生出一些专门史，如按照国家、地区或者宗教派别来分门别类地编写系列的专著和教材。这个工作要不断地做下去，并要有新的突破，仅凭我一个人的力量是难以做到的，所以还要培养更多的专门人才。

《外国工艺美术史》一书在所用范例作品的选择上，一方面是从鉴赏的角度收录一些比较经典的工艺作品，就是许多史学家和艺术史学者都一致认为好的工艺美术作品，为读者提供赏心悦目的艺术形象；另一方面，有选择地对一些比较典型的、有代表性的工艺美术作品进行分析、论述，从各个方面来展开。比如作品独特的制作工艺、罕见的材质肌理、强势美感的装饰，还有品种本身的独特性……从多方面来分析和考量作品的价值，然后，可以分门别类地解析，客观而深度地叙述，浓墨重彩地去描绘。总之，按照我们中国学者的眼光去审视外国工艺美术所呈现出的特质，做具体而深入的探究，并总结出优势和特点，再确定是否把它收录进来。

笔者认为，"中国工艺美术史"和"外国工艺美术史"应该并列发展，而且是有对比关系的课程。既有中国的也有外国的，这样的教学与研究才是最合理的，这样的学科建设也才是最完整的。《外国工艺美术史》出版，基本上解决了这个问题，也使我国的高等工艺美术史论的教学与研究工作，形成了较为理想的发展态势。但是，由于原来的一些同事都纷纷放弃了外国工艺美术史的教学与研究，专门研究外国工艺美术史论的博士生和硕士生学生又培养得很晚。眼下，后续研究人才和力量的不足便是问题了。

（四）教学与研究模式之影响

目前在世界工艺美术通史方面，从教学与研究的角度来说，撰写教材、开设课程，我们在国内开了先河，并且很快在学界得到了认可。经过多年的教学研究与推广，外国工艺美术史的教学与研究在全国范围内的相关院校和机构得到了认同和赞许，很多学校都规定了有关外国工艺美术的教学和研究办法和内容，因此对于这方面的需求不断增多。我们开创并建立了外国工艺美术史研究体系，出版了首部此类研究方面较为全面而具权威性的著作及相关图书，为全国范围内展开外国工艺美术史论教学与研究奠定了坚实的基础。目前由笔者撰写的《外国工艺美术史》已成为全国艺术设计院校和专业的必读教材。外国工艺美术研究已在全国相关院校、尤其是艺术设计学博士点列为研究项目。我们开创并建立了外国工艺美术史教学方面的体系，在我国高等学府率先开设了外国工艺美术史课程。目前全国相关院校逐步开设外国工艺美术史课程，如苏州大学艺术设计学博士点已将此课指定为研究课程。清华大学美术学院将此课定为所有专业的必修课，同时作为攻读硕士学位和博士学位的研究课程。由于该课程内容的逐渐成熟和影响力的不断扩大，2006 年起，清华大学已将外国工艺美术史定为大学人文素质核心课程。同年，外国工艺美术史课获得北京市精品课程奖。2007 年，外国工艺美术史又荣获全国精品课程称号。2013 年，《外国工艺美术史》课程被选定为清华大学乃至全国首批MOOC（大型公开网络课程），并与 2014 年 9 月正式在清华大学"学堂在线"上线。可以说，外国工艺美术史教学与科研体系的建立，打破了长期以来工艺美术史教研活动只有中国工艺美术史单项的局面，完善了工艺美术史学科的建设。使其与中国工艺美术史教学研究并驾齐驱，和谐发展。

自 2006 年《外国工艺美术史》课程被确定为北京市精品课程和清华大学人文素质核心课程，并于 2007 年最终被评选为全国精品课程，直到 2013 年被选定为清华大学乃至全国首批 MOOC（大型公开网络课程）以来，笔者深感责任重大。我们清楚地意识到，要想实现进一步建设完美的精品课程和教材这一目标的艰巨与艰辛，必须发挥团队精神和拼搏精神，站在全球的视野上，纵观全局，把握时机，努力培养 21 世纪具有人文情怀和优秀专业素质的艺术设计人才。我们的目标是：确保国内领先，加强与国际学术界的联系，将高科技与传统文化结合，培养综合性、具有优秀人文素质的新时代艺术人才。

外国工艺美术史研究的定位是理论研究与教学实践一体化，注重工艺美术理论研究和门类工艺美术实践的结合，中西工艺美术的比较研究，古代工艺美术研究与现当代工艺美术研究的沟通等领域的新课题。课程面向本专业、全院、全校开放。着力于对世界优秀工艺美术的学习、探研和借鉴，不断提升学生的综合素质，积极培养学生艺术的历史观、文化观。

三、外国工艺美术史论教学研究的方法与经验

（一）把握要素与特征

笔者认为，工艺美术的发展不是孤立的，它与诸多自然和社会因素相关联，特别是环境、民族、宗教和时代等因素，对工艺美术风格特征的形成和发展影响重大。所以，我在外国工艺美术史的教学与研究过程中，十分注意以下诸要素。

1. 环境要素

人类文明的产生和发展，深受环境因素的影响。工艺美术也不例外。我们在外国工艺美术研究过程中，首先应考虑到工艺文化所产生的环境具有什么样的特征？地域和环

境的不同，直接影响工艺美术的风格特征。

古代埃及和古代希腊的工艺美术，就是最为典型的例证，由于它们所处的地理位置和环境截然不同，导致了它们艺术风貌的差异。古埃及的艺术反映了其封闭型的自然环境所带来的影响。浩瀚大漠中的尼罗河可说是埃及的"生命线"，尼罗河河谷地带是埃及文明的发祥地，在数千年中它的艺术没有发生大的变化，始终如一地保持着那种静穆乃至冷峻的气质。而古希腊则是爱琴海的宠儿，开放型的自然环境，使它得以和古代东方进步的文明接触。与此同时，也造就了古希腊人勇敢、刚毅的气质和冒险好胜的品格。正因为如此，古希腊的艺术表现出强烈奔放、富于激情的风格特征，同时又具有优美典雅、耐人寻味的魅力。将不同地域和不同环境下产生的工艺美术作品进行一下比较，就可以明显地看出这种影响。当然，不同的地域与环境造就了风格迥异的艺术，也证明艺术只有在产生它的地域与环境中才具有生命力。埃及金字塔之所以具有震撼人心的艺术效果，就是在于这个庞大的人造几何体矗立在浩瀚的大漠之中，显示了人的智慧和力量。

另外，我们还可以看到，工艺美术作品的材料也是受环境制约的，由于环境的不同，艺术创作的材料也就有所不同。古希腊的神殿和日本的神庙，就明显地体现了各自环境和用材的特征。总之，我认为，在研究一个地区的工艺美术（当然也包括宗教和民俗）时，需要考虑的第一因素应当是环境，它是我们研究外国工艺美术发展史的重要环节之一。

2. 民族要素

工艺美术带有明显的民族性，各民族的工艺文化都集中反映了本民族对美的追求，他们的艺术作品无不打上本民族的烙印。这种鲜明而独特的民族色彩，构成艺术审美价值与艺术创作的重要因素。因此，在外国工艺美术史研究中，不能忽略民族因素对工艺美术的影响，以便我们更深刻地理解工艺美术的本质。

民族作为一种社会现象，其成员在生活习惯、思想文化传统和心理、感情等方面，存在着许多共同点。这一客观存在决定了同一民族中的人们，能在一定程度上具有某些共同的文化和心理状态，显示出审美趣味的共同性。这种共同性使得该民族的艺术创造形成独特的民族作风和民族气派，而各民族又都有各自的生存环境、生活习俗和宗教信仰，这些因素决定人们各自的审美观，产生具有各自民族独特风格特点的艺术。东方民族与西方民族、沿海民族与内陆民族、游牧民族与农耕民族，都由于其地域差异而导致他们各自迥然不同的生活习性和意识。因此，他们的工艺美术创作无不体现了本民族精神。

3. 宗教要素

我们在研究任何一个地区的工艺美术，尤其是古代工艺美术作品时，能够考虑到宗教的因素，无疑有助于加深我们对作品风格的理解。

人类的原始艺术创作是离不开原始宗教的，大量的古代艺术作品，明显地反映出它们就是为宗教服务的。欧洲中世纪的工艺美术，实际上是基督教的工艺美术。在一千多年的封建社会中，整个欧洲处于政教合一的神权统治之下，基督教成为当时封建统治的有力支柱和人们精神生活的一种寄托。因此，中世纪的工艺美术，如哥特式的教堂装饰和各种工艺制品，都明显地反映出基督教影响下那种冷峻、阴郁和沉闷的气质。发端于阿拉伯半岛的伊斯兰教，也影响了其宗教范围内各地区的艺术风格。由于伊斯兰教没有偶像崇拜，其工艺美术大多以繁缛的植物纹样和绚丽的色彩作为主题。佛教是东方民族的一大宗教，它的产生发展，直接影响了印度、中国等诸多东方国家和地区的文化艺术。在中国，正因为有了佛教，才有可能产生像龙门石窟、云岗石窟和敦煌石窟以及乐山大佛等一系列气势宏伟、技艺精湛的艺术创作。当然，应当指出，为宗教服务所创作的工艺美术作品，一方面是特定历史时期的宗教宣传品，另一方面它又体现了劳动人民杰出的创造，为人类艺术的宝库留下不朽的财富。

4. 时代要素

在研究外国工艺美术发展史的过程中，我们还应注意到，即使是同样一种环境，同样一个民族和同样一种宗教信仰，但由于艺术创作的时期不同，也会导致其艺术风格的不同。任何事物都是在变化中不断地发展，又在发展中不断地变化。各个时代的人们，受着特定社会实践内容和社会思想的影响和制约，形成各自不同的审美意识，并在此支配和规范下从事美的创造和欣赏，其创作风格和审美趣味自然会表现出时代的特点来。

例如西欧"罗马式"（Romanesque）与"哥特式"（Gothic）的基督教教堂装饰，便有力地说明了这个问题。同一地区、同一宗教，时代不同其艺术风格也发生了变化，这类例子在中外美术史上不胜枚举。但这里值得提示的是，由于时代不同，所产生的艺术风格的变化和发展都是以地域、民俗、宗教的要素为前提的，这种变化一般都是在一个较为统一的体系里进行。也就是说，不同时代的不同风格的变化，不可能超越其民族和地域的本质特征。如果各地区、各民族的艺术没有独自的风格，或这种风格差异变得微妙，那么，艺术的魅力和特质也将随之丧失。实际上各地区、各民族的艺术，在各历史时期都有明显的特色，有了这种研究意识，能够加深对各个时期所呈现出的不同风格特征的理解力和感知力。

5. 科技要素

工艺美术的特性决定了其本身发展始终离不开科学技术要素的影响。任何一种应用于工艺美术的新材料的出现和制作工艺的革新，以及新的制作工具的发明，都必然依赖于相应的科技手段和科技成果。

譬如，陶瓷材料就是人们通过长期社会实践，逐渐掌握并利用了水、土、火等自然要素而创造出来的。它从根本上改变了泥土的性质。这一全新材料的诞生，结束了人类过去只依赖于天然材料（如竹、木材、石料、泥土、皮革、植物纤维等）进行工艺美术创作的历史，丰富了工艺美术的品种和艺术语言。特别是釉料的发明，给陶瓷工艺锦上添花，它不仅是一项科学技术成果，也体现了美学上的价值，它把人们带入了一个美妙的境界。青铜的出现，也体现了人类利用矿物材料，通过化学和物理科学手段所进行的非凡创造和发明。比起陶器，青铜器的科技含量更高。它不仅比陶坚硬，而且可以通过制范和铸造来完成各种复杂的造型，尤其是"失蜡法"铸造工艺的发明，使得青铜器的纹饰有可能做得精美至极。金、银等材料的出现，更是为工艺美术提供了装饰上的便利和美观，增添了奇光异彩。玻璃、漆等材料的产生，意味着人类掌握了全面驾驭自然材料的能力，极大地丰富了工艺美术的表现形式，同时也培育了人们崭新的审美情趣。

另外，伴随着这些材料的诞生，新的加工手段和新的劳动工具也相应出现，而这一切又都是与一定的科技成果相关联的。因此，可以说工艺美术的发展是与科学技术的发展紧密关联的，没有科学技术的进步，工艺美术的进步是不可能的。

（二）基本研究方法

辩证唯物主义告诉我们，正确的评价和判断，是建立在反复比较的基础上的。除以上要素外，外国工艺美术史的教学与研究，对各民族、各区域、各时代和各宗教工艺美术的风格特征探讨，有一个最重要的方法，那就是比较，可以说没有比较就没有研究和鉴别。

1. 中外比较

中外比较是一种横向型的比较方法。通过对我们本民族的文化艺术和其他民族的文化艺术进行比较，便可发现两者之间在各方面的差异。由于地域、民众和宗教信仰的差别，必然影响到艺术创作上的区别，找出这些差异后，我们对外国工艺美术风格特征的研究也就有明确的目的。

例如中国古代青铜工艺与古希腊的陶器工艺同属各自奴隶社会时代的工艺美术，进行比较后我们便会发现两者之间极大的差别。这不仅仅是材料的区别，而最重要的是，这两种工艺呈现出根本不同的艺术风貌和审美观念。中国的青铜工艺，集中体现了奴隶社会统治者的威严、冷酷、肃穆的审美情趣，作品大都表现出一种"狞厉的美"。这些青铜器都是奴隶们创造，但为统治者所享用。而古希腊陶器的轻盈活泼、优美典雅的风韵，则是当时古希腊特有的、民主气息浓厚的奴隶社会制的反映。很多陶器的制造者、绘饰者，很可能也是使用者。那么，我们通过这样一种简单的对比，就可以清楚地知道，为何两者之间有如此之大的差别，为什么它们呈现出两种完全不同的艺术风格。

2. 古今比较

古今比较，是一种纵向的比较方法。通过古代工艺美术与现代工艺美术之间的比较和鉴别，探讨工艺风格从古至今的发展、变化规律，并寻找出古代与现代工艺美术之间的异同，才能进行明确而肯定的评判与分析。人们常说的"温故知新"就是这个道理。如果没有与古代工艺美术风格的对比，便无从感知现代工艺美术之"新意"。反之，缺乏对当今工艺美术的认识和体会，也难以更为深刻地理解和感受古代工艺美术精华之所在。鉴于此，我们说，这种纵向型的比较方法，是工艺美术发展史研究中不可或缺的最基本的方法之一。

古今对比的研究方法，要注意把握其时代要素。同样的民族创造同样的艺术形式，但由于时代的不同而导致艺术风格的不同。通过古今对比的研究，我们才能更加全面、深刻、典型地把握时代赋予的各时期截然不同的艺术特色。

3. 重点分析

在上述研究方法的基础之上，注意重点分析是十分必要的。前人为我们留下了极为丰厚的文化遗产，古今中外的工艺美术创作名目繁多，内容庞杂，如果没有一条清晰的"脉络"，不可能捕捉到这些艺术的精华所在。这就要求我们准确地把握住每个地区、每个民族、每个时代、每类工艺的特征，对其重点进行深刻的解析。我想，在外国工艺美术史论的教学与研究过程中，把握好上述五个方面的要素以及各种角度、方位和层次的研究方法，并能发现和掌握重点，我们的教学研究也一定会有理想的结果。

4. 开阔视野

研究外国工艺美术发展史，探讨世界工艺文化的特征和工艺美学思想，不能就事论事。工艺美术的发展始终是与人类的文化、科学和宗教的发展不可分割的，因而，全面地把握相关学科的发展和特质，是我们教学研究工作中必不可少的环节。只有抓好这个环节，外国工艺美术发展的历程及其风格特征才能全面地、立体地展现在我们面前。广阅博览，是提高我们对工艺美术研究水平和分析能力的最有效的方法和最首要的基础。从方法上说，只有"观千剑而后识器"。从基础上讲，研究的能力只有通过大量的艺术分析实践才能得以提升。准确的评价与判断，来自大量的观察、分析和感受，来自广阅博览、反复比较和深入解析。通过长期而充分的积累和熏陶，我们就有可能在外国工艺美术史的教学与研究方面，具有更加敏锐的观察和分析能力，增强明确而果断的评判能力。

（三）教学研究改进思路

1. 提高认识

笔者认为，当代工艺美术开始向纯艺术方面靠近，它不再是以实用为目的，而让人去观赏，此时，展示成了它的目的。国外有些现代工艺美术家的作品与雕刻结合起来，最终做的是一个不能用的东西，成为一种纯粹的造型艺术品，然后去展示自己的艺术风格，完全脱离了传统意义上的实用性。在我国，有不少人，包括一些专业人士，都把工艺美术与设计等同起来。在国外是有区别的，一些发达国家的理念我们应该借鉴，不要总是把工艺和设计混同起来，认为工艺就是设计，设计就是工艺，或者可以互相取代，这是不客观的。我想，工艺美术偏重于人文与艺术学科，而设计应当是更为注重科技要素和理性思考，与工业与科学的关系更为密切。设计更多考虑的是为人类生活得更加舒适、更为合理而做的努力；工艺美术似乎更偏重于文化艺术的内涵，尤其是现代工艺，已经从实用的功能里分离出来了，这种分离从 20 世纪 80 年代就已经开始了。

2. 探索与拓进

外国工艺美术史教学在长期传统研究方法的基础上，进一步吸取国外最新研究成果和研究方法，注重工艺美术理论研究和门类工艺美术实践的结合，中西工艺美术的比较研究，推广传统工艺美术研究与当代工艺美术研究的沟通等领域的新课题。

在课程教学过程中，运用了国外最新研究成果和研究方法，在参考近年发掘的考古史料基础上，注重工艺美术与人类文化、观念的探讨。通过影响工艺美术发展的诸多自然要素和社会要素（自然环境、民族特性、宗教信仰、时代变革及科学技术等）来阐释工艺美术风格、样式的演变和人文精神的体现。

目前，外国工艺美术史的教学与研究，以世界文明史为依托，以最新研究方法为导向，具有丰厚的艺术文化底蕴；将个人奋斗模式转为团队合作模式；充分发挥教师的不同专长，将教学与科研相结合，培养复合型人才。

与此同时，我们将传统单一的授课方式向多元的现代化授课方式转化，不断扩大信息量和知识面，培养高素质、复合型艺术人才。该门课程具有二十几年的教研积累与科研论著，各大博物馆、美术馆举办的世界文明展览及相关讲座，全国范围内的大型理论研讨会，出版著述及发表论文。另外，现有的研究型师资队伍和任课教师，均在外国工艺美术史研究领域具有一定的专长，其研究成果在国内处于领先地位。课程教材《外国工艺美术史》于 2000 年荣获北京市第六届哲学社会科学优秀成果二等奖，2001 年又获北京市教育教学成果（高等教育）一等奖，2006 年获得北京市精品课程教材奖。

3. 改进措施

（1）将传统单一的授课方式向多元的现代化授课方式转化；增添了必要的教学设备，扩大信息量和知识面，将传统口头讲解、作品示范与现代投影讲授、多媒体教学相结合，形成综合授课方式，确保外国工艺美术史课程的教学特色。

（2）为使教材更系统、科学、合理、丰富、统一，增大信息量并具有相应的深度、广度及可操作性，规范格式、统一管理。

（3）为达到良好的教学效果，采用多种教学方法，向多媒体教学过渡。

（4）为激发学生的学习热情与积极性，课堂采取多种组织形式，讲解、讨论并重。教与学互动，课堂讨论、活跃设计思维与独立思考问题、勇于创新相结合，课堂讲授与观摩考察相结合。

（5）学生作业提倡深入性、研究性、过程性，课上、课下结合，创意、应用结合。

（6）增强理论与实际的结合，培养学生扎实的基本功和独立解决问题的能力。

（7）为了考察学生的学习情况，每学期要对学生进行课业小结、随堂考试、期末考试，一方面对学生的学习起到督促作用，同时也促进教师认真授课，高度负责。

4.规划与构想

外国工艺美术史论的教学与研究是一个系统工程，尚需继续发展和完善，因此，要分成几步走。

（1）教材建设。

①在原有《外国工艺美术史》的基础上，编撰外国工艺美术系列史，该系列以国家地区、时代、宗教进行分类，每个领域独立成书，形成一定的规模，使外国工艺美术史的研究与教学更加具有深度和广度，可以与业已成熟的中国工艺美术史研究比肩。

②编纂一定规模的《外国工艺美术大图典》，按照国家、区域、时代、宗教等分为10至20册，以便读者充分地解读和领略外国工艺美术。

③编纂《外国工艺美术大辞典》，使外国工艺美术史研究系列化、整体化、综合化、学术化，并满足全国范围内设计艺术教学与研究的需求。

（2）教学、科研工作。

①为了活跃教学氛围并与国际接轨，学习和借鉴先进授课经验，继续聘请国外知名专家学者来院讲学授课。

②继续开展学术交流活动，主办国内、国际相关工艺美术教育、研究和保护的学术展示与理论研讨活动。

③有计划地赴国外进行专业考察与调研，并选送学术骨干出国深造，确保外国工艺美术史论教学与研究的人才梯队和学术力量。

④引进优秀的青年教师，加强后续研究力量。

⑤提高外语水平，加大原文资料的阅读和检索数量与难度，确保研究水平和授课质量。

⑥创造和提供深造机会，强化专业知识，积极培养学术创新型人才。

进一步落实教学改革思路与方法，并不断完善，确保目标与定位的实现。外国工艺美术史论的教学研究体系犹如大厦的地基，它的课程设定、研究领域和涉及范围，都将对学科发展产生重大的作用与意义，是人文学科建设不可缺失的环节，也是国家工艺美术历史与理论发展和文化遗产保护与研究必不可少的课题，因此，我们将再接再厉，继续努力，向建设国际一流艺术史论学科迈进。

四、外国工艺美术史教学研究在中国的意义

笔者认为，艺术史论的研究与教学，应注重其现实意义和价值，应对构建当今和未来的和谐社会，培育人文精神，发展健康的文化事业产生直接的作用，并以净化人的灵魂，养育人的美好情操，拓宽人的视野，优化人的心智为目标，而不能一味地总结前人的经验，只满足于停留在前人的思想境界或无所创新，无所开拓和发展的现状。我想，关注当下，着眼未来，不断创新，是艺术史论研究的关键。

外国工艺美术史研究作为人文学科中的重要环节，对培养国人的文化素质，提高我国综合素质教育质量，完善人文学科，树立学术形象，提升综合学术地位，皆有重要意义。我们在工艺美术领域的研究实力已经在国内学术界占有绝对优势，这个雄厚的基础是我们进行更加深入的理论结合实践的研究与教学的优势，发展形成体系完整的专业，还需与时俱进，不断提高研究水平，进一步丰富研究内容、完善教学研究体系。

外国工艺美术史教学研究体系的构建，完善了中国设计艺术学科的建设，丰富了我国人文学科教学研究的内容，加强了中外设计艺术学科的交流，为国民素质的提高和人文情怀的培养做出了贡献。

李立新与中国设计史写作[①]

李立新（南京艺术学院）

编者按：李立新（1957—　），江苏常熟人。1978年入读江苏省宜兴陶瓷工业学校装饰专业，1980年入读中央工艺美术学院装潢系师资班，1998年毕业于苏州大学艺术学院，师从诸葛铠先生，获文学硕士学位，2002年毕业于东南大学研究生院，师从张道一先生，获艺术学博士学位。现为南京艺术学院科研处处长，南京艺术学院设计学学科带头人，设计学院教授，博士生导师，南京艺术学院学报编辑部主任，全国中文核心期刊《美术与设计》版常务副主编，南京艺术学院学术委员会委员，中国艺术人类学学会理事。江苏省特色专业"艺术设计学专业"学术带头人，江苏省精品课程《设计史》主持人。

中国设计史研究应该有一个全新的面貌了。

一部中国设计史，从显赫一时的陶瓷、漆器、青铜器、服饰，到几度沉浮的玻璃器、金银器、砖石雕刻，从雕缋满眼、极度奢侈的宫廷物品，到流转传播、质朴实用的生活、生产用具，都有专史、通史或断代史的撰成。特别是陈之佛、罗卡子、庞薰琹、田自秉、沈从文、周锡保、沈福文、王家树等一批杰出学者筚路蓝缕地做了大量拓荒性工作，闯出了一些路径，取得了卓异的成就，绵延万年之久的中国设计，在现代终于有了历史的梳理和系统的研究。

近30年来，在新材料和新理论的推动下，设计史研究运用考古与文献相结合的方法，也取得了相当的成果。然而，毋庸讳言，中国设计史的研究，仍处在一个相当落后的状态之中。不只是史学观念的陈旧，研究方法的落后，还存有视野狭窄、格式划一、

---

① 本文原题为《我的设计史观》。本文为国家社会科学基金艺术学一般项目"六朝设计史"代前言（部分），项目编号：11BH067。全文曾刊载于《美术与设计》2012年第1期。

文笔平板、几无情感等缺陷，这种状态，早已为设计界有识之士所诟病。目前，旧有状况未见改观，新的问题接踵而来，在学术全球化的今天，如何拓展设计史新视野？如何构建中国设计史学新路径？如何寻求和实践设计史新工具？国际设计史学术对话是否可能？中国设计史研究者应该做出什么样的回应？作为设计史家必须以真诚的态度，作出学术得失的回顾与检讨。

在本书开篇之时，我将长期萦绕心中的上述问题作出自己的思考，不择浅陋，就教于设计界同道，这也是我的设计史观，它将存在于这本《六朝设计史》中。

一、历史的境界：设计史的思想与理论

设计的历史，必须是一部启迪思想，创造理论的历史。

十年前，我在东南大学读书时，常与不同学科的朋友们讨论各种问题。有一次，同室的两位工科博士发问："我们都是向前看的，而你却是向后看的？"当时，我正在做中国传统设计史的研究，深深地感到了上自成功学者，下至青年学生，历史的观念十分有限，有的竟以反传统贬历史而沾沾自喜。一个高度重视历史的文化，如今却沦为极不重视历史的文化，究其原因，是"历史无用论"的影响。从实用的角度看，历史不是实体物质，没有实际功用。历史不能产奶，不能治病，不能建高铁，不能让神舟六号升天，自然也就没有用处。但从价值的角度看，历史虽已消逝，却会重演，历史能给人参照，以免蹈前人之覆辙。

中国哲人有"以古为镜，可以知兴替"（《旧唐书·魏征传》），西方哲人有"历史增人智慧"之言论，史家撰史在于"述往事，思来者"（《史记·太史公自序》）。向前看与向后看，正是自然科学研究与人文科学研究最大的差异之处。自然科学研究必须向前看，因为每隔3、5年，自然科学知识将更新80％，旧有知识成为历史终被淘汰，而人文科学研究必须向后看，只有"上通远古"才能"下瞻百代"，深厚的历史积淀将给人们带来精神力量，它能超越时空，摆脱时代的局限，放出人类思想无限的光芒。

人们看轻历史的作用，也与历史研究的不足有关。设计史研究如果仅仅是考古学成果的展示和物质资料的堆积，就如同博物馆里的陈列，会给人呆滞、残缺、断裂之感，一部设计史就成了一部设计的死亡史。这样的历史，自然无用。但真正人类的设计历史，是创造性的、充满情感的、诗情画意的、富有生命力的历史，阅读它将带来精神的愉悦，启迪设计思想。

设计历史的境界是启迪思想和理论创造两个方面。缺少这两个境界，设计史只能是有限的历史陈迹的记录，两个境界的实现，才能使设计传统中的一些东西超越时空，光

照后世，这也就是史学的特性。设计史的表层，是繁杂多样的物品和一系列的设计活动，其深层之处则涉及各种不同的设计思想。设计史学是一种民族艺术的集体记忆，既要寻根、寻因意识，更要对设计价值思想的挖掘和批判性思考，这一切要从设计史家的独立思考开始。一门史学由粗疏到精进，要靠史家的思想与经验相互砥砺方能实现。《史记·伯夷列传》"载籍极博，犹考信于六艺"的考证，是出于深信"六艺"的思想。这是研究的思想、方法的思想，但不是"思想研究历史"，不是凭主观思想忽视客观存在，而是不做思想的惰汉，勤于思考，善用思想。[①]

设计史是依据设计事实而撰成，没有史实，就没有历史。但设计史又是由设计史家来撰写，缺乏思想，也不成历史。这里主要指由历史的总结形成的思想，"以体用来比喻，则思想其体，事件其用。因此历史是思想的最大源泉之一"。[②] 太史公的"通古今之变，成一家之言"，章太炎的"今修通史，旨在独裁"，均映射出史学的思想特性，没有思想无法"立言"，"独裁"并非独尊，是个性的表露，源自"一家之言"，而"思想"的意味已昭然若揭。

一部设计历史，也是一部设计思想史，足以启迪新的设计思想。大设计家都精于历史，精于设计思想，当第二次世界大战结束后，现代主义设计盛行、国际主义设计泛滥，问题丛生之时，罗伯特·文图里回顾历史，发现了解决设计问题的方法。他从设计历史中真正了解到设计的意义是什么，提出了设计上的历史文脉主义思想，这一概略性的设计思想，成为他后现代主义思想的重要内容之一，充分显示了历史启迪思想的作用。

中国设计的历史漫漫万年延缓至今，我们今日所体验到的已是各个成熟时期的设计特征，仅将这些成熟时期的设计排列一起，还构不成设计整体的历史，但早期的境况，形成的过程，又十分渺远，只能逆向地寻找，仔细观察，方能获其奥秘。10 年前，我在《中国设计艺术史论》一书中提到设计史的研究工作应贯彻以下四个方面的原则：

一是对造物历史整体性把握的原则，二是加强寻因、寻根意识进而实现理论创造的原则，三是建立设计艺术发展的逻辑结构原则，四是从民族、文化、心理结构的角度把握中国设计艺术史的进程。[③]

这四个方面的意思很明显，就是要把视野放宽到设计历史所经历的全过程，宏观地、整体地去前后往复观照，微观地、深入地去把握一类设计发生、发展、成熟、衰退的过程。实际上是一种考察方法，前者来自黄仁宇治史的"大历史观"理论，根据这一理论，我们对设计史就有了"问题意识"。中国设计历史悠久，门类众多，往往造成治

---

① 参见杜维运：《史学方法论》，北京大学出版社 2006 年版，第 4 页。

② 杜维运：《史学方法论》，北京大学出版社 2006 年版，第 300 页。

③ 李立新：《中国设计艺术史论》，天津人民出版社 2004 年版，第 10 页。

史割裂，分类过细，画地为牢，通史如此，缺少横向打通，专史亦如此。仅做设计自身的发展归纳，没有相关的参照系统作助力，很难表现出设计自身的特征，也无法解释设计的发展规律。

历史研究无法回避史学理论，中国设计史研究缺少史学理论的指导，因此发展缓慢、滞后、粗糙。不带理论进入研究的"扎根理论"①（或称草根理论）也是一种理论，即便是属于感性的观察和认识，也离不开研究者理论的背景。卡尔·波普曾嘲笑那些相信自己不作解释，就能够真实叙述历史，达到客观性水平的历史学家。② 无论是"大历史"还是布罗代尔的"长时段"，对于我们来说是一种史学理论，而实际上体现出的是史家写作中史与论的凝炼，"对于史的研究其实也就是一种理论的创造"③。将设计历史事实汇聚成一个历史总体，上升为理论，是一种依托历史的创造。④

理论的创造需要真正揭示历史的客观规律，不做削足适履的摆弄，不是"我注六经"和"六经注我"式的方式，而是"我"与"六经"的完美统一。恩格斯赞扬马克思说："他没有一个地方以事实去迁就自己的理论，相反地，他力图把自己的理论表现为事实的结果。"⑤ 当一位研究者、史学家寻找到了事物发展的规律和内在逻辑之后，必然要以某种理论做说明，⑥ 马克思如此，司马迁如此，修昔底德如此，韦伯和布罗代尔同样如此。所有的学术研究均以理论创造为目的，在历史研究中，就是历史的境界。

当前，设计史研究已进入一个新的转折的时代，设计史研究也应以理论创造为最高境界，虽轻易不能抵达，也不是一人一代所能实现，但我们期待着，希望早日有理论创造的设计史家及设计史著述的出现。

二、生活设计史：走进设计历史的田野

设计的历史，应该是一部记述人类生活的历史。

设计的目的是服务于人，用之于生活。设计是人类的一种生存方式，我在《设计价值论》一书中提到：

人和社会的一种特殊的存在方式就是设计，没有设计的族群不属于人类，没有设计

---

① 这是一个著名的社会学研究理论，源于格拉斯和斯特劳斯在20世纪60年代的一项医学社会学的临床观察，是一种自下而上生成理论的方法，也称：生成型理论或草根理论。

② 参见卡尔·波普《历史有意义吗?》，刊《现代西方历史哲学译文集》，上海译文出版社1984年版。

③ 王锺陵：《中国中古诗歌史》，人民出版社2005年版，第5页。

④ 王锺陵：《中国中古诗歌史》，人民出版社2005年版，第5页。

⑤ 《马克思恩格斯全集》第16卷，人民出版社1964年版，第257页。

⑥ 参见王锺陵：《中国中古诗歌史》，人民出版社2005年版，第5页。

的地方也不会有人类社会。设计就像生命体的新陈代谢一样，是人和社会根本的存在方式。①

这就是说，设计物是对人的生存、生活产生作用，在人类之前和人类之外，没有设计也不可能产生设计，离开了人及其生活，就不能创造出适用的设计，也不能真正地理解和说明设计的历史。因此，设计历史的全部奥秘就在于人类衣食住行的日常生活。

在近年来的设计史研究中，利用考古出土新材料与历史文献史料相结合，来撰写设计史的方式越来越多，成果也颇为丰硕。其中，对精美绝伦物品的工艺技术的分析和某类失传绝技的发现多有成绩，相对来说，与普通民众的衣食住行相关的生活设计史的讨论，远不及前两者充分而深入。但是，设计的宗旨是服务生活，我们更感兴趣的是从生存方式、生活习惯的角度出发的通常意义上的日常生活设计史的研究。力求揭示人在生活中是如何创造和使用这些物品的，尤其注重历史溯源的追寻，作为人类生活的必需物品，在漫长的历史演变过程中，哪些物品消亡了？哪些物品繁衍下来，延续至今？特别是设计在民众生活中的位置和巨大影响力，而不仅仅停留在绝技的记录和文献的整理与考订层面。

我认为，生活、民生是设计的核心内涵，因而应当成为我们关心的基本问题，只有深入到中国民生世界，我们才能体会到中国设计的复杂性和丰富性，并进而理解设计对民众生活所发生的巨大作用，才能揭示中国传统设计对于世界设计所具有的典范意义。

我曾以"设计学研究方法论"为题展开研究，其研究成果是拙著《设计艺术学研究方法》一书，其中涉及设计史研究的一些问题。而集中讨论"生活的设计历史"问题，则发表在研究论文《设计史研究的方法论转向——去田野中寻找生活的设计历史》一文中，在这些讨论中，提出了以下几个问题：第一，设计史与生活世界严重分裂的状态，第二，由设计的生活性质孕育出新的研究课题，第三，"礼失求诸野"，设计史研究的田野工作实践。② 与其说关注这些问题是因为发现了以往研究的不足之处，不如说是因为设计学的学科变动，从"工艺美术学——设计艺术学——设计学"的转变，给设计史研究将带来什么样影响的思考。应该说，这一思考尚未达到组成一个严密的设计史学理论，但已表达了一个切合设计学特征的设计史观点，即，设计史的人类学研究倾向。这一取向来自历史人类学和艺术人类学的启示，在这里我将进一步表明这一观点，以便于今后深入地讨论和研究。

首先，我认为暂时搁置设计学、历史学、人类学的学科所属分争不论。设计本身的历史建构不是静态的结构，而是依据设计的生活意义并以文化的方式演进的，不同地

① 李立新：《设计价值论》，中国建筑工业出版社 2011 年版，第 48 页。

② 参见李立新：《设计史研究的方法论转向——去田野中寻找生活的设计历史》，《美术与设计》2010 年第 1 期。

域、不同社会的设计千差万别，是因为生活方式及意义在社会实践中不断地被重新评估和建构的。也就是说，生活方式及意义也是按历史的方式动态地建构起来的。当我们考察这种演进和建构方式时，离不开推动这一演进的主体人，离不开人的反应和创造行为。所以，为了让过去称为"工艺美术史"的这一领域，跟上"设计学"学科的变动，重新焕发活力青春，就应该让设计中人的能动性获得展示。我们可以将它称做人类生活的设计史，研究人的各种生活方式的历史学，其中包括：行为方式、饮食方式、情感方式、社会方式、审美方式等。这些人的各种生活方式是活跃在生活的最低层的，最基本的生活文化，看似松散，无关紧要，却是最普遍的，最大多数人的设计及文化现象，是设计的主流，并联结着宗教、民俗、个人、心理不断浮现，与上层社会、政治、经济发生互动。

长期以来，我们只相信：复杂的设计演变是由历史朝代决定的，帝王权贵的设计物代表着中国设计的最高水平。然而，当代学者的一些详细的专题研究表明，设计演变并不与朝代更替有直接的关联，明代帝王专属的云锦织物来自最普遍的民间织造技术。①从人的行为，生活方式入手，考察探讨设计历史演变的内在机制和人的创造，以及对设计的接受和生活观念，是能够帮助我们的设计史的研究的，这也反映出历史学、人类学与设计学之间的交叉性关系。"生活设计史"所倡导的是借用历史人类学的视角和方法来改造设计史，来发现设计史的一些新问题，并能孕育出新的设计史研究课题。

引入人类学的研究手段考察设计史，最困难的不是生活类实物的缺失，不是生活环境生态的缺失，而是如何做到设计史真正"优先与生活对话"，这要比法国年鉴学派勒高夫提出的史学应"优先与人类学对话"更进一步。优先与生活对话，因为缺少了实物与生活环境，做起来极为困难，如果先验地将生活存在作为前提展开讨论，就很可能变成极为草率的分析，这是设计史的灾难。《汉书·艺文志》有："仲尼有言：'礼失而求诸野'，吕向注曰：'言礼失其序，尚求之于鄙野之人'"。其意为，当去圣久远，道术缺废，无所更索之时，可远离书斋，到广阔天地之间，在社会民间去遍访寻求六艺之术，那里有丰厚的礼乐文化积淀。我国素有文献、文物大国之称，但在如此丰富的历史文献、文物的记载、收藏中，关于设计艺术大多为皇家、宫廷、权贵用物及礼仪、祭祀用品和规范的记录，而有关生活器具、生活习俗和民间信仰等内容甚少，只有求之于田野调查，才能逐步厘清其线索。运用田野调查的方式是"优先与生活对话"的方式，是"礼失而求诸野"思想的体现，当前广泛展开的"非物质文化遗产"研究也表现出这一思想。

以田野调查方式研究历史在日本的中国史研究中已是传统，② 中国学者也在开展这

---

① 参见张道一：《南京云锦》，译林出版社 2011 年版。

② 参见森正天：《田野调查与历史研究——以中国史研究为中心》，《上海师范大学学报》2003 年第 3 期。

方面的研究工作并有所成绩，如对失传的唐代夹缬的田野调查，复原了染织设计史缺失的一环。① 我在考察民间器具设计时，也获得一些收获，例如，对民间器具纸伞的田野考察，我所得的认识是：

　　从最初确定的简单的田野考察目的到发现联动结构，引出中国伞自先秦至北宋演变过程的调查，了解到宋人制定的标准构件与联动机构一直是制伞业的通行方法。更让人颇感惊奇的是，近代以来，工业化所带来的生产方式的改变，淘汰了多少传统的设计品类，却未能对纸伞的联动结构产生任何改动，仅在材料上略施替代，以布和金属换下纸与竹，一个延续了千年以上的生活设计，继续服务在当代人的生活之中，中国纸伞树立了一个设计史上不容忽视的典范。②

　　再如对中国四轮车的田野考察，让我获得了一个中国古代四轮车历史演进的轨迹，③ 回应了西方学者认为中国没有四轮车的历史。

　　我并非主张设计史研究抛开文献考古、实物资料，完全以田野考察的方式进行，"而是希望学习运用田野工作的做法，使设计史研究承旧而创新，多种方法相容并存，使之在技术上是实证的，分析上是客观的，结构上有逻辑性，理解上是阐释的，实质上是生活的"④。

　　总之，走进设计历史的田野，用我们的感官去体验生活，表达心理，记录设计，突显价值。不仅与生活直面对话，更与生命之美直面对话，让人类生活文化的种种设计样式，在历史人类学和艺术人类学的视野下得以修复、展现、发展，让消失的设计复活，让生活设计的历史重新回归文字，让文献、考古与口述历史互补共生，在丰富多样中体现设计之国起伏群峦的艺术高度。

三、建构新路径：从区域史到整体史

　　设计的历史，可以从区域史走向整体史。

　　当设计史家视线下移，关注生活设计的时候，区域设计就将进入他的视野。重视区域史的研究是因为区域设计具有以下三个方面的特征：一、区域设计具有社群生活和底层民众日常生活的特性，这种基本的生活设计是设计史的底色，这对于设计史研究该

---

① 参见郑巨欣：《浙南夹缬》，苏州大学出版社 2009 年版。
② 李立新：《设计史研究的方法论转向——去田野中寻找生活的设计历史》，《美术与设计》2010 年第 1 期。
③ 参见李立新：《设计史研究的方法论转向——去田野中寻找生活的设计历史》，《美术与设计》2010 年第 1 期。
④ 李立新：《设计史研究的方法论转向——去田野中寻找生活的设计历史》，《美术与设计》2010 年第 1 期。

呈现什么样的基调，具有极其重要的价值意义；二、区域设计是地方性的"设计事件"，这种地域性设计对于设计史来讲，与重要的经典设计同样重要，按历史人类学的观点，越是地域性的设计其历史价值越高；三、区域设计表现出设计的原生状态，尽管是设计整体史中的一个局部，甚至是一个乡镇、一个社区，但也有复杂的、完整的设计历史结构，也隐藏着设计史"整体"，即小地方是大设计的缩影。把握住这三个特征，就能从设计的区域史走向整体史的研究。

研究复杂、丰富、多样的中国设计历史，最好选择一个区域，"你可以在不同的地方研究不同的东西，有些东西……最适合在有限的地区进行研究"。① 这一点值得我们注意，因为区域的设计历史是具体的、直接的、生发的设计历史，而不是抽象的、间接的、过于成熟的设计历史，具体的设计发生、借鉴、失败、互动、成功、传播的过程，只能在底层、社群、区域的观察研究中体会到。区域设计是通过一定的部族、家族、社会、经济间的关系，在一定的地区聚合起来的群体性设计。如苏秉琦先生把中华文明发源地划分为六大区系，实际上也就给我们划定了原始设计文化的六大区系：北方红山文化区，东方龙山文化区，中原仰韶文化区，东南良渚文化区，西南大溪文化区，南方石硖文化区。② 这六大区系是中国设计的"总根系"，早期设计史的基调由此而铺垫。

再如江西景德镇、江苏宜兴、广东佛山等陶瓷产地，安徽、四川、浙江等手工造纸业地区，苏州、福州、扬州等雕版印刷业地区，长时期家族式的集体设计被整合成一个地区的设计特征，并反映出这些设计与这些地区以及周边区域社群生活关系和民众日常生活状况。每个区域又都有一些突出的设计，如宜兴紫砂、泾县的宣纸、苏州桃花坞年画等，过去的设计史研究只关注成熟突显的设计，如提及江苏宜兴的设计都以紫砂为代表，却忽视了众多量大的普通生活陶器大缸、盆罐的设计，正是在这些一般的、粗陋的生活陶器技术基础上，一种因材质不同而形成的紫砂器才能脱颖而出，一跃而为文人雅士赏玩之品。如果只是关注紫砂器，也就忽视了紫砂产生的工艺基础，忽视了这个地区基本的设计特色。因此，区域设计史研究不是从中抽出某个突出的点，而是作一个小型有限的"整体"研究，其中原始的生态底色十分重要。只有全面地研究区域设计的整体，才能真正把握这个区域的设计特征，从而建构出地域性的"设计模式"。

由此可知，在设计史的进程中，所谓经典设计作品对设计史产生了重大影响，也有一些不被史家称道的一般的设计活动同样对设计史产生了重大的影响。再如，早在四五千年前就形成的一种手工拉坯的"辘轳"制陶方式，直到20世纪初依然是陶瓷业生产的基本方式，保留着手工艺的技术也保存着传统的设计个性特征，一条持久延续的

---

① 克利福德·格尔兹：《文化的解释》，上海人民出版社1999年版，第25页。
② 参见李立新：《中国设计艺术史论》，天津人民出版社2004年版，第42页。

线索就有了设计史的结构性。一般的通史只在早期制陶时提到这一技术，之后就习惯于关注经典的、中心的，高超的设计物品及所谓具有重大影响的设计。对于这种技术的延续不以为然，认为是小事、琐事，甚至当作"保守"、"滞后"现象来否定。但是，区域设计史就是要寻找这些设计的"地方琐事"，它是如何传播延续的？工匠是如何操作的？作坊之间为何有所不同？这种鸡毛蒜皮的小事，实际上是隐藏在经典设计背后的一股"暗流"，是技术、审美、民俗、演化的基础，与经典、权威、中心没有严格的界限。

区域化设计史也有长短时段的分期，"长时段"的区域研究对于一个地区纵向的设计模式构建有所帮助，并有助于我们认识整体史中的一些问题，如上述的技术事例。"短时段"的区域研究可以从一些偶然的、突发的、异常的设计现象中寻找到设计史横向的结构模式。在区域化的设计中，存在着一些特殊的设计空间，"地形适宜"的区域地理条件和社会人文使地方设计凸现出地域性特征。"地域性造物的集群形式，使中国传统造物设计如星罗棋布，造成灿烂的造物景象，而且集群的形式并非完全是狭隘性的，商业活动、社会变动和文化交流，也为地域性造物构建接纳了源源不断的活水，使各地域造物之间不断交流和沟通。"① 设计史的知识体系来源，依赖于这种地域性、专业性的设计，设计史上的重要的设计事件也都是在地方上发生，最后成为经典设计的。诸如明代为皇家设计的云锦，其制作地在江苏南京，20 年前才揭开重重迷雾的唐代"秘色瓷器"，其生产地在浙江慈溪，著名的"陵阳公样"的设计者窦师伦，其活动地在四川。这些都是"短促"和"动荡"的波涛，它们和时隐时现的"暗流"共同构成了设计史的海洋。

一种区域性的设计，从原料、运输、设计、工艺、制作、销售、使用，到个人、家族、信仰、民俗、社会，构成了一个完整的物的生态链，是设计史的原生状态结构，"麻雀虽小，五脏俱全"。我们对之考察研究，不是一个点，一根线，一块面的研究，而是点、线、面、体结合起来的纵横交错的整体研究，弄清其结构面貌，从一个侧面反映出"生活设计的全貌"。从设计史的角度看，地域史与整体史是局部与整体的关系，是特殊与一般的关系。但从这一个别的局部去认识设计整体却具有重要的史学价值。虽然我们可以像中华文明发源的六大区系一样去划分设计区域，但毕竟无法做到对繁复多样的中国设计作一一剖析，而局部地域的设计具有复杂而完整的历史结构，隐藏着一个设计"整体"，有的甚至是小地方体现出大设计的概貌。在这方面，社会区域研究为设计史提供了研究思路，唐力行对江南市镇的社会研究，揭示了近世江南地域社会的革命性变迁，② 费孝通的《江村经济》是中国社会的一个缩影，为我们提供了成功的典范。

我们研究中国设计史时，区域设计史是不可轻易绕过去的，区域史不等于整体史，

---

① 李立新：《中国设计艺术史论》，天津人民出版社 2004 年版，第 165 页。

② 唐力行：《明清以来徽州区域社会经济研究》，安徽大学出版社 1999 年版。

但从地域设计转向整体视野，由此而以小见大，以个别而见一般，这无疑是当前设计史研究的有效路径。

四、博览通观：设计史综合方法的运用

设计的历史，必须运用综合方法来研究。

方法论意识的淡薄和方法的单一，是目前中国设计史研究致命的弱点之一，也是设计史研究缺乏重大突破的根源之一。

如果说，设计史研究者没有方法也不是事实，每个从事这一研究的人都有他自己的方法，都在不自觉地运用着一些方法。但要将这种不自觉转为方法的自觉，上升到方法论的层面，则需要有较好的史学研究经验的总结。有时强调某一方法的有效性，但没有看到这一方法的针对性和局限性，造成某一方法的夸大和滥用的情况。我在前面所述的走进田野的人类学研究和关注地域设计史的研究，都是在方法论上的论述，也都有其正确而合理的运用界限。史料考证法、分析归纳法、历史口述法、历史比较法、历史想象法以及所谓的定性研究法、定量研究法等等，都是从历史研究的经验中总结而上升为方法论层面的，具有较强的普适性，但同时也具有一定的局限性，"详细地研究每一种方法，找到这种方法在历史科学方法论体系中的合理位置，并相应研究正确运用这些方法在认识论上的程序，则这种方法就能够发挥出强大的方法论效应"。[1] 若要使方法得当，在设计史研究中真正发生效应，必须运用综合方法来研究，"综合能推陈创新，无异集众腋以成轻裘"。[2]

综合方法可以从综合史料的收集方式开始。任何一门史学研究，都是在对史料进行研究，"史学者必须熟悉遗传的现成的史料，如经传史籍，习见文献，等等，这就相当于科学家在从事研究之前必须掌握概念理论系统。同时，史学者又必须对新发现的直接史料畅开心胸，努力将现成史料与直接史料印证比勘，求其贯通，这又相当于科学将理论应用于解释和猜测事实"。[3] 傅斯年当年提出"史学即史料学"，现在看来，这一口号无疑是正确的，在研究方法上仍具有一定的价值。通览他撰的《史料论略》，实质上是史学方法的论述，全文八节论述"史料之相对价值"，一、直接史料对间接史料，二、官家的记载对民间的记载，三、本国的记载对外国的记载，四、近人的记载对远人的记载，五、不经意的记载对经意的记载，六、本事对旁涉，七、直说对隐喻，八、口说的

---

① 李根宏：《改革开放以来的史学方法论研究》，《社会科学战线》2008 年第 4 期。
② 杜维运：《史学方法论》，北京大学出版社 2006 年版，第 83 页。
③ 陈克艰：《史料论略及其他》"出版说明"，辽宁教育出版社 1997 年版。

史料对著文的史料。都是讲史料的种种来源与比对方式，真所谓"上穷碧落下黄泉，动手动脚找东西"，穷尽所能地以各种方式搜索考辨史料。其中，史籍、考古、田野、实物、口述等方式，实是以综合的收集方法将零乱浩繁的史料汇集起来的方式，缺少这样的史料综合收集，将无法做到下一步的定量、定性、比较、分析、归纳、总结的准确、可信。设计史研究的起点，也应是这样的史料收集综合方式。

设计史研究者需有博大的心胸，以各种方法的高度综合做研究，方能济以博览浩瀚的原始资料，聚群籍而考其异同，辨其是非。

在史学研究中，有实证与阐释之争，有新旧史学方法之争，然而，方法并无优劣，也不在新旧，而在于适度地把握，合理地运用，综其所长，新旧并存，相互辅翼。"原则上，各门学科的研究方法都可以在相应层次上改造，移植为历史学的方法。"① 设计史研究引入数学、经济学的计量方法，从大量资料中统计出具体的数字，再把量化资料录入电脑，分析其变量关系，使设计史研究趋向严谨的精确，并可使观察对象从个别事件转为普通整体的研究。人类学的田野考察方法，在自然环境下做实地的体验，突显出设计物背后人的因素，促成设计史研究从无生活的历史向以生活为重点的历史转变。社会学的调查方法移至设计史研究中，以特定的方式和程序，通过科学的抽样测量过程，给设计史提供有效数据，从样本推论出总体面貌。其他诸如考古学、文献学、地理学、民族学、心理学、语言学、政治学等等所创的研究方法，均适用于设计史的研究。可以说，方法是跨学科的，方法没有专利。

在设计史研究中，获得各种方法，就获得了史学研究的利器。方法服务于史学研究，但史学研究不能被方法所束缚。任何方法总存有某种缺陷，如计量方法，虽然数字定量能清晰地说明一些问题，但最后的判断还是要用定性的方法。以人类学的方法考察物背后人的行为活动，能发现人的创造动机和人的生活状态，但人的所思所行，殊异较大，仅凭几个案例考察就去解析所有人的设计行为仍有勉强之处，设计历史的缺失、散佚、神秘之处，还需人类学之外的方法去寻觅。例如，运用文献、物证、回忆作为媒介引发历史的推论和想像，"设身于古之时势，为己之所躬逢"，研究明清及近现代设计史，史家所得资料丰盛，以盛世加上丰富的资料来研究这段设计历史，易于得到历史的真相。然如研究新石器时代及三代的设计史，虽可设身于上古之时势，但不能为己之躬逢了。这就要求史家在文献、物证的刺激下，以深厚的学术基础和史学功力做出设计史的推论和想象。历史想象是历史研究的重要方法之一，为大多数西方史学家所承认。②

一部成功的设计史著作，多半得益于史家研究方法的综合运用。资料的博览需要不

---

① 校生：《探求分析与综合相统一的历史方法》（下），《宁德师专学报》（哲学社会科学版）1994 年第 4 期。
② 参见杜维运：《史学方法论》，北京大学出版社 2006 年版，第 159 页。

同的方法，新资料的获取也要依赖方法的得当。而史家在资料博览之后的释解，更要多种方法的参与，需要分析、归纳、定量、定性等方法的综合运用。除此之外，设计史研究还要综合前人的研究成果，以免重复。需要综合前人在本研究领域和其他学科领域的相关成果，借它山之石以攻玉。例如，要研究《天工开物》丰富的设计历史意蕴，不仅需要设计学、艺术学、文学、手工业的研究功底，还要有农学、自然科学、哲学、经济学等相关方面的知识。研究《魏晋南北朝设计史》需要历史学、考古学、文献学、艺术学、设计学、技术学、人类学的知识做基础，也需要儒学、佛学、道学、玄学的修养。在各门学科相关成果的综合中，也可以体会到研究方法上的多样性。

五、史学特色：中国设计史学与西方设计史学的分歧

设计的历史，应该强调自己的史学特色。

对设计历史的总结，早在先秦和古罗马时期就已开端，但作为一门学科的设计史学，中西方都是近30年来才真正建立。比较中西设计史学，观其差异，可见中国设计史学的不足和特色方向所在。

中国设计的历史记述，虽不及汗牛充栋的正史丰富深厚，但两千多年来也记录下大量极为珍贵的设计事实。先秦《考工记》，唐代《工艺六法》，五代《漆经》，宋代《考古图》、《宣和博古图》、《营造法式》、《木经》、《砚史》、《墨谱》，元代《梓人遗制》、《蜀锦谱》，明代《髹饰录》、《园冶》、《长物志》、《博物要览》、《天工开物》，清代《陶说》、《畴人传》等，都是真实可信的设计历史著述。中国古代学者调查、分析、总结设计技术经验的史实成果，为历代官府、文人、工匠所重视和借鉴，其中治史方法及史学理论是中国史学遗产的重要组成部分。

西方设计的历史总结，在古罗马时期卓有成绩，其代表性著作有《建筑十书》和《博物志》两书，之后的一千年里，处在文化的断裂期，未见真实的设计史记录。直到文艺复兴时期，中断的历史逐渐复苏，才见《论建筑》、《建筑四书》出版，18、19世纪有《论建筑研究的必要性》、《建筑论》、《建筑的七盏明灯》、《装饰设计艺术》、《工艺技术与建筑的风格》、《风格问题》等书面世。进入20世纪，《现代设计的先驱》、《第一机械时代的设计与理论》、《现代建筑与设计的源泉》、《建筑类型史》、《艺术与工艺运动：对其来源、理想及其对设计理论的影响研究》、《1830年至今的英国设计》等均为著名的产生过重大影响的设计史著述。1977年，英国设计史协会成立，宣告设计史学科的诞生。之后，出版了一系列真正意义上的设计史研究书籍：《工业设计史》(1983)、《家具：一部简史》(1985)、《欲望的物品：1750年以来的设计与社会》(1986)、《设计史：学生手册》

(1987)、《20 世纪设计》(1997)、《设计史协会专刊》(2005 始)、《设计史学刊》等。至此，西方设计史成就了一代霸业，其写作模式、研究内容、理论思想几乎风靡天下。

西方设计史研究者的写作模式常常以辩论性的方式，抨击某种观点，建立自己的学术理论，如李格尔的风格问题对桑佩尔的艺术材料主义论点进行批判，这一批评几乎贯穿全书，① 并由此建立起他的"艺术意志"理论。不少设计史家的著述，从写作方式看是一篇篇独立的研究性论文，阐释的成分远高于史的描述，很难寻找到设计历史演变的过程。因此，《设计论丛》（麻省理工学院出版社 1984 年版）刊出克莱夫·迪尔诺特的批评："设计史论家为自己写作还是为了职业设计师"。② 从研究的内容看，西方设计史研究集中在 19、20 世纪的设计历史，注重工业革命以来的设计发展，直到 20 世纪 80 年代才向前延伸到 17、18 世纪的设计传统研究，最近几年，有个别的设计史家又向前推进到 15 世纪的文艺复兴时期。③ 总体看，在时间上是以一个短时期的研究为主。

从 2009—2011 年的设计史协会年会的讨论主题看：2009 年的主题是"书写设计：讨论、过程、对象"，5 个分组主要对设计风格、设计与阅读形式进行探讨；2010 年的主题是"设计与手工艺：断裂与聚合的历史"，9 个讨论组对设计批评、对象美学、手工艺和旅游业、手工艺设计和后现代性、服饰和手工艺等进行讨论；2011 年的主题是"设计激进主义和社会变化"，14 个论题有：设计与设计政策、设计与性别问题、设计激进主义的理论化、工业化的回应等。④ 史学研究的对象更像广泛的设计理论大讨论，这一点，也被迪尔诺特所言中，他说："设计史学整体最多只是掌握了部分他们想要掌握的学科主题。"⑤ 西方设计史研究给人的印象是，缺乏明确的设计史研究对象和主题。

在设计史的理论思想方面，西方设计史研究在设计风格史、设计社会史上建树颇丰，强调风格演化受到艺术史理论的影响，其他如结构主义、语言学、符号学、后现代主义等史学理论也影响设计史的研究。如迪克·赫布狄奇的《亚文化：风格的意义》，阿德里安·福蒂的《欲望的物品：1750 年以来的设计与社会》是设计社会史的研究，在理论上均受罗兰·巴特的影响。乔纳森·伍德汉姆的《20 世纪设计》也是以社会文化为背景阐述了消费文化时代的设计历史，表现出研究对象向日常生活层面的转化。丹尼尔·米勒以设计为中心撰写的《物质文化与大众消费》一书，以"回到它的历史背景来审视它多种多样的社会属性"，具有语言学的理论方法。在设计史学研究方面，对于设计史学科的讨论、设计史的身份、设计史方法论以及设计史内外环境的研究比较充分。

---

① 参见邵宏：《设计史学小史》，《美术与设计》2011 年第 5 期。
② 焦占煜：《设计史与设计史教学问题探讨》，《美术与设计》2011 年第 6 期。
③ 参见佩妮·斯帕克在"2011 中国西部艺术设计国际论坛"上的发言。
④ 参见焦占煜：《设计史与设计史教学问题探讨》，《美术与设计》2011 年第 6 期。
⑤ 焦占煜：《设计史与设计史教学问题探讨》，《美术与设计》2011 年第 6 期。

总体而言，西方设计史研究将设计这一人造物质纳入了视觉文化研究之中，设计史的意义是为阅读提供一个理解物质文化的环境。

西方值工业革命之后出现历史的转折，现代设计应运而生，西方设计史研究适逢设计盛世而活跃于当代，影响广泛。中国设计历史7000余年绵延不断，中间从未有过断裂，到了近代才有突发的急变。比较两者差异，目其分歧，见其所长，将有利于当今中国设计史的研究以及国际设计史学术对话。

中国数千年的史学传统留下大量珍贵的原始史料，其中与设计相关的史料或有专史，或记述于历代文献之中保存，使中国设计史资料丰富精详，设计史记述对象明确，历史时段上至远古，下抵明清，益趋翔实。先秦一部记录百工工艺的《考工记》，被列入官书，成为国史，可知其重视程度。大抵后来历代史官修史记载天下之事，较少涉及全面的工艺设计，也轻视工艺匠人，但天子与诸侯的衣食住行用，则有详尽实录。虽史官不录民间设计，魏晋之后，官员、文人时有记述。如唐柳宗元的《梓人传》是为木匠杨潜所作之传，韩愈的《圬人王承福传》是专为泥瓦工所作之传，欧阳詹的《陶器铭》为普通陶器立传。身居高位而给贫贱工匠及粗陋生活之器立传，在千年之前，世界少有，三文亦可作设计史对待。明代之前，相关的设计史著述颇多，虽有佚失，留存亦多。到了明清两代，宋应星撰《天工开物》，阮元等撰《畴人传》四编则完整存留于今，成为明清设计史原始资料的渊薮，这些著作在中国设计史学史上具有重要的价值。

所以，只做近代以来的"设计史"，忽略传统设计的历史，在中国难被史学界和社会所认同。西方因传统设计记述的缺失，加上现代工业设计发达，于是，设计史家一开始就盯着现代部分，设计历史判断的观念淡薄，设计历史发展被中断，也就不难理解了。"设计史为视觉文化"之论也难在中国设计史研究中通行，西方现代设计在今天与报刊、广告、影视传媒相结合，纯美学、后现代、虚拟现实几成设计的流行趋势，设计的"非物质化"使设计史脱离了真实的生活体验，"视觉化"也就不足为奇了。"设计史若设计理论"的做法在中国也难出现，西方设计史家将过去的设计与政策、批评、美学、性别、激进主义甚至于旅游业都纳入设计史研究的范畴，几乎网罗了设计理论的全部内容。设计史家扮演着批评家、美学家、政策制订者、女权主义者……的角色，历史发展的复杂因素反而被简单分化了。

西方设计史学是中国设计史学的参照系，西方设计史研究因集中在一个近现代的"短时段"，而使研究呈现出"横向模式"趋势。中国设计史应该做全面、整体的历史研究，以"长时段"研究为主，中国设计的历史是工业革命前世界设计史上最完整、最成功的范例，因此可以在设计史"长时段"研究中总结中国设计历史的"纵向模式"。中国设计史研究中的近代史、现代史和断代史这些"短时段"，可以学习西方的"横向模式"，将社会学、消费学、心理学、语言学与设计史研究相结合，但需要有设计历史发展的纵向意识。这样的纵横交叉的设计史研究，方能显现出中国设计史研究的特色。

以西方的史学理论研究中国设计的历史，可拓展史学研究的思路与方向。但西方的设计史理论是根据西方现代设计的实践归纳总结而成的，不一定都适合中国的设计研究，费正清一生研究中国问题，最后承认，研究中国的历史必须"以中国看中国"。中国有自己的史学传统，也有一些切实可行的设计史学理论与方法。如明代宋应星以实地、实物的察访调查与史籍考据、文献记录相比较，归纳二千年中国设计，历时数十载而撰成辉煌巨著《天工开物》，天、工、开、物四字总结了中国传统设计的一个普遍特性："适应自然，物尽其用"，其史学方法、史学真实、史学理论堪称典范。

中西设计史学的分歧，由此而观之，因设计的历史发展不平衡和史学传统的不同，而所创史学亦不同。西方设计在工业革命后突飞猛进，以150年的时间完成了设计的现代转型，设计史学也在当代渐趋发达。而中国近代以来被迫陷入设计现代转型的困苦之中，因此，现代设计史学亦薄弱，需要重新建构，而建构中国设计史学，学习西方发扬传统，承旧而创新，设计史学自此而成特色，则中国设计史研究达到精深、博大的水平，与西方史学界的对话，是完全可以期待的。

夏燕靖与中国设计史写作 [①]

夏燕靖（南京艺术学院设计学院）

编者按：夏燕靖，男，汉族，1960 年 1 月生，浙江临海人。1982 年 6 月毕业于南京艺术学院工艺美术系工艺图案专业，获学士学位并留校任教。在职期间，师从南京艺术学院设计学院奚传绩教授攻读博士学位，于 2007 年 6 月毕业，获博士学位。现任南京艺术学院艺术学研究所和设计学院教授、博士生导师，南京艺术学院学报《美术与设计》编委、责任编辑，南京艺术学院《艺术学研究》执行编辑，是中国艺术学学会常务理事、中国工艺美术学会会员、中国科普作家协会会员、江苏省纺织流行色协会常务理事、江苏省美术家协会会员、江苏省教育学会会员。主要研究方向：设计艺术史与设计教育、艺术史学与艺术史研究。近五年主要讲授研究生专业课程有：设计艺术史专题研究、造物艺术论、设计教育专题研究、设计原理研究、设计策划与管理研究、生活方式与文化时尚研究、传统手工艺田野考察、艺术史学专题研究、学位论文写作、艺术教育学等。

实现教学重点的落实、教学难点的突破、教学目标的达成，从而使课堂变得越加生动活泼，笔者以为教材是"学"与"导"之本。常言道，"教材是一课之本"，说的就是这个道理。如今，各设计院校相继提出课程教学的"理论创新"，注重针对学生理论学习能力的培养与提升，这其中除了教师的正确引导之外，还是离不开教学"工具书"——教材的应用。在笔者 30 余年从教经验和教学资料积累上，自 2001 年以来，笔者先后编撰与修订了 4 个版本的"中国设计史"教材。最初版《中国艺术设计史》教材（辽宁美术出版社 2011 年版）为国内首版，在设计学界产生较大的反响。之后，新编与修订的 3 个版本教材，都有许多内容删减或增补。诸如，删除许多涉及历史背景的常识性介绍

---

① 本文原题为《"中国设计史"教材撰写的几点思考》。

内容，将最新的设计史学研究成果和新近发掘的史料补充进教材。以最新版教材（上海人民美术出版社 2013 年版）修订为例，修订与增补的内容比例达 65％左右。此外，还增加了与教材配套的电子课件及二维码拓展学习内容，既有助于教材样式的新颖可读，又有助于以拓展方式让教学更加灵活。以下结合笔者十余年编撰与修订"中国设计史"教材的认识体会，分别从"治史原则与构想"、"材料选择与解读"、"教材撰写路径回溯"三个方面来谈几点思考，抛砖引玉，期待指正。

一、治史原则与构想："专精"与"博通"的取舍

著名历史学家严耕望先生在《治史三书》著述中，谈及治史原则的基本方法时，特别提出："要专精，也要相当博通。"[①] 结合"中国设计史"教材编撰与修订来说，笔者以为其治史原则是相通的。笔者编撰的"中国设计史"初版教材，缘于对以往的工艺美术史教材侧重于工艺与欣赏教学内容的改进，当初定下的编撰立足点：一是以今天的视野来描述中国设计的缘起、演变和发展历程，以古代、近现代为治史主体，兼顾当代；二是突出设计史的实用性、功能性与社会性的多重特点，并注意吸收科技史、经济史以及社会生活史中涉及造物活动和生活方式诸多方面的文献资料，使整个设计史教材内容更加充实和丰满。在编撰上根据教材的特点，突出对历史脉络、术语概念、知识重点以及重要史料背景的阐述，务使学习者易于理解和掌握。同时，在各章节中列有知识链接和同步习题，并在书后列出参考文献索引，尝试以教学和辅导结合的方式来提高学习者的阅读兴趣，更加接近学习者的需求，做到可读可学。

经过十多年的教学实践，当初定下的编撰立足点已基本实现，并得到较好的贯彻。这里，归纳说来有四个突出特点：一是突出了设计与技术、发明与创造的史实考证与叙述；二是注重对影响设计全面发展的传统手工艺技术、近代工业技术和当代信息技术的全面考察；三是增加对设计与艺术关系问题的探究，认识人类造物活动中"巧思"与"审美"的有机观念；四是补充现当代设计史的主要内容，使整部教材更具有通史的意义。可以说，通过 4 次教材修订已经将以往的工艺美术史治史路径基本转到了设计史的叙述路径上来，这一转变与设计学学科的教学思路与要求更加贴近，形成了中国设计史特有的叙史方式。因此，当《中国艺术设计史》第 4 版[②] 出版时，笔者在新版序言中更加强调：此版本修订又有三点推进，其一，进一步强化用"设计"的观念去审视中国设计史

① 严耕望：《治史三书》，上海人民出版社 2011 年版，序言。
② 参见拙作：《中国艺术设计史》（第 4 版，该版教材被定为"艺术设计名家特色精品课程教材"），上海人民美术出版社 2013 年版。

记载的造物活动，关注造物活动的地域文化与生活特性，即重视设计史的生活面貌的呈现，尽量反映生活方式与设计发展的相互关系，以体现中国设计史研究的新视野。其二，融入实证论述作为设计史的一种考察方法，即围绕"可证性"这一逻辑起点来判断设计史的发展脉络，以此证明"可证性"的逻辑起点与设计史的发展具有相互的统一性。其三，以史学研究为主线，通古知今，在"通变"、"观变"、"明变"中寻找设计史的核心价值，特别是纳入对技术与艺术发展规律的探究，阐释中国设计史特有的历史意义。

除此之外，笔者在近三年相继发表的有关设计史研究专题论文，如《中国设计艺术史叙史范围、叙史主题及叙史方式的探讨》①、《外来史学分类与研究方法对中国设计史研究的借鉴作用》②、《上海"摩登"：新中国建设初期的设计史样本——关于 1950—1960 年间上海设计史实的片段考察》③、《上海"代言"：新中国建设初期国家设计形象的写照——20 世纪 50 年代上海商业经济与文化中的设计资源考察》④ 以及《影星与改良旗袍：还原民国女性服饰细节中的品味与时尚》⑤ 等，以期在设计史方法论研究、新史料挖掘以及个案样本研究领域有所推进、有所突破。同时，在指导设计教育研究方向的硕士研究生论文选题也有几篇涉及设计史教材的论述，如蔡淑娟《民国时期图案教材版本与撰述研究》（南京艺术学院硕士论文，2008 年），贺宝洁《民国时期中小学美术课程标准中的图案教学研究》（南京艺术学院硕士论文，2009 年），陈芳《我国高校艺术设计本科专业"设计史"教材编撰研究》（南京艺术学院硕士论文，2010 年），等等。这些论文以其独特的视角与结论，阐述了我国近百年设计教育发展历程中的各类教材及课程标准形成的过程，为设计史教学及教材修订提供了富有价值的参考文献。

二、材料选择：对史料的选取与解读

从教材编撰的基本要求来说，"内容充实，材料丰富"，是其重要的评价指标。然而，如何编写出内容充实、材料丰富的教材，一直以来都是各类教材编撰的一大难关。

---

① 夏燕靖：《中国设计艺术史叙史范围、叙史主题及叙史方式的探讨》，《美术与设计》（南京艺术学院学报）2010 年第 1 期。
② 夏燕靖：《外来史学分类与研究方法对中国设计史研究的借鉴作用》，载《艺术设计》第 2 辑，江西美术出版社 2011 年版。
③ 夏燕靖：《上海"摩登"：新中国建设初期的设计史样本——关于 1950—1960 年间上海设计史实的片段考察》，《创意设计》2011 年第 6 期（江南大学设计学院学报）。
④ 夏燕靖：《上海"代言"：新中国建设初期国家设计形象的写照——20 世纪 50 年代上海商业经济与文化中的设计资源考察》，《创意设计》2013 年第 2 期（江南大学设计学院学报）。
⑤ 夏燕靖：《影星与改良旗袍：还原民国女性服饰细节中的品味与时尚》，《装饰》2014 年第 9 期。

笔者自 2001 年以来，在编撰和修订这 4 个版本"中国设计史"教材过程中对此有深刻体会：一是对材料要去粗取精、重点突出，即明确教材编撰思路，以此为基准选取材料。就中国设计史而言，重点是要根据史述脉络优选材料谋篇布局，尤其是要挖掘富有典型性和生动性的材料作为主题支撑，以揭示中国设计史教学的主旨。二是面对材料需要系统而深入的解读，这是教材编撰的关键所在。这里强调的解读，具有研究性学习的引导意图，符合高校专业教材编写的宗旨。诚如，英国现实主义戏剧作家萧伯纳有句名言"为什么不能这样？"这让喜欢他的读者和观众不断引发沉思。事实上，好的教材应当具备解读功能，或者说阐释功能，以帮助学生建立起探求学问的观念与途径。

如此说来，这本定名为"中国设计艺术史"的教材，正是考虑到能比较全面地涵盖我国设计历史的演进。诸如，叙述我国远古时期设计的起源，实际上是揭示设计萌生，这个过程大约经历了旧石器时期的数百万年和新石器时期的一万年，此时期也是人类开始制造和使用工具的历史。诸如，旧石器时期的工具材料是利用天然和现成的石块、泥土、竹木和兽骨等，制作方法是通过选择而后直接使用，或是进行一些简单的组合，形成砍砸器、刮削器、尖状器等各有不同用途的工具。到了新石器时代，人类对火和磨制技术、钻孔技术的掌握，具有了创作性的劳动，也摆脱了只利用现成自然物的局限，使工具在工艺加工上有了很大的进步。进入到人类社会第一次社会大分工时期，便出现了丰富的石制农业工具，如镰、锄、镢、铲；狩猎工具，如弓箭、鱼钩、渔网等，这些工具的使用成为这一时期最重要的设计标志。之后，陶土材料的普遍使用，又出现了与功能结合十分紧密的生活用具，如炊煮器、饮食器、汲水器、储物器等，形成分门别类较为完备的生活系列器具。而此时出现的将植物纤维或动物毛发搓捻成绳，制作套索、网具等新材料、新用品，进一步表明原始手工编制和织造技术的成熟，为人类生产出早期的布料和衣物奠定了基础。之后，由于农业的出现，人类开始定居生活，在逐渐摆脱穴居和巢居生活方式时，出现了原始建筑的形态，如固定建筑的代表——干栏式建筑，并出现一定规模的村落建筑，这些都是我国早期设计艺术史上具有重要里程碑意义的史迹。

夏商周三代工艺技术的进步，是促进我国早期设计艺术发展的重要历史时期。如春秋战国时期，周王室的衰落和诸侯称霸的风起云涌，使得代表当时先进生产力的工匠们站到了历史舞台的显著位置，这既是我国技术史上的一次特殊的时代转变，也是我国设计艺术史上具有划时代意义的历史转折。此时，诸子百家的思想似乎都围绕着人与人，人与物的关系进行思考，试图找出自己济世救民的方案。因而"道和器"、"义和利"的关系争论异常繁荣。"道和器"，即是人、自然与人造物和技艺的关系；"义和利"也可延伸为社会公平伦理和人造物的流通所带来的利益的关系。先秦诸子的许多治国齐身平天下的道理，也都是通过举技艺的例子来加以说明。因此，中国设计艺术史注重的不仅是青铜时代的技艺进步，而且关注设计对时代进步所起到的促进作用。又如，当时的官书《考工记》，是经齐人之手完成的工艺技术典籍，记载了春秋战国时期发生重大变革的农业、手工业、商业和技术行业的发展成就，部分反映了当时我国科技及工艺所达到的先进水平。《考工记》全书记述了木工、金工、皮革、染色、刮磨、陶瓷等六大类三十个工种的内容。此外，《考工记》还对后世出现的数学、地理学、力学、声学、建筑学等多方面的知识和经验有着较为翔实的总结。甚至，《考工记》将商周以来积累的冶金知识归纳为"金有六齐"，这是目前世界上已知最早的青铜合金配置法则，它揭示了青铜机械性能随锡含量变化的规律，这是中国设计艺术史特别值得关注的代表性史籍。

秦汉时期是封建社会第一个发展的高峰期，先秦以来创造的文明硕果，为秦汉时期的设计艺术发展奠定了坚实而稳固的基础。秦汉时期的设计概括起来有四个特点。其一，统一与多样化的有机结合形成秦汉设计艺术风格的特色，即在统一前提下的多样性，使中华文明更加绚丽多彩，并拓展了更加广阔的发展空间与前景；其二，与西域文化交流空前频繁，使得这一时期设计艺术吸纳西域文化具有广泛的社会基础；其三，工艺与技术获得较大的发展，居于世界领先行列，如造纸术的发明为人类文化发展作出了重大的贡献，数学应用表现出的非凡智慧对技术升级产生了积极的促进作用，这些都使秦汉文化不仅誉满宇内，而且泽被后代；其四，秦汉文化的气度不凡，气势恢宏，尤其是充满自信，形成奋发向上的精神，为设计艺术提供了大制作与大手笔的表现空间。这种大制作与大手笔的"壮丽之美"在器具设计和建筑设计上体现得尤为充分。如《三辅黄图》载未央宫，可谓"以木兰为棼撩，文杏为梁柱；金铺玉户，华榱壁当；雕楹玉磶，重轩楼槛；青琐丹墀，左槭右平，黄金为壁带，间以和氏珍玉"。至成帝时，又为昭阳殿增饰，"昭阳舍兰房椒壁，其中庭彤朱，而庭上髹漆，切皆铜沓，黄金涂，白玉阶，壁带往往为黄金 ，函蓝田壁，明珠翠羽饰之，自后宫未尝有焉。"可见，秦汉时期建筑设计是采用"壮丽"的建筑装饰达到"重威"的目的，进而彰显了"大一统"的气魄。

唐代文化源远流长，不仅滋润着蓬勃生机的中原文化，而且还惠及四方友邦文化的熠熠生辉，这为设计艺术的兴盛起到了重要的作用。当时可称四域来贡，万邦入朝的盛况。西北有丝绸之路，东南有海道联络东西，使来往唐朝的商队络绎不绝，中西交流频繁。因此，唐朝的外来物品是丰富多彩，而这些外来物对中国的社会以及原有的文化形态发生着复杂的、多方面的影响，其中很多逐步融入中国原有文化之中，最终与中国固有文化融为一体。诸如，胡风弥漫，影响工艺品的风格特征，随后竟成为国粹。再有，当时人们慕胡俗、施胡妆、着胡服、用胡器、进胡食、好胡乐、喜胡舞、迷胡戏。胡风盛行波及生活的各个领域，如受到外来文化的影响，对西域、吐蕃的服饰兼以并蓄，因而"浑脱帽"、"时世妆"也得以流行。唐代建筑设计的风格特点，可以概括为气魄宏伟，严整开朗。同时，唐代的木建筑也实现了艺术加工与结构造型的统一，包括斗拱、柱子、房梁等在内的建筑构件均体现了力与美的完美结合，舒展朴实，庄重大方，色调简洁明快。比如，山西省五台山的佛光寺大殿就是典型的唐代建筑，也充分体现了唐代建筑设计的特色。此外，唐代设计艺术的繁荣还得益于城市作坊手工业的成熟。特别是在中唐以后，手工业逐渐脱离了农业，而成为以商品生产为主要目的的独立作坊。中唐以后，城市作坊有织锦坊、毯坊、毡坊、染坊、纸坊、造船坊，以及酒坊、糖坊等。手工业作坊既是制造业的场所，又是商品销售的场所。唐代手工业向商品经济发展的结果，也直接影响到官办手工业的发展。比如，唐代官手工业制作的各类金银器，便是唐代设计艺术中的绚丽的瑰宝。唐代金银器不仅图案装饰表现出内容丰富、布局合理、装饰形式多样等特点，而且金银器的形制优美，装饰美感强烈。唐代金银器的制作加工技术亦极复杂、精细、巧妙，在当时就已广泛使用了锤击、浇铸、焊接、切削、抛光、铆、镀、錾刻、镂空等工艺。从出土的唐代金银器可以看出，装饰工艺技术已达到很高水准，甚至还一直沿用至今。

宋代的设计艺术突出表现在制瓷业上，这是在唐和五代基础上取得的突出成就。宋瓷窑遍布各地，尤以汝、钧、官、哥、定为五大名窑。再有，景德镇窑、磁州窑、耀州窑的品种极富盛名。宋瓷窑烧造的瓷器工艺、釉色、造型和花纹装饰各不相同，逐渐形成了各具特色的瓷窑体系。如汝窑所烧瓷器的釉色青绿发蓝，器表有细碎开片；钧窑的突出成是制瓷工匠在釉料中掺进了铜的氧化物，用还原焰烧成通体天青色与彩霞般的紫红色交相掩映的釉色，所形成的窑变釉是钧窑的代表作；哥窑制瓷利用胎和釉在焙烧过程中收缩率的差别，使瓷器釉面呈现出疏密不等，大小不均的裂纹，即开片釉彩的特色；定窑以烧白瓷著称，也兼烧绿釉、褐釉、黑釉等品种，定窑白瓷胎薄质坚，釉色洁白莹润，定窑白瓷造型美观，花纹装饰题材丰富，有刻花、划花和印花等多种；磁州窑是宋代规模庞大的民间瓷窑，其产品带有浓厚的民间色彩，特别是白地黑花瓷器，色调对比异常鲜明，且器形又以盘、碗、罐、瓶为主，还有瓷枕和玩具，瓷枕枕面常绘画出民间马戏图、小孩游戏图等，构图生动活泼，富有浓厚的生活情趣；景德镇窑，始烧于南朝，五代时期烧制白瓷达到了较高水平。此外，宋代所烧青白瓷（即影青瓷）的硬度、薄度和透明度都达到了现代硬瓷的各项标准。

明清时期比较有特点的设计有两项，一是园林，二是家具。明清园林设计讲究氛围的营造，从而让人体验到不同的艺术之美和意境之美。正如，明代造园师计成在《园冶》所曰："凡结林园，无分村郭，地偏为胜，开林择剪蓬蒿，景到随机"，"障锦山屏，列千寻之耸翠，虽由人作，宛自天开。""远峰偏宜借景，秀色堪餐"。它启示于人的至善、至美、至真的境界，讲究人与自然的和谐统一，体现"天人合一"的世界观。这种造园具有源于自然，高于自然，跨空间集奇景一园，微缩自然于聚地，提炼升华心境于赏物。如明清两代皇家在建造宫殿的同时，均不断地营建园林，至清康雍乾时而达到高潮。皇家园林大多集中于北京，有附属于宫廷的御苑（如故宫御花园、乾隆花园及三海），也有建立在郊区风景胜地的离宫（如颐和园、圆明园等）。此外，还建有行宫，其中承德避暑山庄，尤其规模宏大。私家园林在明清两代也极有发展，一些官僚士大夫或是巨商富户的深宅大院之中，常有精致的园林池榭，风景幽胜处又建有别墅，或装点山林，或优游林下以娱晚年。因此，择地叠石造园蔚然成风。特别是在经济繁荣达官文人荟萃之地的苏州、扬州、无锡、松江、杭州、嘉兴一带更为发达，私家园林可谓争奇斗胜。而明式家具，多指制作于明至清代前期材美工巧、典雅古朴，且具有特定造型风格的家具。明式家具以结构上的合理性与造型上的艺术化，充分展示出简洁、明快、质朴的艺术风貌。并善于将雅俗熔于一炉，雅而致用，俗不伤雅，达到美学、力学、功用三者的完美统一。清初家具沿袭明式家具的风格，但随着历史发展，满汉文化的融合，以及中西文化交流的影响，清康熙年间逐渐形成了注重形式，追求奇巧，崇尚华丽气派的清式家具风格，到乾隆时达到巅峰。乾隆时期的家具，尤其是宫廷家具，材质优良，做工细腻，尤以装饰见长，多种材料、多种工艺结合运用，是清式家具的典型代表。

综上所述，在"中国设计艺术史"教材脉络建构中，虽说对于绵延数千年我们祖先造物历史的记述包罗万象，但突出的叙史概念是明确的。就是对于"工艺"与"设计"的含义理解是既分离又重合，仍以先秦时代的工艺本质为例，工艺就是那个时代先进生产力的代表，而设计就存在于当时人们造物活动中的"巧思"，这是无时不在、无处不在的事实，可以说是"设计史"的核心概念。所以，在《尚书》、《考工记》等许多先秦文献中关于百工的记载，都包含有这样的基本思想，即"工艺"可以用三个字来概括：工、巧、艺。这是手工艺时代"设计"的最重要特征，可见，工艺在中国设计艺术史的演进历程中，始终是作为人类造物活动的技术标志，它与设计史的产生有着本质的内在联系。如果将"工艺"的含义再作进一步的扩充，就成为"技术"与"技艺"的统一。从这一点上说，"工艺"与"设计"是一体的。这说明，作为具有"技术"与"技艺"合一的设计艺术史，如果仅仅关注造物活动的审美和装饰，将无法揭示设计的真正内涵，这是设计艺术史的性质决定的，也是设计史与工艺美术史的区别所在。

到了2013年第4版教材修订时，又重点进行了五个方面的调整和补充：一是章节内容作了增加，在第一章增加了"原始农业生产器具设计"，第五章增加了"漆工艺的发展与特色漆器品种"，第六章增加了"唐代设计理论述要"，第九章增加了"明清贸易瓷的历史演变与特色"，第十一章增加了"社会主义时期的工业产品设计"。这五节内容的增加，主要是出于对设计史叙述内容关联性的前后交代，也是让设计史的教学内容逐步趋于完整。二是对"知识链接"环节作了较大幅度的调整，有简化的内容，也有增加的内容，更重要的是补充了许多设计史学研究领域的新成果和学术探讨的前沿问题。这样的调整比较灵活，不会触及对教材文本太大的变动，而又能增添新意，可说是教材修订的与时俱进。三是尽量完善设计史叙述过程中的文献及考古资料来源的索引说明，方便学生查考。在本次修订中还对"参考书目"作了适当增加，是为明确文献索引的规范需要。四是对"中国古典设计文献索引"作了多处调整，不仅补充了必要的篇目，而且补充了与设计之间的关系解说，使这份原本流传于网络上开列的书目有所完善，进而使继续深造的学习者可作参考，增加设计学中文史哲内容的学习分量。五是修订了许多叙述文句和错漏字，使教材整体讲述更加准确明晰。同时还参照古今字使用则例，修订了多处字音的读法，既明确了字的本意，又纠正了长期以来以讹传讹的错误读音，真正做到教材具备的准确性。

总之，编撰教材有一定的严肃性和继承性，每次修订既不能对教材大刀阔斧地改，把原有教材的素材抛到一边而另行设计，教材毕竟是一届届学生相继使用，经过长时间的积淀，且有很强的连贯性和科学性，是实施教学的根本载体。当然，再好的教材也会有不够完善的地方，也有需要改进、调整、重构的地方，要结合学科发展、教学需求和学生知识结构的调整等诸多方面的调查，进行实事求是的修订。所以说，无论是教材的撰写，抑或是修订，对于教材选取的史料都应慎重，要经得起时间的检验与不断解读的认可。

三、教材编撰路径的回溯

若说"中国设计史"的概念，也就是近十余年提出的事。在此之前，国内出版的类似教材均统称为"工艺美术史"。笔者自 1999 年着手编撰"中国设计史"教材，之所以改其名，原因可以归纳为两点：

一是十多年前（1998 年）教育部颁布"普通高等学校本科专业目录"，将工艺美术类的七个本科专业归并更名为"艺术设计"，随之各高校纷纷出现更名热潮。当"艺术设计"之名逐渐风行开来时，与之相应的"艺术设计史"之名便应运而生。加之早在改革开放之初（大约是 1980 年间），国内引入"设计"概念之后，在长达三十余年的时间里，"设计"已从一个学科概念，逐步变成为人们对日常生活行为方式的一种表达术语。据此，艺术设计史便与以往工艺美术史拉开了距离，形成各不相同的叙史方式，前者侧重于设计与功能，而后者侧重于工艺与欣赏。

二是近十年来陆续出版的多部设计史教材，其叙史的概念有两种，一种是从观念的角度认识设计史的性质，可以理解为但凡是人类造物活动均表现出设计的意图和设计实践的方式；另一种是从学科发展演变历程的角度认识设计史，将设计史视为是一种完全工业化之后的造物历史。如若按前一种认识，呈现出的设计史，可以追溯到人类文明起源的初始，随后一直与人类文明史相伴而生发展至今，这样一部设计艺术史悠久而绵长，包括设计萌生、手工艺时代设计、工业时代设计、后工业时代设计以及信息时代设计。如若按后一种归纳，设计史只能是指工业革命之后产生的"工业设计史"，这只是一段不长的现代设计史。

如上所述，充分认识"中国设计史"教材形成的历史背景、治史路径，以及各种版本的编写体例，是完善教材编写的重要基础。十多年来，笔者一直跟踪调研全国设计院校代表性的"中国设计史"教材编写及教学推进工作，汲取同行学者关于"中国设计史"教材的编写经验，参考同类教材各种版本的特色，不断改进自己的认识。尤其是参考同类教材各种版本的特色形成的认识，从不同的角度，探索了与工艺美术史教材不同的视野。

据统计，在近十余年里，国内先后出版过十余种"中国设计史"教材，它们在相关出版机构的策划推动下，以"高等艺术院校教材"、"设计学院设计基础教材"、"中国艺术教育大系"、"高等艺术院校设计基础理论推荐教材"、"设计艺术基础理论丛书"、"中国高等院校艺术设计学系列教材"、"高等艺术院校艺术设计学科专业教材"等名目出现。这些教材体例以及编写的特点，确实丰富多彩，但也存在着一些问题，诸如："中国设计史"教材编撰，如何适应不同层次院校的使用，特别是面对不同教学层次，"中国设计史"教材的撰写的层级性把握，以满足不同院校学生的学习需要。又如，"中国设计史"教材编撰体例，大体仍类似于专著性质的教本，缺乏以单元主题式的"学本"教学内容。鉴于此，教材的编写结构、思路、内容安排，应该更多地向普通文科教材学习，保持教科书严密与理性的逻辑，从研究性学习的角度思考"设计史"教材的编写与呈现方式，从学术规范与使用方便的角度，规范教材的编写体例。关于针对这些问题的探讨，可参见笔者指导的硕士研究生论文《我国高校艺术设计本科专业"设计史"教材编撰研究》，在此不再赘述。

应该说，教材编撰在充分调研的基础上，有条件进行教材体例的创新，使教材修订的后续工作趋于完善。笔者在进行第4版教材修订中，重点在体例结构上加以调整。突出教材单元主题的"学本"教学内容，即以"学生本体"、"学习本位"、"学科本色"来促进师生共同成长为核心的课堂，其本质是教学生学，让学生学会学习，最终促进学生有效学习。打造"学本课堂"。这就要求教材能够系统体现教学内容和教学思想，进而成为教学的基本依据和基础保障，使教材作为课程的知识载体更加具有科学性和权威性。第4版教材也因此做到，既保留经过多年沉淀的、已经成熟的教学内容，同时也注重创新，纳入新的教学和科研成果，特别是增加若干设计史学界探讨性话题，构成探索性教学板块,以体现教材的与时俱进。真正落实"学为中心,以学定教"的新型教学观。根据"学本课堂"的核心价值观要求,教材在课题环节设计上做到与训练同步,达到逐渐渗透"学为中心"的思想。除了课后思考题、讨论题、作业,还有参考资料,以及相关链接辅助等,这些编写方式,提高了师生对教材的使用率。

南京艺术学院教务处于 2013 年 10 月 10 日,特地组织校内外专家对第 4 版新教材进行了评议,与会专家有华东师范大学艺术研究院博士生导师顾平教授,南京师范大学美术学院博士生导师倪建林教授、徐飚教授,东南大学艺术学院尹文教授,南京艺术学院设计学院博士生导师李立新教授。评议会由教务处处长,设计学院博士生导师袁熙旸教授主持。综合评议意见,认为:新版教材撰写角度注重设计史与工艺美术史的区分度,注重中国设计史上下五千年的整体叙述,尤其是对设计史的重要阶段和大事件的记述,梳理清晰,论述翔实。同时,教材对"知识链接"环节的内容增加,有助于拓宽学生的知识面,有助于学生了解更多的史论研究新资讯。此外,新版教材叙史脉络延续完整,有别于同类设计史教材只写到清代结束,这本教材自上古时期一直写到了新中国,涵盖内容有很大的拓展,涉及的领域也拓宽许多,是一本名副其实的中国艺术设计史教材。评议专家认为,笔者花了十年时间细心打磨的这本教材,对于本科教学而言,知识够用、体例合适、通俗易懂,可称得上是国内同类教材中较具代表性的好教材。同时,本教材也获得 2013 年江苏省级重点立项教材。

十多年来,中国设计史教学与研究可谓蒸蒸日上。甚至,中国设计史研究已经从国内向国外转移,相应的对于教材也提出了新的要求。如何借鉴国外史学教材及研究方法,进一步更新教材编撰理念与编写模式,这也是一条值得探讨的路径。为此,笔者在《外来史学分类与研究方法对中国设计史研究的借鉴作用》一文中特别提出,"围绕外来史学分类与研究方法对中国设计史研究的借鉴作用进行探讨,以期论证中国设计史研究与史学的世界性构建存在着的密切联系,这种联系不仅有史学分类的参照意义,而且也有吸收外来史学研究方法,进而促成跨文化史学研究的新认识。与此同时,对于外来史学分类与研究方法在中国设计史研究中的借鉴作用,应有一个客观的认识过程。主张本土和外来史学研究应形成一种双向交流的互补关系,二者的碰撞、交融会产生出新的史学研究观念和方法,这是对待外来史学研究借鉴作用的基本态度和出发点"。

十余年撰写和修订教材,可说是对笔者教学思想、观念和方法的判断与总结,其认识有如下几点:一是教学中的反思,可以成为审思教材内容的判断参考;二是教学后的反思,是教材跟进修订的重要依据;三是教材使用过程中,诸如习题或问题的解答,是有效检验教材知识系统的关键;四是对教材使用院校的调查,以此来反思课堂教学的有效性;五是教学交流中的反思,以大家的智慧促进教材日趋完善。

结　语

　　总而言之，编撰教材是发展高等艺术设计教育的重要举措。虽说高校更重视课程的独创性，重视创新课程的框架、要素、目标及其系统知识和理论阐释的建构，因而不像基础教育那样完全以教材为本，甚至不主张搞统编教材，但教材仍然是高校教学的主要载体，是师生在教学活动中所依凭的参照文本。由之，教材的编撰关系到人才的培养目标，关系到核心知识与理论思维的把握。因此，要科学的总结经验，系统的规划教学，以开放的姿态对待批评。通过教材的教与学，愿学生可以掌握相应的"中国设计史"的系统知识，学会史学的研究方法，获得可持续发展的治学能力。笔者殷切期望经过 4 版修订的教材在设计专业人才培养过程中发挥其应有的作用。

赵农与中国设计史写作①

王潇（西安美术学院）

编者按：赵农，男，汉族，1962年7月出生于西安，1987年7月毕业于中央工艺美术学院史论系，获文学学士学位。现为西安美术学院美术史论系主任、教授（3级）、博士研究生导师、陕西省教学名师。

中国美术家协会理论委员会委员，中国工艺美术学会理论委员会常务委员。教育部教学指导委员会（艺术学理论）委员。教育部学位中心博士论文通讯评委。教育部高等教育出版社艺术教育终身特聘专家。陕西省非物质文化遗产保护专家委员会委员。陕西省学位委员会评议组成员。陕西省美术博物馆学术委员会委员。《中国工艺美术全集》陕西卷主编。《中国工艺美术全集》（云南、西藏、青海）督导员。兼任西安交通大学第一附属医院客座教授，清华大学吴冠中艺术研究中心研究员，陕西省委干部读书班（西北大学教学基地）授课教师，湖南商学院艺术设计学院客座教授，晋中学院客座教授，西安尔雅女子游学院客座教授。曾兼任西安美术学院图书馆馆长。

设计作为一种智慧的生产力，在中国历史上对促进社会政

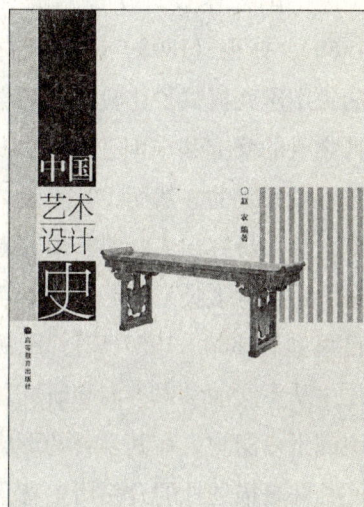

---

① 本文原题为《桃之夭夭 灼灼其华——评析赵农著〈中国艺术设计史〉》。

治、经济、文化的发展起到了重要的作用。从目前留存下来的历史遗物和史料记载中，能够看出中国古代设计文化的深厚积淀所在。石器、陶器、玉器、青铜器、瓷器，车辆、农具、服饰、建筑等，这些古代造物无不蕴含着先人对于天、地、人复杂关系的深刻理解和对于生活现实需求的积极反馈。

近代以来，随着西方工业革命的推动，一种有别于传统农耕文化的工业化浪潮席卷而来。现代设计作为一种工业文化背景下的产物，随着社会经济的发展渗入到了人们生活的各个方面。因而，当根深蒂固的农耕文化与铺天盖地的工业化浪潮相碰撞，其结果必然是惨痛的百年民族历程。伴随着西学东渐的过程，西方的设计理念为中国艺术设计史的研究提供了一种复古鼎新的思路，在化西为中基础上，重新认识中国的传统文明，在继承和扬弃的过程中，思考中国传统文化的历史和现状。在历史与现实的积极对应中发掘传统文化的现代价值，化古为今，古为今用，这正是中国艺术设计史研究的核心所在。

一

中国艺术设计史是民族传统文化的一种结晶，是在中西文化碰撞、社会经济发展过程中应运而生的学科门类。虽然现代设计学科是以西方现代文化为基础，但作为历史学研究的分支，艺术设计史研究的一个重要问题就是树立正确的史学观念，这直接决定了艺术设计史研究的广度和深度。

中国艺术设计史的背景是建立在 20 世纪史学研究的基础上，陈寅恪（1890—1969）、钱穆（1895—1990 年）、胡适（1891—1962 年）等先生对历史学的研究为之后的史学研究提供了比较丰厚的学科基础，他们的史学著作影响至今。可以说中国艺术设计学科的确立和中国艺术设计史研究的开展在很大程度上是根植于史学研究的背景中，并逐步完善的。然而，艺术设计史作为一门新兴的学科，从研究范围、研究方法，到研究对象、研究形式，对于研究者而言并没有太多可参照的直接经验。虽然宏观的历史学很发达，章太炎（1868—1936 年）、梁启超（1873—1929 年）、王国维（1877—1927 年）、吕思勉（1884—1957 年）、顾颉刚（1893—1980 年）以及沈从文（1902—1988 年）等先生从不同的学术方向和研究层次都对中国历史的进程做了重要论述，但中国艺术设计史属于专门史，在其学科的形成过程中间，大部分研究者对于艺术设计史相关问题的论述往往是描述性的介绍历史背景，对中国古代的艺术设计文化没有深度的认识，从而缺乏一种感召力，无法与现代史学中的观念对接。同时由于传统的史学研究在史料佐证、治学方法的选择上存在有一些弊端，例如迎合统治者需求而违背客观事实的史料记载，一味迷信古籍，闭门造车，治学方法有限，知识面和视野狭窄等等。因此，艺术设计史研究在传统史学观念的转化和运用过程中，还应该运用新的视角、新观念看待古籍，利用古籍材料而不囿于文献记载，积极地寻找一种现代史学观念。

近年来国内出版了很多海外学者的历史研究著作，如唐德刚、黄仁宇、余英时、汪祖荣等以及汉学家史景迁、宇文所安等学者，他们的著作在论述方式上一扫国内沉闷的、平铺直叙的方式，从现代学术研究的角度出发，对中国的历史文化提出了很多值得深思和回味的看法。他们的研究不是单纯的借用西方的史学观念，也不同于国内学者的主流史学观念，他们对于历史研究的突破点很多。从方法论的层面上，为我们研究中国艺术设计史提供了很多启示。①

然而，历史学研究的方法论在借鉴到艺术设计史的研究中时，如果没有稳固的史学观念支撑，很容易陷入唯方法论是从的境地，从而使艺术设计史的研究显得琐碎而不系统，缺乏深度。作为一个历史研究者，在面对浩如烟海的历史材料时，不仅要深入分析，也要广泛探讨，同时还要用情感去体验，从中探寻出历史的真实。随着艺术设计史概念和内容的扩大和延伸，在中国艺术设计史的研究中，除了在历史学研究背景下大量的涉猎史料文献外，还要借助考古学资料来进行深入的探讨，当然更重要的是要有相应的个人情感体验，这是艺术设计史研究区别于工艺美术史研究的主要特征所在。

以往的工艺美术史研究的多是图案、装饰的问题。对于古代历史的研究也只是局限在以生活的必需品为描述对象，或者偏重于材料的工艺阐释。②而随着西方现代设计文化的引进和传播，在当代社会形态下，工艺美术发生转型，工艺与设计隔离。应运而生的艺术设计史随着现代设计文化的繁盛也注入了新的内容和观念，艺术设计史的研究不再仅仅是对于研究对象的客观描述和阐释，而成为一门不仅注重史料考证，更关注设计文化在历史上对社会、对民族、对人类生活进步的具体作用的新史学。

在对中国艺术设计史的研究中，很多学者做了积极的探索，出版了各类相关著作。纵观当前对中国艺术设计史的研究概况，赵农先生的《中国艺术设计史》为我们展现出了一种当代学者少有的历史情怀和史学素养。该书作为一本国家规划教材，从内容的选择、方法的运用，到教材编排体例都是当代中国艺术设计史研究中备受瞩目的成果。正如赵农先生所言："中国艺术设计史是一种鉴古衔今、力追前贤、另辟蹊径、肃清轮廓的创立，也是一种现代人的情怀。"③

赵农先生的《中国艺术设计史》引用了大量的历史文献和考古发掘材料，在方法论的选择上，该书采用传统的断代分期形式，根据不同时期的器物演变情况将整个中国艺

---

① 参见杭间：《设计史研究：设计与中国设计史研究年会专辑》，上海书画出版社 2007 年版，第 101 页。
② 参见赵农：《中国艺术设计史》，高等教育出版社 2009 年版，第 3 页。
③ 参见赵农：《中国艺术设计史》，高等教育出版社 2009 年版，第 6 页。

术设计史历程分为石器时期、商周时期、春秋战国时期、秦汉时期、三国两晋南北朝时期、隋唐时期、五代两宋时期、辽金西夏元时期、明清时期、现代等十个阶段，从各个时期的历史文化背景入手，分析器物产生的社会根源，在化古为今、化西为中的过程中，对中国艺术设计的历史与现状进行了思考，引导了一种新的学科研究思路。同时通过客观的认识每一种器物背后蕴含的设计文化，更好地理解中国艺术设计史的发展规律，形成艺术设计史研究的理论体系。

二

历史的演进必然是伴随着民族间的碰撞、文明间的融合。在艺术设计史中一种新的设计文化的出现往往是两种以上的文明摩擦、融合的结果。从中国古代社会的文明演变，到近代以来的工业文明的强势侵入，都呈现出了这样的一种客观规律。例如中国古代社会长期以农耕文明为主体的中原文化，不断地遭受到北方草原游牧文明的冲击，由于中原文化具有极强的文化包容性，每一次的碰撞过后，不仅没有使中原文化灭亡，反而使得中华民族的文化更加多元和融合。在历史演进的过程中，正是这种持续的民族融合，才使中华民族的历史不断发展。

近代西方工业革命，推动科学技术的迅速发展，带来了社会经济水平的高潮，并促进了现代设计业的繁盛。在经过了沉重而残酷的原始资本积累以后，工业革命的成果很快显示出光辉而强大的一面。现代设计中的文化品格成为了商品经济中人文精神的体现者，由此，现代设计为人们的生活质量和社会结构提供了文化心理满足。这种因为设计行业的兴盛而产生的技术规范，亦为诸多的国家和民族提供了丰富的物质选择，构成了人类进步中全球化的大同特色。但是，这种全球化的文化现象，忽略了因地域差异而长期形成的民族特性，亦会造成对现实物化的崇拜，而漠视自身的存在意义，尤其是对传统文化的隔膜与反感，往往会因流行风尚的标准而限制其自然的发生。因此，艺术设计史的研究需要有强烈的民族观念，在包容古今文化，融汇中西精神的过程中，从各民族生活的具体方式、实际需求出发，积极地融入中国文化范畴。

艺术设计史研究中强调民族意识，从历史发展的横向来看，不是故步自封，唯吾独尊，而是要拓宽思维，在对中华民族文化的重新继承中，建立个人文化和社会文化的立场，寻找中国与世界其他文明之间的联系，从而唤醒我们的民族意识；从历史发展的纵向上看，中国有汉民族统治下的汉唐盛世，也有少数民族统治下的曲折历程，每一个时期的设计文化现象都应该成为艺术设计史研究的重点。因此，为了彰显一种强烈的民族意识，赵农先生在《中国艺术设计史》的体例编排上极考究，该书共分为十个章节，每一章内容有 3 万字左右，从而使每个历史阶段的设计文化都能够深入而全面地涉及。特别是在对辽、金、西夏、元时期的设计文化的论述上，赵农先生为我们展示了一个当代学者的民族观和艺术设计史研究中的民族融合意识。

辽、金、西夏、元时期在历史上指的是公元 907 年至 1368 年，共计 461 年。从中华民族的发展史上来看，这段时期是一个特殊阶段。辽、金、西夏及元前期与五代、两宋共有 372 年的时间基本重叠，这期间北方的一些游牧民族逐渐形成了强大的军事势力，利用中原政治腐败的机遇而积极崛起，通过战争的手段，与中原的五代、北宋、南宋长期对峙厮杀，直到最后元朝灭亡了南宋，又统治中国 89 年。在这 461 年的时间里，游牧民族文化与中原文化并行发展，纵然宋代有先进的兵器和战术，但是却由于人的因素的存在，使得在与辽国、金国和元朝的较量中屡屡被打败。正如赵农先生所言："人具有自然和文化的双重属性，一方面为了满足生存的需要，发明和创造了许多器物；另一方面又因为生活的富足而多生惰性，而逐渐腐朽，以致量变到质变。对于国家来讲，就是天翻地覆的巨变，导致'后人衰之而不鉴之'的必然结果。"[1]

辽、金、西夏、元是中原文明衰落，北方游牧民族势盛的时期，在这种不平衡的民族碰撞过程中，游牧民族的粗犷为文弱的中原民族注入了一种阳刚豪迈的气质。虽然，作为一个庞大的帝国，游牧民族王朝在中原的治理必然有许多操作的困难，同时民族融合的结局也促使中原民族得以强大并延续，但在辽、金、西夏、元的复杂社会生活背景中，北方游牧民族高度重视器具设计及工匠，为我们谱写了独特而华丽的艺术设计史篇章。"宏观地看来，辽金西夏元的经历，是草原文化在向农耕文化征服中的一种失败，同时也是不同程度接受和学习中原农耕文化的过程。这种特殊的民族关系赋予了这个时期的艺术设计史有着较高的研究和参照意义。"[2]

例如，随着少数民族对中原民族雕版印刷技术的掌握和改良，印刷术在当时有了很大的发展，元代的时候就出现了套色印刷书籍。随着书籍印刷技术的提高，书籍装帧的样式也丰富起来，元代的书籍装帧中出现了"封面"，一般有插图、文字，并且在文字中有出版的时间、地点、出版者、特点等描述，这是中国最早的"封面"形式。此外还有用于战争的兵器和车船的发明创造，如西夏的"旋风炮"，元代的火铳、战船，都是在吸收中原民族的器物设计文化基础之上的改良，最终成为了那个时期最为重要、最具代表性的设计文化。

因此，赵先生在《中国艺术设计史》的第八章中，以"游牧的强悍——辽金西夏元时期的设计"为标题，将中国历史上由少数民族统治的这一特殊时期的设计文化做了详

---

① 赵农：《中国艺术设计史》，高等教育出版社 2009 年版，第 279 页。

② 赵农：《中国艺术设计史》，高等教育出版社 2009 年版，第 252 页。

细的介绍。从民族象征的"白马青牛"、"苍狼白鹿"，到具有鲜明民族文化特征的文字、兵器、车船、建筑、服饰、瓷器、金银器具、农具、货币等等，这其中既有对宋代设计文化的借鉴，也有根据民族实际的改造，为我们展示了这段时期内中国艺术设计的真实水平和成就。

对于历史研究而言，每个时期的历史固然有时间的长短，而从艺术设计史研究角度看，作为一种影响社会进程，反映民族文化，改善人类生活的设计文化，每一个历史时期都有足以引起社会变革的设计现象的发生。这些设计现象背后的设计文化、设计理念正是我们从事艺术设计史研究要探寻的规律所在。

三

作为现代学科的分化以及社会文化发展的需要，建构新的学科，既有复古也需鼎新，甚至融合诸多学科来加强自身的力量。中国艺术设计史的出现是对现实生活的回应，也是从工艺美术史深入走向艺术设计史拓展的必然。过去工艺史的研究往往是材料史，而设计史首先是器具史。①

艺术设计史是研究器物设计现象在人类生活进步中具体作用的一门学科。赵先生在《中国艺术设计史》的导论中写道："中国艺术设计史是建立在物化和文化的双重发展的价值中，一方面，是对器具的发明、研制、设计，构成了物化多重的丰富性；另一方面，是通过器具影响人们的精神和生活，形成了社会潜质文化的特征。"②从这个角度着眼，中国艺术设计史的研究将不受手工业、工业化、信息化等生产形态的限制，而是积极地包容和阐释中国自古迄今的设计文化成就。研究器物的演变带来的设计文化对社会进程的推动作用，构成了艺术设计史学科的文化基础。

因此，在研究内容的选择上，赵先生的《中国艺术设计史》侧重于对各个时期具有代表性的石器、骨器、彩陶、纺织、青铜器、农具、兵器、文字、货币、工具、车辆、建筑、灯具、服饰、制瓷、印刷、玉器、漆器、石窟、陵墓、家具、乐器等数十种不同类型的器物形态和发展阶段进行论述，以寻求中国艺术设计文化自身的演变规律。从分析中国石器时期的石器、骨器、彩陶、纺织等设计现象入手，到中国现代时期的新型建筑、家具、服饰、交通工具、计算机、手机等，《中国艺术设计史》涉及内容极为广泛，完善了艺术设计史的研究体系。

---

① 赵农:《中国艺术设计史》，高等教育出版社 2009 年版，第 3 页。
② 赵农:《中国艺术设计史》，高等教育出版社 2009 年版，第 4 页。

从《中国艺术设计史》讲述的内容来看，赵先生对器物文化的研究是从生活的具体需要出发，进而深入到中国文化的范畴。从艺术设计史的发展历程来看，器物设计随着人们生活需要的改变而不断提升和规范的过程中，也会由于时代的发展、适用方式的改变而不断的扬弃。从人类劳作工具，石器、骨器、青铜器、铁器，到交通工具，双轮车、独轮车、轿子、驼车、汽车、火车、飞机、各类船只，每一样工具的出现都具有典型的时代特征和民族特性。例如石器的打制和磨制成为了旧石器时代和新石器时代的分割标志，汽车、火车的出现对于时空距离的缩短所引起的现代民众社会文化生活的巨大变化，宣告了工业时代的到来等等。

设计文化是从人们日常生活的衣、食、住、行、用的物质进化而形成的社会文化积淀，关注民生，以人为本，是设计文化品格的体现。尽管每一件器物的演绎都是时代的风格选择，但器物的使用价值是决定设计发展变化的重要因素。因此，艺术设计史的研究，既是对器物的物质性研究，也包含了器物对人们社会生活重要作用的研究。为此，赵先生在"导论"中明确阐明："中国古代艺术设计观念的萌生，首先不是以风格制定器物的样式，而是以适用的观念完善器物的功能。这里既有原始先民艰辛的生存实践，也有贤者智慧的反思和总结。"[1]

从百姓家里的锅碗瓢盆，织布机、锄头、镰刀到连接两岸的桥梁，串通多地的铁路，在历史发展进程中，它们都对人类社会变革产生了重要的作用，其变革效应不亚于一些政治事件的影响。然而，对于大多数研究历史的学者而言，关注的更多的还是历史文献中的记载的社会变革时期的史料，忽略物质改变所带来的社会变化。正如同火的出现使人类摆脱了野蛮与蒙昧，纺织业的出现造就了中国蔚为壮观的服饰文化一样，器物的发明和创造促进了社会的变革，推动了社会的进步。因此，赵先生在《中国艺术设计史》中，除了对石器、玉器、青铜器、瓷器、家具等具有典型时代特征的器物研究之外，还增加了许多与人们的衣、食、住、行、用密切相关的器物的研究，如农具、车辆、桥梁、铁路等。

然而，研究中国艺术设计史的器物文化，既要对民族、环境、时代等背景问题进行思考，也要对器物演变背后不同时代设计文化对人类生活产生的积极影响进行深入分析。器物样式的进步，既是中国传统设计观念在今天的延续，也是一种自古及今的文化思想的衔接。因此，可以说中国艺术设计史中对器物文化的研究为现代艺术设计事业开拓了一条借古开今、古为今用的"秦驰道"。

---

[1]　赵农:《中国艺术设计史》，高等教育出版社 2009 年版，第 3 页。

结　语

备物致用，立成器以为天下利。[①]

一部艺术设计史是人类由蒙昧到觉醒的历史，更是一个民族、一个国家、一个社会物质文化和精神文化的集中体现。器物的更新引发的设计观念的积累，最终促进了中国传统文化的发展，并由此形成了中华民族屹立于世界的博大精深的思想。在当今经济全球化的背景下，应运而生的中国艺术设计史学科伴随着现代化进程的加快正在成为一个有积极意义的文化坐标点，显示出了其蕴含了几千年的文化积淀。

研究中国艺术设计史的过程，就是对中国文化深入认识的过程。赵农先生的《中国艺术设计史》正是"通过一种积极有效的方式"，在厚德载物、追古知今、贯通中西的基础上，完善了中国艺术设计学科的知识结构，树立了正确的历史观、民族观；在衣、食、住、行、用的物质进化中，立足民生需求，发掘出中国艺术设计文化发展的独特规律；在衔接、比较、分析、抉择古今中外不同的社会文化形态的发展道路中，推动中华民族的发展进程，完成中华民族的现代设计文化复兴大业。

参考文献：

赵农：《中国艺术设计史》，高等教育出版社 2009 年版。

赵农：《含道映物——中国设计艺术史十讲》，山东美术出版社 2012 年版。

杭间：《设计史研究：设计与中国设计史研究年会专辑》，上海书画出版社 2007 年版。

杭间：《中国工艺美术思想史》，北岳文艺出版社 1994 年版。

黄仁宇：《中国大历史》，三联书店 2008 年版。

田自秉：《工艺美术概论》，知识出版社 1991 年版。

陈振中：《先秦手工业史》，福建人民出版社 2009 年版。

---

① 参见《易·系辞上》。

朱和平与中国设计史写作 [①]

朱和平（湖南工业大学）

编者按：朱和平，男，1965 年 10 月生于湖南省湘乡市，1983 年 9 月至 1994 年 7 月，先后就读于湘潭大学、郑州大学、武汉大学，分获学士、硕士、博士学位。1994 年 7 月至 1998 年 12 月任教于郑州大学，从 1999 年 1 月起任教于湖南工业大学（原株洲工学院）。2001 年 7 月晋升为教授；2002 年入选首批湖南省社会科学"百人工程专家"；2004 年荣获"全国优秀教师"称号，并荣记湖南省一等功；2005 年被批准为湖南省艺术学省级学科带头人，享受国务院政府特殊津贴；2006 年评为湖南首届教学名师、株洲市"德艺双馨"文艺家；2007 年入选湖南省"121 人才工程"二层次人选。从 1999 年 12 月至 2007 年 3 月间，曾任湖南工业大学（原株洲工学院）包装设计艺术学院院长；2007 年 3 月至 2009 年 3 月，担任湖南工业大学校办主任。现任湖南工业大学校长助理，兼任中国包装教育委员会常务理事、副秘书长，湖南省设计艺术家协会副主席，湖南省陶艺家协会副主席，株洲市设计家协会主席，以及吉首大学等数所高校特聘、客座教授。

近几年来，伴随着国内设计教育的发展，设计教育课程体系中只重专业基础课和专业设计课而忽视设计史论教学的状况得到了一定程度的改善。这种情况下，国内从事设计教育的教师争相发表了一系列理论研究成果，并出版了一批世界现代设计史论（以下仅称史论教材）的教材。然而，从众多史论教材来看，其内容大体相当，如若有变化也仅是在"多与少"、"厚与薄"、"图与文"上做文章，缺少对教学内容方面的深化拓展与研究。作为一门通识课程，目的是要全方位介绍设计的行业发展历程及其在世界各地区和国家的发展状况，但目前国内所通行的史论教材充其量只是一部"西方现代设计史"，确切地说则只是在讲述"西方"的同时旁涉了亚洲的"日本"。这显然难以满足教学的

[①] 本文原题为《世界现代设计史教学中有关亚非拉国家内容的探讨》。

诉求，没有，也不能客观地反映历史事实。因此，有必要进一步拓展史论教学的内容，特别是对自20世纪60、70年代以来，亚非拉地区涌现出的一批经济崛起较快的国家的设计状况的介绍。这一方面是经济全球化趋势下的我们有必要了解他们，因为只有在了解他们的基础上才能充分地发展自身；另一方面则是他们的设计在伴随经济的崛起中也取得了举世瞩目的成就，我们有必要学习他们的经验。有鉴于此，本文将从目前高校设计史论教学内容的现状分析出发，尝试探讨对亚非拉国家设计历史的研究和教学的重点，以期构建一个相对合理的有关于亚非拉设计史的教学内容体系。

一、亚非拉国家在设计史论教学内容中的现状分析

近年来，我国设计史论教学在设计教育课程体系中的地位虽得到了一定程度改善，但在教学内容上却明显滞后，跟不上时代发展的步伐，难以满足教学的需求。目前在教学内容方面存在的问题主要有：

第一，偏重欧美发达国家和日本，较少涉及亚非拉国家的设计内容。

国内目前所出版的众多世界现代设计史教材，其内容均偏重于对德、英、意、北欧以及美国等欧美发达国家和日本的现代设计相关内容的介绍，较少关注亚非拉等其他地区和国家的设计内容。究其缘由，主要还是在20世纪前中期亚非拉三大洲的经济水平相对较低和工业发展相对落后。回顾其发展历史，亚非拉国家在世界舞台上扮演的大部分是受压迫、受欺凌的角色，直到40、50年代，亚非拉大部分国家才陆陆续续地摆脱殖民统治，获得政治独立。亚非拉国家现代设计的发展时间较短，且水平良莠不齐，因此相对欧美世界设计强国来说，现代设计的实力较弱。

但是，随着社会经济的发展，特别是在20世纪末世界经济全球化趋势之下，亚非拉也涌现出了一批经济和工业崛起的国家，其设计也取得了不菲的成绩，特别是对于亚洲的中国香港、中国台湾、韩国、马来西亚、新加坡等地区和国家，在国际设计舞台上还形成了一定的"亚洲效应"来说，设计史上谈亚洲只论日本显然是不够的。此外，在现代经济崛起过程中，非洲和南美洲的设计也在融入世界文化中继承着传统，形成了较为鲜明的国家特色，在设计史上呈现出了别具一格的色彩。因此，我们在世界现代设计史的教学内容安排上，不能撇开亚非拉国家不管或者轻描淡写。

第二，亚非拉国家现代设计教学内容的安排缺乏连贯性和整体性。

世界现代设计史关于亚非拉国家现代设计的教学内容大多限于拉丁美洲国家的政治招贴，如古巴、委内瑞拉等，且时间多是局限在20世纪的60、70年代，80、90年代的设计发展则交代的很少，这使设计史论教学内容缺乏一定的连贯性和整体性。其实亚

非拉国家大部分是在 80、90 年代实现经济腾飞的，比如"亚洲四小龙"就是这一时期的产物，其现代设计也是从这一时期开始在国际舞台上大放光彩，进入 21 世纪以来，设计更是取得了巨大的进步，如果我们将教学内容仅限于 70、80 年代这一段时间，对亚非拉国家现代设计发展的前因后果、来龙去脉没有进行详细的阐述，则明显跟不上历史发展的脚步。其实除了招贴设计，这些国家地区的产品设计、建筑设计、服装设计、动漫设计也都取得了骄人的成绩，如果忽略这些，就会使得世界现代设计内容不够全面，存在以偏概全之嫌。

二、亚非拉国家现代设计发展概况

所谓亚非拉，在地理概念上来理解是指亚洲、非洲和拉丁美洲的统称。而从国家层面而言，一般特指在 20 世纪 50、60 年代与我国极为友好的第三世界国家的总称。本文所指的亚非拉则是原属于亚洲、非洲、拉丁美洲的第三世界发展中国家及地区。就此而论，与欧美发达国家并驾齐驱的日本不属于我们的论述范围。

当欧美、日本等国家的设计迅速发展之时，一向与世界设计潮流似乎毫不相干的亚洲、非洲、拉丁美洲等地区的第三世界国家在 20 世纪 60、70 年代也有了较大的起色。原因是这些地区的第三世界国家在战后开始了自己的经济发展，其中一些国家和地区在经济上取得了惊人成就，如亚洲的韩国、新加坡、马来西亚和中国香港、中国台湾等，到 20 世纪 70 年代已经不再属于发展中国家和地区，而成为发达国家和地区了。经济的高速发展带动这些国家和地区的现代设计，到了 20 世纪 80、90 年代，亚、非、拉原来一些设计不发达的国家和地区，设计得到了很大的发展，并且具有自己的独特之处，很快便赶上了世界设计发展的潮流。

在亚洲，我们不妨以"亚洲四小龙"之一的韩国为例。韩国从 20 世纪 60 年代开始实施现代化战略，到 80 年代末实现了经济腾飞，成为了世人瞩目的"亚洲四小龙"之一。而韩国的首都首尔，这个昔日第三世界农业经济支配下默默无闻的田园城市一跃成为雄踞东南亚的现代化大都会，仅用了四分之一世纪的时间，为了追赶先进国家，韩国把产品开发的重点由过去谋求产量增长为主转为重视质量的提高，严酷的现实使得政府和企业不得不考虑应用尖端技术发展高附加值的产品以提高非价格的竞争力。而非价格竞争力的核心是发挥高科技和设计的作用，但是韩国的基础科学研究和应用与日本、美国及欧洲相比，尚存在极大的差距。在缺乏任何实在的技术进步的情况下，实现产品高附加值的目标只有依靠设计，通过对产品的更新换代才有可能发现和填补已有产品市场的空白之处。因此，90 年代开始，韩国政府十分重视设计作用，倡导了一场新的现代设计振兴运动。1991 年在原"韩国设计包装中心"的基础上成立了"韩国产业设计开发院"，成为国家指导现代设计活动的中心。与此同时，各大型企业也非常重视对设计的投入，企业研究所、制造行业协会和一大批中小型设计事务所的研究活动亦蓬勃展开，加强国际性学术交流、收集分析情报、积累设计管理经验、培养设计人才等工作，给企业注入了新的活力和打下了坚实的发展基础。①

进入 21 世纪以来，韩国的设计实力不断上升，最突出的是连续在世界设计领域获得多个奖项、韩国丰富的人力资源和深厚的文化底蕴，加之政府有力的支持和设计界的积极努力与合作，为数字化时代的设计振兴和使韩国向着设计领域先进国家的目标奋斗打下了坚实的基础。韩国政府早就鲜明而响亮地提出"设计救国"的主张，并称 21 世纪为"设计的时代"，积极培育设计领域这一 21 世纪的基础产业。为了实现五年内进入世界设计先进国家行列的目标，政府积极支持并提供优惠的政策。大力培养设计的典范企业和具有国际水平的设计人才，加强设计的知识产权保护，通过设计发展传统品牌，确立企业的设计经营体系，使设计产业在国家经济中起到核心作用。②

在亚洲，除了韩国，中国香港、中国台湾地区以及新加坡、马来西亚、印尼和印度等国家和地区的现代设计业纷纷呈现出各自的特色，在平面、产品、建筑设计等领域涌现出了一大批杰出的现代设计师，并且在世界设计舞台上扮演越来越重要的角色。

拉丁美洲在 20 世纪 60、70 年代脱离西班牙和葡萄牙的殖民统治，各个国家的经济呈现巨大的发展，现代设计也随着经济的发展而起步，古巴就是其中一个较典型的例子，其政治招贴设计就具有自己的艺术特色，在当时的世界平面设计中一枝独秀，非常突出。1959 年，古巴在卡斯特罗的领导下，推翻了巴蒂斯塔的独裁统治，在西半球成立了第一个社会主义国家。卡斯特罗政府上台后大力扶持艺术，给文艺工作者以充分的物质条件保证，因此，古巴的设计人员就有了稳定的工作条件。能够在无需考虑生活的情况下从事设计。当时的古巴政府为了防止美国在意识形态领域的渗透侵蚀，专门成立了从事对外宣传政治海报设计的部门，所有的海报经由古巴的"亚非拉团结组织"主持和负责出版发行，并且对亚非拉国家秘密出口，为了适应这种宣传的需要，政治宣传招贴成为重要的工具和手段。这些政治宣传招贴不仅鼓舞着古巴人民，而且作为输出革命的一个重要手段如潮水般地涌向了南美等国家。政治宣传招贴存在的必要性，无疑给设计者带来了展示自己才华的机会，设计师们以多样的形式语言，创作出了丰富多彩的作品，古巴由此迅速成为当时世界范围内招贴设计方面的"大国"。③

古巴的平面设计没有传统，它的发展完全是因为革命的要求刺激而产生的。设计革

① 参见谢越：《崛起的韩国现代产品设计》，《装饰》1997 年第 4 期。

② 参见祝东升：《后起之秀的设计国度——看当今韩国设计》，《装饰》2004 年第 3 期。

③ 参见朱和平：《世界现代设计史》，合肥工业大学出版社 2004 年版，第 244—246 页。

命之后，由于政府明确的要求，因此设计得到进一步的发展，其中出现了一系列重要的设计家，对于提高古巴的设计水平起到引导作用。这些设计家在没有设计传统可以遵循的情况下，不得不从外国的平面设计中吸取各方面的参考。比如波兰的观念形象海报、美国的"图钉"派设计、各种现代艺术的形式，特别是波普艺术、光效应艺术等，综合起来，加入自己的革命内容，逐渐形成自己的独特风格，这样逐步形成了自己的设计队伍。非常特别的是：古巴在政治和经济上依靠苏联和中国的支持，但是在平面设计上却没有丝毫受到苏联和中国政治海报的社会主义现实主义风格的影响。纵观古巴的整个海报发展，完全没有社会主义现实主义风格的影子，这种不模仿苏联和中国的流行风格的做法，使古巴的海报能够在社会主义国家中一枝独秀，非常突出。①

拉丁美洲除了我们熟悉的古巴之外，其他国家的设计也有不俗的发展。比如巴西，拉丁美洲第一经济大国，工业化程度较高，其工业设计，建筑设计独具特色。在这片辽阔的热带雨林大地上诞生了不少世界重量级的设计师。例如有着"建筑业毕加索"称号的著名建筑师奥斯卡·尼迈尔和2006年普利策奖获得者——门德斯·达·洛查，他们都是全球闻名的建筑师，一些重要西方设计师如勒·柯布西耶曾在巴西实践，并影响了一代巴西设计师。

非洲大陆文化悠久、底蕴深厚。非洲文化早已摆脱原始艺术与手工技艺的局限，在传承千年传统的基础上，展现出蓬勃的现代精神与创新魅力。包括电影、文学、舞蹈、音乐、时尚、摄影、设计等各领域的艺术在非洲大陆百花齐放。早在1992年非洲就创办了位于赛马内加尔首都都达喀尔的非洲当代艺术双年展，在2006年推出了自己的专业类杂志，并发展成为非洲设计领域的重要聚会。

非洲的"再生艺术"潮流始自1980年，发展至今已十分广泛。2004年，喀麦隆艺术家苏玛涅·约瑟夫—弗朗西（Sumagne Joseph-Francis）以可循环材料为基础进行雕塑创作，并引起广泛关注。同年，在双年展上也出现了以视频装置为代表的多媒体艺术作品，甚至还设立了专用于电子艺术创作的全新设计空间。双年展的另一大亮点即非洲设计沙龙。多哥的科西·阿索（Kossi Assou）等非洲设计师突破传统手工技巧的范畴，走出仅仅以展示异域风情、吸引游客为主的设计老调，设计出一大批充满现代感又不失文化内涵的饰品及家具，这一批新兴设计师皆属于非洲设计师协会。双年展自2004年起由马里人契克·迪阿罗（Cheick Diallo）主持，他是"Africa Remix"展览的家具设计师。

同时，非洲的服装设计也在迅速发展。当伊夫·圣罗兰等巴黎高级时装品牌仍不时从非洲汲取灵感之时，非洲时装已悄然打开了国际市场的大门。在非洲大陆上，一批本土设计师开始崭露头角，其中有年仅31岁却已声名鹊起的加蓬人拉扎尔·舒舒（Lazare

---

① 参见王受之：《世界平面设计史》，中国青年出版社2002年版，第283—284页。

Chouchou）。作为加蓬设计师及造型师协会主席，拉扎尔·舒舒在加蓬首都利伯维尔（Libreville）创办了名"fashionshowchou"的时尚盛会。而在老一辈设计师中，布基纳法索人帕特·奥（Pathe O）无疑是最资深的一位。他自 1969 年起便投身时装设计界，并为曼德拉量体裁衣。至于尼日尔人阿法迪（Alphadi），他在非洲乃至全世界都颇具口碑，被人称为"沙漠魔术师"。身为非洲时装设计师联合会（FAC）主席的他一手创办了非洲国际时装节，其已成为全球举足轻重的时尚展会。

三、亚非拉国家教学内容体系的构建思路

从上所述，我们不难发现，在世界现代设计史教学中强化亚非拉国家现代设计的教学内容是有必要的。但是，一门课程或者一部教材都是有其主次的，主次不分则教学不清，因此，"强化次要"不代表"取代主体"，所要注意的是合理把握"主次"教学内容之间的分量调和。换言之，在世界现代设计史教学中，要调和的即是欧美和日本等发达国家这一主体与亚非拉国家这一次要之间的内容分量。为此，我们认为在构建亚非拉国家教学内容体系时，要注重把握以下两个方面的问题：

一方面，在坚持欧美和日本等发达国家内容的主体原则基础上，选择性强化亚非拉国家教学内容的分量。

我们知道，亚非拉国家在世界现代设计史上毕竟只是后起之秀，依然属于次要内容，我们不能在强化"次要"中弱化欧美和日本等发达国家这一"主体"。毕竟，欧美是现代设计的发源地，也代表着现代设计的前沿阵地。所以，我们探索亚非拉国家教学内容时，只能选择性的强化，而不能"眉毛胡子一把抓"。确切地说，即在亚非拉国家中我们要有选择，唯有如此，才能在突出强化这一部分内容的重要性，又不至于超出主体内容。

从上文中，我们知道，自 20 世纪 60、70 年代起，亚非拉地区也涌现出了部分经济崛起较快的国家，这些国家的现代设计在随着经济的崛起中发展起来，并且极具民族文化的特色，如古巴的政治招贴设计、巴西的建筑设计、中国香港与中国台湾的产品设计、韩国的数码动漫设计和南非的服装设计等。因此，在不能做到面面俱到的情况之下，选择性地介绍这些国家的设计面貌是相对合理、可行的办法。因为史论教学的课时有限，要求在不延长学时的情况下必须完成相应教学内容，所以必须要懂得对教学内容的"取舍"，尤其是对亚非拉国家的教学内容更应如此。毕竟，亚非拉国家所涉及的面太过广泛。一般而言，我们主要选取亚洲的韩国、中国台湾与中国香港、新加坡、马来西亚，非洲的南非，拉丁美洲的古巴、委内瑞拉、巴西等地区和国家。

另一方面，注重亚非拉国家教学内容的专题教学，构建有内在逻辑联系的教学内容体系。

在教学内容的处理上应打破单纯以时间为线索的教学内容体系，以知识的内在逻辑联系为纽带重新整合教学内容，把朝代沿革的时间顺序变成辅助线索。以此构建一个纵横交叉（横向指知识点的内在逻辑联系，纵向指知识点的时间联系）教学内容体系；在前文中，我们讲到现在的世界设计史论教材对于亚非拉国家现代设计教学内容的安排缺乏时间的连贯性和整体性，因此，我们在考虑这个问题时可以加强亚非拉国家现代设计教学内容的连贯性，比如中国香港、台湾地区的现代设计的发展都有其自身的历史发展特点，香港早在 1906 年就举办了"第一届工业设计艺术展览会"，这次展览可以看做是香港艺术设计走向独立的标志。此后，1945 年日本投降，二战结束，中国香港的艺术设计进入新的发展阶段，1950 年朝鲜战争爆发，美国出于对中国的敌视，大力扶持了日本、韩国、中国香港和中国台湾的工商业发展，中国香港的设计师开始脱离英国的控制，改而接受美国的影响。到 20 世纪 60 年代美国设计师成为香港最重要的设计力量，愈来愈多的香港产品在美国设计，或由在中国香港的美国设计师设计。进入 80、90 年代，中国香港设计完全走出了一条属于自己的道路，国际化而深深扎根于民族文化。台湾现代设计的发展也经历了四个阶段：第一个阶段，战后时期，1945—1960 年；第二个阶段，开拓时期，1961—1980 年；第三个阶段，初盛时期，1981—1990 年；第四个阶段，发展时期，1991 年至今。①

传统的史论课程以时间发展的线索来贯穿教学内容，按此顺序安排教学章节。但作为设计上艺术专业的基础理论课程仅做到如此还很不够，必须根据教学内容的具体特点与相关教学要求来重新整合课程内容。我们在弱化时间线索时应切记避免教学内容上出现纷乱琐碎的现象。事实上时间线索往往是确保知识体系结构条理清晰的一个重要条件，当这一线索被打散后，很容易造成教学内容的散乱。因而，必须突出教学内容的内在逻辑联系。教学内容除时间线索外还有设计门类，如平面设计、建筑设计、服装设计、环艺设计、家具设计等大的工艺类别线索，这些内容几乎在每个国家都会各有特色。我们可将教学内容分解为若干个单元，每个单元着重研究一个专题，每一个专题都作为一个课题，可以进一步拓展深入，体现出"研究型课程"②的多学科理论借鉴、多方法运用的特点。比如在介绍中国香港、中国台湾、韩国、巴西等地区和国家的时候，就可以以专题的形式入手，每个专题都可介绍各个国家和地区的设计门类，以此来彰显其独特的艺术设计魅力。

---

① 参见刘瑞芬：《台湾现代设计发展概述》，《装饰》2004 年第 4 期。
② 参见邬烈炎：《走向研究型课程》，《南京艺术学院学报》2004 年第 2 期。

我国高校艺术设计本科专业"设计史"教材编撰研究 [①]

陈 芳

一、"设计史"教材编撰的主要版本变迁述略

我国艺术设计本科专业设置目前经历了五次调整，[②] 在这种背景下，作为艺术设计专业指定的必修基础理论课程的"设计史"课程，其设置也几经变迁，由此带来相应的"设计史"教材编撰。在 20 世纪 60、70 年代，陈之佛和罗末子、龙宗鑫及中央工艺美术学院进行了"中国工艺美术史"教材编撰的尝试。80 年代以来，"中国工艺美术史"教材进行了革新与充实，并出版发行"外国工艺美术史"教材。进入 90 年代末以来，随着"设计艺术学"学科目录的出现，高等院校中的"工艺美术专业"改称"艺术设计专业"，很多学者用艺术设计的眼光重新审视中国传统的工艺美术史，重新理解"设计"概念的同时，根据设计自身的特点撰写了一批通史，不少高校亦著述"现代设计史"。

"工艺美术"和"艺术设计"不是截然分开的，而是需要重新认识的中国设计的两个过程。艺术设计与工艺美术之间难分难解，是一个有机体的不同阶段的产物，烙上了几代知识分子的学术痕迹。研究设计史教材编撰，必然离不开对工艺美术史教材编撰的研究。由此把"工艺美术史"的教材编撰纳入"设计史"教材编撰研究的范围。本部分的论述主要从 20 世纪 60 年代至 2009 年间，选取"设计史"教材编撰的有代表性的版本进行探究，在"工艺美术史"教材的沿革、中国设计史教材编撰体例的探索、现代设计史的引进及其教材的编撰体例三个层面上进行阐述，以作为论述问题的基本条件和事实依据。

---

① 本文是目前比较系统全面介绍"设计史"写作情况的研究成果，具有重要的参考价值，特收录于此。限于篇幅，仅收录其主体部分及附录。

② 参见袁熙旸:《中国艺术设计教育发展历程研究》，北京理工大学出版社 2003 年版，第 229 页。

(一)"工艺美术史"教材的沿革

1. 20 世纪 60、70 年代"中国工艺美术史"教材编撰的尝试

关于"中国工艺美术史"教材的编写工作,从史料记载来看,早在 20 世纪 60 年代初期就开始了。在文化部一系列方针政策的指导下,[①] 特别是 1960 年 2 月文化部出台的《关于制定全日制高等艺术学校教育计划的暂行规定(草案)》(以下简称《草案》)和 1961 年 4 月 11 日召开的全国高等学校文科和艺术院校教材编选计划会议,奠定了工艺美术史教材编撰的良好开端。《草案》明确规定"本专业的专业史也应该列为本专业的必修课程";在教材编选会议上,还讨论了"在文科教学中如何处理理论和史(观点和史料)"关系的问题,并在内容上确立了百花齐放、百家争鸣的方针,会后成立全国工艺美术教材编选工作组,并将"中国工艺美术史"作为艺术教材中的重点选题。当时由北京、南京、四川等几个美术学院的有关教师,集体编写了一部约 30 万字的《中国工艺美术通史》,但这部教材因各种原因没有出版;之后,中央工艺美术学院的王家树、南京艺术学院的陈之佛和罗尗子、四川美术学院的龙宗鑫都编著了自己的工艺美术史版本。[②] 但是随后的政治运动和十年"文革"的毁坏,导致教材编撰工作停滞不前,直至 20 世纪 70 年代后期才重新有所发展。下面结合陈之佛和罗尗子所著《中国工艺美术史》油印本[③]、龙宗鑫所著《中国工艺美术简史》铅印本[④] 及中央工艺美术学院编著《中国工艺美术简史》[⑤] 三个版本,简要剖析其著述特点。

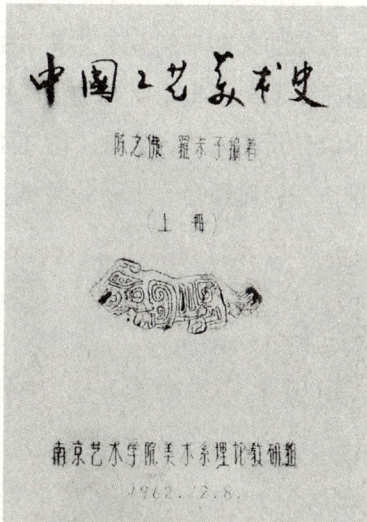

图 1 陈之佛、罗尗子著《中国工艺美术史》(油印本),南京艺术学院 1962 年 12 月印行。

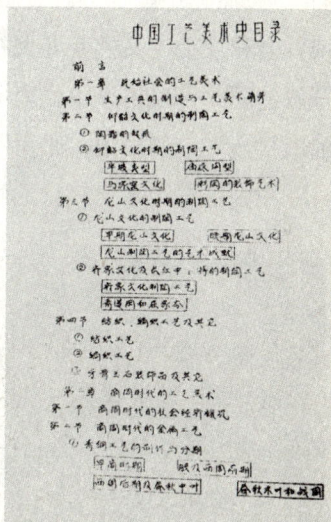

图 2 陈之佛、罗尗子著《中国工艺美术史》目录页,南京艺术学院 1962 年 12 月印行。

---

① 这些方针政策参见刘英杰:《中国教育大事典》,浙江教育出版社 1993 年版,第 1169—1255 页。

② 龙宗鑫:《中国工艺美术简史》,陕西人民美术出版社 1985 年版。张仃祝词和沈福文作序部分,但王家树所著的版本笔者还未能看到。

③ 参见《中国工艺美术史》油印本,南京艺术学院 1962 年 12 月印行。

④ 参见《中国工艺美术简史》铅印本,四川美术学院 1978 年 4 月印行。

⑤ 参见中央工艺美术学院:《中国工艺美术简史》,人民美术出版社 1983 年版。

陈之佛和罗尗子的《中国工艺美术史》油印本（图1，图2），按照社会朝代进行分期，把社会朝代划分为"原始社会、商周时代、秦汉时代、三国两晋南北朝、隋唐五代、两宋时代、元代、明代、清代"九个，按照工艺品种进行编撰，难能可贵的是每章都列出了主要参考书目。

龙宗鑫的《中国工艺美术简史》铅印本（图3），按照原始社会、奴隶社会、封建社会、殖民地半殖民地社会和社会主义社会五大社会形态的分期来划分工艺美术史发展阶段，简述了我国工艺美术事业在各个历史时期中起伏变化的概况。但囿于资料收集的局限，很多内容没有很好的展开，诚如作者在"结尾语"中所言："工艺美术史所涉及的面很宽，考古工作为它提供原始资料，某些考古学、文物学方面的知识必然要牵涉到；还有奴隶社会封建社会中的一些典章制度，也记载了不少有关各时期工艺美术的情况，对这些文献都要有一些了解。可惜这许多古代书籍，我都没有完全很好地阅读过，所以挂一漏万在所难免。"

1975—1979年，中央工艺美术学院以集体的力量编写《中国工艺美术简史》教材（图4），"按照在中国社会发展史顺序，即原始社会、奴隶社会、封建社会、殖民地半殖民地社会和社会主义社会五大社会形态的分期来划分工艺美术史发展阶段和安排史料、展开叙述。"[1] 可以说集中代表了当时工艺美术史论研究的最高程度。但是，由于不可避免的时代认识上的局限，采用了阶级分析的方法，带来了论述上的公式化和简单化。

中国工艺美术史教材的编撰，在当时还是一个新的尝试。上述著作采用"社会性质

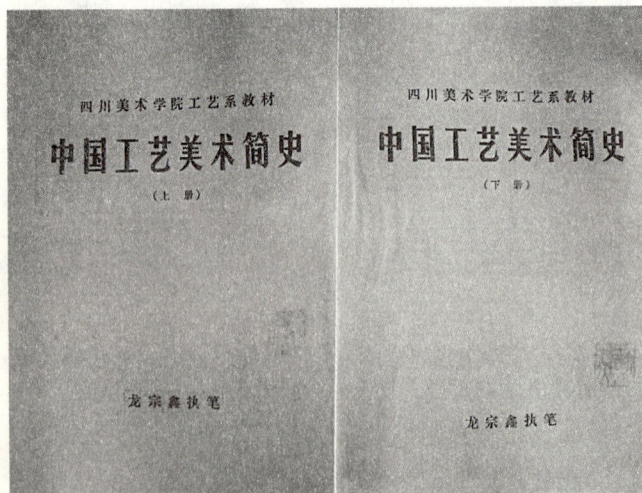

图3　龙宗鑫著《中国工艺美术简史》铅印本，
四川美术学院1978年4月印行。

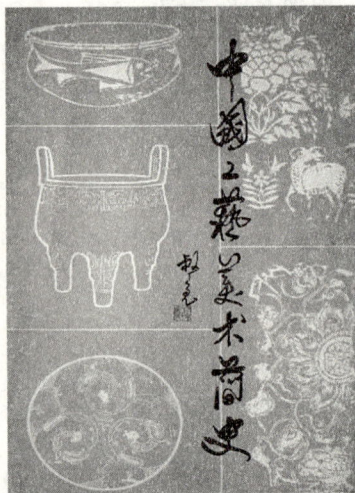

图4　中央工艺美术学院编著《中国工艺美术简史》，1975—1979年编写，1983年出版。

---

① 张孟常：《器以载道：中国工艺美术史分期研究》，中国摄影出版社2002年版，第4页。

+ 政治朝代 + 工艺材料、工艺方法划分的部类"的模式，为中国工艺美术史的教材编撰打下了基础。但由于人所共知的社会原因，"外国工艺美术史"教材的编撰，是缺失的，在此不做过多赘述。

2. 20 世纪 80 年代以来"工艺美术史"教材编撰的拓展

20 世纪 80 年代以来，我国的工艺美术教育在改革开放新形势推动之下开始变革，向着设计教育的方向过渡。新形势更推动大批的理工、师范和综合院校，开设设计专业，各高校亦都在抓紧编写教材，改进教学方法。关于"工艺美术史"教材的拓展，从史料记载来看，1982 年 4 月在北京召开的"全国高等院校工艺美术教学座谈会"，可以说开启了"工艺美术史"课程设置问题的先河。在这次座谈会上发表的《全国高等院校工艺美术教学座谈会纪要》里，明确了工艺美术专业理论教学的作用，并强调理论教学与专业技能教学形成体系的意义，提出了十门理论课程的设置，其中两门是工艺美术史课程，即中国工艺美术史、外国工艺美术史。这也直接促进了工艺美术史教材的编撰。此外，从来自广州美术学院的尹定邦的发言来看，他在批判工艺美术教育的同时，涉及批判以往的工艺美术教育"不重设计史论"。① 这些标志着"工艺美术史"教材的编写工作开始酝酿着大的发展。在本节的具体论述上，笔者所选用教材版本的依据主要有三点：其一，出版发行较早，对其他教材的编撰有开创、奠基意义；其二，教材版本中结合时代观念，拓展了新的内容；其三，比较注重教材的后续完善，从教材体例方面作出一定的探索。故笔者从"中国工艺美术史"教材的革新与充实以及"外国工艺美术史"教材的出版发行两个方面做出如下阐述：

（1）"中国工艺美术史"教材的革新与充实。

在 20 世纪 80 年代，先后出现了三本较有影响的《中国工艺美术史》教材，即中央工艺美术学院编著的《中国工艺美术简史》，1983 年 3 月由人民美术出版社出版；田自秉所著《中国工艺美术史》，1985 年 1 月由东方出版中心出版；龙宗鑫所著《中国工艺美术简史》（图 5），1985 年 7 月由陕西人民美术出版社出版。

从教材版本的著述特点来看，其中田自秉所著的《中国工艺美术史》（图 6，以下简称"田本"）影响最大，该书总结和反映了编者长期积累的丰富经验，教学适应性强，为多数学校选用，1988 年被评为"全国高等学校优秀教材"。从教材内容看，"田本"比较详尽、系统地汇集我国古今工艺美术史料，以政治朝代更替为线索，把工艺美术历史划分为 13 个阶段（即原始社会、商、周、春秋战国、秦汉、六朝、隋唐、宋、元、明、清、近代的工艺美术和新中国的工艺美术），阐述我国各种工艺美术的历史沿革和发展，分析艺术特色并介绍制作工艺。可贵的是，在这本专著的基础上，田自秉先生于

---

① 参见尹定邦：《设计目标论》，暨南大学出版社 1998 年版，自序。

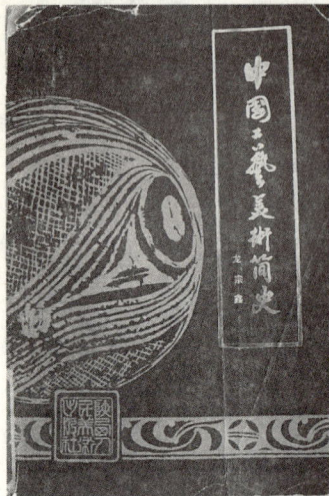

图5 龙宗鑫著《中国工艺美术简史》
1985年陕西人民美术出版社出版。

图6 田自秉著《中国工艺美术史》，
1985年东方出版中心出版。

图7 田自秉著《中国工艺美术简史》，
1989年中国美术学院出版社出版。

1996年出版了教材版的《中国工艺美术简史》（图7），该教材主要介绍了中国工艺美术的发展史，全书博取众家之所长，力求反映当代实用工艺美术专业研究和实践的成果，编写简明扼要，图例丰富，附有思考和练习题，富有特色。在教材的适用对象上，该教材定位为"除可作各类工艺美术院校、各地书画函授大学教材外，并可供全国工艺美术界专业设计人员参考。"田先生的这本教材在体例方面做出了积极的探索。

进入20世纪90年代，王家树的《中国工艺美术史》，卞宗舜、周旭、史玉琢合著的《中国工艺美术史》，华梅、要彬合著的《中国工艺美术史》先后出现，这三本工艺美术史教材在面对新的考古资料及工艺美术实践和理论成果方面都有自己的选择、取舍和创新。2000年以来，主要有尚刚的《中国工艺美术史新编》出版发行。

王家树的《中国工艺美术史》（以下简称"王本"），历时三十年才得以出版。从教材内容上看，诚如作者在后记中所言"工艺美术史，就是要对工艺美术特殊的历史道路作艺术上的探索和研究"，因此重在工艺美术的艺术分析，而略于历史朝代背景的叙述，是其教材内容的特点。"从标题上，即可看到一个时期内工艺美术的总的特点和重要成就，一个部类或特点的发展特征。标题不仅是明晰的类别标示，更是内容的强调和认识的向导。遣词造句也表现出作者浓烈的感情和思想倾向。如第二章第二节为'灿烂的青铜工艺'；第三章第二节'具有新时代特征的战国青铜工艺'；谈到这一时期的装饰以'前所未有的新装饰'来标示；第四章第三节织绣工艺，以'丝绸之路——发达的汉代纺织业'来提示经济贸易促进下的汉代织绣工艺发展盛况；第七章第二节'宋瓷——中国古代陶瓷艺术的高峰'；第八章明清时期第二节'五彩缤纷的陶瓷工艺'，第三节'万紫千红的染织刺绣工艺'等等。标题表现叙述的具体工艺美术的内容，同时表达了对历史的认识。"① 另外,"王本"中最出色最突出的是图案形式构成分析,功能及艺术造型设计分析。② 全书还共引用了 540 件实物的照片,作为课程内容的补充说明,从而在课程内容上图文并茂,文图呼应。难能可贵的是,虽然王家树"教学经验丰富,有自己的理论体系,但为了提高教学效果,更好地'古为今用',他仍不断地批判自己,探索新路。改革开放以来,他受到国外和中国台湾学者的启发,突破了长期以来的社会性质、政治朝代为工艺美术史分期模式,突破了以文物考古素材构成工艺美术史实体内容的倾向,重新构架了中国工艺美术通史分期,着重文化内涵、设计规律、美学特征的研究。他把自己新的探索付之教学实践,广泛听取意见,得到同学们的理解和欢迎。"③ 特别是他的博士研究生张孟常,在其指导下,于 1996 年仲冬完成博士论文《器以载道——中国工艺美术史分期研究》,这可以看做是工艺美术史教材编撰的进一步推展。

如果说,"田本"、"龙本"、"王本"三本教材是新中国成立后的第一代工艺美术史家的撰述,那么卞宗舜、周旭、史玉琢合作著述的《中国工艺美术史》(1993 年 8 月中国轻工业出版社出版发行,图 8,以下简称"卞本"),可以看做是第二代工艺美术史家的代表作品,因为三位作者都是 20 世纪 60 年代工艺美术院校的毕业生。该书的出版是作者在第一代工艺美术史家撰述基础上的进一步创新。作者在本书中力求对许多问题从新的角度阐明自己的观点,同时注意对获得的史料作出分析。比如,作者在撰述中,将"服饰"从印染织绣中提取出来单列成节,即第二章奴隶社会的工艺美术——第四节染织和服饰工艺,第三章战国、秦汉的工艺美术——第五节服饰工艺,第四章三国两晋南北朝的工艺美术——第四节服装工艺(男装、女装),第五章隋唐五代的工艺美术——第四节服装工艺(男服、女服、官服),第六章宋元辽金的工艺美术——第四节服装工艺,第七章明清的工艺美术——第三节服装工艺,这些是区别于其他教材内容的特征。此外,"卞本"面对社会发展观念的变化,"在战国秦汉时期将瓦当、砖、画像砖、画像石、石雕与石碑等从原雕刻工艺和陶瓷工艺中提取

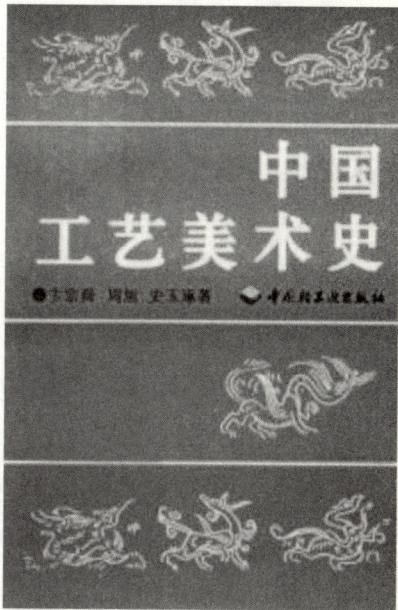

图 8 卞宗舜、周旭、史玉琢合著《中国工艺美术史》,1993 年中国轻工业出版社出版。

---

① 张孟常:《器以载道:中国工艺美术史分期研究》,中国摄影出版社 2002 年版,第 65—66 页。
② 参见张孟常:《器以载道:中国工艺美术史分期研究》,中国摄影出版社 2002 年版,第 66—68 页。
③ 徐琛:《工艺美术史论家王家树》,《美术观察》1998 年第 8 期,徐琛文章中提到的田先生的分期,还可参见张孟常:《器以载道:中国工艺美术史分期研究》,中国摄影出版社 2002 年版,第 238 页。

图9 卞宗舜、周旭、史玉琢合著《中国工艺美术史（第二版）》，2008年中国轻工业出版社出版。

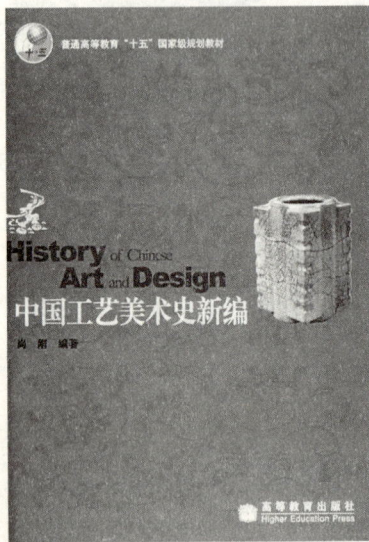

图10 尚刚著《中国工艺美术史新编》，2007年高等教育出版社出版。

出来，按其用途。设立建筑装饰工艺专节；在魏晋时期，将具有时代特征的雕刻工艺（主要是佛教石雕刻）专列为节；在隋唐时期，分别将敦煌藻井图案、家具工艺、雕版印刷列为专节介绍，这几类工艺一是反映了时代崇尚，二能体现社会特征，三是在工艺美术发展史上作为门类史发展具有或开创，或转折，或盛极一时的意义。在宋代，将民间工艺和商业美术列为专节等等"。① 这些都是工艺美术史教材内容选取上的新角度和新探索。作者亦注重教材的后续完善，2008年出版了《中国工艺美术史（第二版）》（图9）。

华梅、要彬合著的《新编中国工艺美术史》（1999年天津人民美术出版社出版发行，以下简称"华本"），在教材内容的编排上，也是值得一提的。"华本全书共14万字，300余幅线描图，70余幅彩图（完全采用全国最新考古精品）。其中除必要的通论之外，最大的特色是将大量近年来新出土的历代工艺美术品以文字和摹绘图的图文并茂的形式展示给读者。"② "华本"共分九章，按照社会形态论述工艺美术的各个品种——陶瓷、青铜、印染织绣、木漆、金属等门类，第八章论述近现代民间工艺美术，这就"使得在必然涉及的陶瓷、青铜、印染织绣、木漆、金属等门类之外，又增添了编织、灯彩、彩塑、风筝、剪纸、皮影、木偶、砖雕、扇子、毛猴及其他民间手工艺艺术品"。③ 第九章论及近现代民族和民俗工艺美术举要，由于作者在服装上的深厚造诣，因此在第九章中增加了服装佩饰品的很多内容。此外，书后设有"难解字词注音集释"和"历代重要工艺美术家简介"，方便读者阅读。

尚刚编著的《中国工艺美术史新编》，2007年2月由高等教育出版社出版发行（图10）。该教材在以

① 张孟常：《器以载道：中国工艺美术史分期研究》，中国摄影出版社2002年版，第63—64页。
② 张金星：《〈新编中国工艺美术史〉与时代同步》，《美术之友》2000年第3期。
③ 张金星：《〈新编中国工艺美术史〉与时代同步》，《美术之友》2000年第3期。

往中国工艺美术史教材的基础上，补充大量考古新材料、吸取最新学术研究成果。在介绍中国重要时代的重要工艺美术现象时，主要以出土文物为基础进行说明。注重年代学，注重地域特点，注重民族特点，注重文献与实物的对证。该教材对史料的选取与解读作出了积极的探索。但是笔者认为，该教材过多注重了出土文物。毕竟出土文物不是实物资料的全部，它不过是很小一部分。还有大量非出土的器物，包括民间的各类生活用具、生产加工工具、各种设备、制作图谱及符本等，甚至是一段回忆，祖祖辈辈口传心授的关于生活的主张，都可以为我们展现历史的真实情景。

（2）"外国工艺美术史"教材的出版发行。

1985年，刘汝醴为张少侠所作的《欧洲工艺美术史纲》序[①]中，就明确提出"关于海外的工艺珍奇，我们应该采取'拿来主义'的态度，拿将过来，为我所容，为我所用"。1986年，陕西人民美术出版社正式出版了南京艺术学院张少侠的三本研究外国工艺美术史的专著：即《欧洲工艺美术史纲》、《亚洲工艺美术史纲》及《非洲和美洲工艺美术史纲》，这些基本是资料汇集的开创性之作，亦可看作是"外国工艺美术史"教材编撰方面最早的探索，这为后来的编写奠定了基础。但南京艺术学院当时并没有开设《外国工艺美术史》课程。1986年，张夫也在中央工艺美术学院开设外国工艺美术史课程。[②]2002年山东教育出版社出版张夫也的《外国工艺美术史》教材（该教材是潘鲁生主编的高等院校设计艺术专业系列教材之一），2003年中央编译出版社出版张夫也的《外国工艺美术史》，2006年高等教育出版社出版张夫也的《外国工艺美术史》教材（该教材是普通高等教育"十五"国家级规划教材之一），从这几年间，张夫也所著《外国工艺美术史》教材在不同出版社的一再出版，可以管窥国内高校对该教材的需求。在此，以张夫也的高教版《外国工艺美术史》（图11）为例，简要就其教材体例进行剖析：

该教材内容涉及原始社会至20世纪90年代各历史时期工艺美术的发展状况及其基本特征；对原始社会、古代大洋洲、美洲和非洲地区的工艺美术及其艺术特色，也作了较为详细的分析和介绍；对文明古国——古代埃及、两河流域（美索不达米亚）、波斯、印度等地区的工艺美术发展及其艺术风格，进行了全

图11　张夫也著《外国工艺美术史》，
2006年高等教育出版社出版。

---

① 　参见刘汝醴：《〈欧洲工艺美术史纲〉序》，《南京艺术学院学报》1985年第2期。

② 　参见张夫也：《一心为本，精诚治学——外国工艺美术史论教学研究述略》，载杭间主编《设计史研究——设计与中国设计史研究年会》，上海书画出版社2007年版，第244—256页。

面的介绍梳理；对古代伊斯兰、日本等地区的工艺美术及其特质，作了详细的探究和阐述。此外对以地中海区域文明为源头的欧洲工艺美术发展过程，进行了完整而详尽的论述。所涉及的内容分为20章，每章第一节为概述，从自然环境、民族、宗教、历史等方面作简要论述，使教材使用者在学习外国工艺美术史之前，掌握必要的文化和历史背景；从第二节开始，按材料的分类或地区的划分，系统地介绍工艺美术的发展状况和艺术风格。每章的最后一节为结语，准确而概括地对本章内容和工艺美术风格特征作了精要而有条理的总结；为了便于教材使用者学习和理解书中内容，教材中精选并配置了数百幅随文插图和数百幅彩色图版，以便读者随时对照阅览。随教材附赠的辅学光盘内容为ppt文件，是作者从事外国工艺美术史教学的课堂精华，内含大量图片，是对教材文本内容的补充，有助于教材使用者直观地接触更为丰富的信息，从而对外国工艺美术史获得形象直观的认识。

以上教本，反映了工艺美术史教材编撰的新趋势，折射出教材的编撰体例与特点以及教材内容的革新、充实、推展，反映了"工艺美术史"教材编撰的发展，是设计史教材编撰的重要研究基础。

二、中国设计史教材编撰体例的探索

（一）2000年以来陆续出版发行的"中国设计史"

2000年以来，随着"设计艺术学"学科目录的出现，高等院校中的"工艺美术专业"改称"艺术设计专业"，很多学者用艺术设计的眼光重新审视中国传统的工艺美术史，重新理解"设计"概念的同时，根据设计自身的特点撰写了一批通史。如夏燕靖的《中国艺术设计史》（2001年辽宁美术出版社出版），雷绍锋、杨先艺的《中国古代艺术设计史》（2002年武汉理工大学出版社出版），陈瑞林的《中国现代艺术设计史》（2003年湖南科技出版社出版），朱和平的《中国艺术设计史纲》（2003年湖南美术出版社出版），王荔的《中国设计思想发展简史》（2003年湖南科技出版社出版）。李立新的《中国设计艺术史论》（2004年天津人民出版社出版），赵农的《中国艺术设计史》（2004年陕西人民美术出版社出版），高丰的《中国设计史》（2004年广西美术出版社出版），胡光华的《中国设计史》（2007年中国建筑工业出版社出版），高丰的《中国设计史》教材版（2008年中国美术学院出版社出版），吴明娣的《中国艺术设计简史》（2008年中国青年出版社出版），郭恩慈的《中国现代设计的诞生》（2008年东方出版中心出版），傅克辉的《中国设计艺术史》（2008年重庆大学出版社出版），邵琦等人的《中国古代设计思想史略》（2009年上海书店出版社出版），夏燕靖的《中国设计史》（2009年上海人民美术出版社出版)，陈瑞林的《中国设计史》（2009 年湖北美术出版社出版）。这些教材，从不同的角度，探索了与以上工艺美术史教材不同的视野。在本节的具体论述上，笔者所选用教材版本的依据亦有三点：其一，出版发行较早，对其他版本的出现有开创、奠基意义；其二，教材版本中结合时代观念，探索与以上工艺美术史教材不同的视野；其三，比较注重教材的后续完善，从教材体例方面作出一定的探索。故笔者结合相关教材版本，从"中国设计史"教材的体例方面做出如下阐述：

（二）"中国设计史"教材的体例

2000 年以来，教材编写者在重新理解"设计概念"的基础上，撰写了中国的设计通史。据笔者初步统计，在十余年的时间里，先后出现了十余本"中国设计史"教材（详见本文附录），它们在相关出版机构的策划推动下，以"高等艺术院校教材"、"设计学院设计基础教材"、"中国艺术教育大系"、"高等艺术院校设计基础理论推荐教材"、"设计艺术基础理论丛书"、"中国高等院校艺术设计学系列教材"、"高等艺术院校艺术设计学科专业教材"等丛书面貌出现。下面按照教材出版发行的先后顺序，并结合较具代表性的版本，就其教材体例做一简要剖析①。

夏燕靖撰写的《中国艺术设计史》（图 12）于 2001 年 6 月由辽宁美术出版社出版。该教材是南京艺术学院主编的"高等艺术院校教材"之一。作者按照历史朝代分期，综述了自远古石器时代到近代史上的艺术设计发生发展的历史。作者力求以符合艺术设计自身发展规律的史料进行构建，形成了具有独特视觉的研究线索，进而阐明了中国艺术设计史上每个时代设计风格的形成，都与当时的文化发展有着密切的关系；还系统地对设计与中国农业经济、设计与传统、设计与古代科技的关系及近代中国艺术设计落后原因等，都做了较为全面的分析。同时，本书对中国艺术设计的诸多问题进行梳理，从理论思辨的深度进行研究和阐释，也可以说是一部记载着中华民族文明演进和文明成就的纪年史。作者注重教材的后续完善，在此教材的基础上，进一步修正和完善，于 2009 年在上海人民美术出版社出版面貌焕

图 12　夏燕靖著《中国艺术设计史》，
2001 年辽宁美术出版社出版。

---

① 在对教材体例进行剖析的过程中，笔者亦参考了本文"引言"部分提及的《装饰》、《美术之友》、《美术》等期刊上发表的关于"设计史"教材的书评。

然一新的《中国设计史》教材。该教材每章都设附录，并备有思考题，附辅学光盘。随书附赠的光盘内容为 ppt 文件，是作者从事中国设计史教学的课堂精华，内含大量高清晰的图片，是对教材文本内容的补充，有助于教材使用者直观地接触更为丰富的信息。

雷绍锋、杨先艺编著的《中国古代艺术设计史》于 2002 年 4 月由武汉理工大学出版社出版。该教材虽然没有丛书名，但鉴于作者在高校任教的身份，此书也被作为教材使用。该教材对建筑、园林、瓷器、家具、工具、纺织品和其他工艺的艺术设计均有涉及，且论述较严谨；以艺术形式的变迁为历史分期依据，较以前工艺美术史教材大多按朝代划分的方法有较大突破。每章下辖一个艺术门类的发展简史，再分类具体到小分支，研究中已注意与科学技术、交通状况、当时的社会思潮等相联系，方法较为独到。遗憾的是，囿于篇幅该教材未能对中国的古代艺术设计进行比较深入的研究。

胡光华主编的《中国设计史》于 2007 年 7 月由中国建筑工业出版社出版。该教材是"设计学院设计基础教材"之一。该教材各章节采用论文写作手法，各章节后附带思考题，符合教材的编写目的；采用朝代分期法，朝代下辖艺术门类，再论述当时的设计状况、社会思潮，吸取了前面思想发展简史的成果；大范围运用已有的资料加以整合，教材编写体例相对完整规范。

高丰在其博士论文基础上改写的《中国设计史》教材（图 13）于 2008 年 1 月由中国美术学院出版社出版。该教材是"中国艺术教育大系"系列教材之一，在体例上具有较大特点：首先，在绪论中提出设计史研究的主要课题：设计史的发生、发展与演变，设计史发展的若干规律探讨等，开篇为全书定下较细致的方向；其次，时间划分与设计发展状况划分相结合，基本融合了两种划分方法的优点；再者，各章先对当时时代背景与社会思潮有总体评述，对后续具体论述有解释性的作用。且章之下的节以艺术门类划分，符合现代人的思维方式。各章节后有参考书目与思考题，可让学生更有效更有能力思考、学习。因此该教材在教材编写体例上亦相对完整规范。

吴明娣、袁粒编著的《中国艺术设计简史》（图 14）于 2008 年 4 月由中国青年出版社出版。该教材内容共分十一章，分别论述了从原始社会直至 20 世纪的艺术设计。在具体章节的编排上，首先，以设计的角度审视中国古代艺术，结合现代设计的需要，以艺术品的功能性为主要线索来囊括全书，以功能性与审美性之间的相互关系为主要探讨内容。其次，本书

图 13　高丰著《中国设计史》，2008 年中国美术学院出版社出版。

对中国艺术设计的划分方式新颖独到。在历史发展的主要线索中借鉴现代艺术设计根据作品的功能、形态的划分方式，将中国古代艺术设计分为实用器具设计、陈设品设计、平面设计、建筑及室内设计、服饰设计等门类，使教学内容更加贴近当代艺术设计现实。并将以往教学中常被忽略的广告设计、标志设计、版式设计等纳入设计范畴。再者收集资料和著述过程中较以往教材更加兼及到了社会各个阶层。除对社会上层艺术作品进行研究外，竭力收集普通人生活中的设计作品，将中国艺术设计客观全面地呈现。此外此书也重视中外艺术交流，强调中外文化的互动与互补，以拓宽教材使用者对中国艺术设计的认识。另外书中着重强调和分析了各个历史时期多民族文化融

图14 吴明娣、袁粒著《中国艺术设计简史》，2008 年中国青年出版社出版。

合对艺术设计产生的影响，同时也分析了影响中国古代艺术设计的其他各种因素。此外，作者从教材的序言、先行组织者、正文、习题、参考文献等方面注重教材规范。

傅克辉编著的《中国设计艺术史》（图15）于 2008 年 9 月由重庆大学出版社出版。该书是"设计艺术基础理论丛书"之一。该书按风格特征并结合时序发展排序共分十一章，每一章按时间顺序发展进行论述的同时，也从美学的角度给每一时期的设计艺术风格特点以新的定义。如稚朴纯真的原始设计意识，神秘威严、凝重肃穆的夏、商、西周设计艺术，生动活泼、精巧华丽的春秋战国设计艺术等。

邵琦等人编著的《中国古代设计思想史略》于 2009 年 1 月由上海书店出版社出版。该书是"艺术·文化创意理论丛书"之一。书中简略介绍了我国古代的设计思想历史。全书内容按照朝代的先后顺序编排：先秦、秦汉、魏晋、隋唐、宋元、明代、清代。每个朝代都相应地介绍了当时最具代表性的人物及其作品和思想。尽管本书内容不算详尽，但也大致

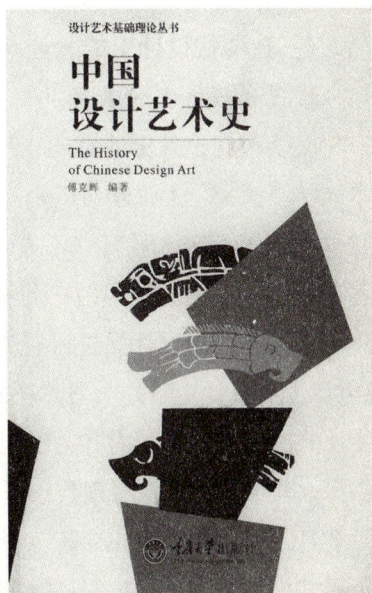

图15 傅克辉著《中国设计艺术史》，2008 年重庆大学出版社出版。

概括出了我国古代的设计思想全貌，是国内少见的设计思想史著作之一。

陈瑞林编撰的《中国设计史》（图16）于 2009 年 3 月由湖北美术出版社出版。该书是"高等艺术院校艺术设计学科专业教材"之一。全书共分五个章节，主要对中国设

计史知识作了介绍，具体内容包括"东方欲晓——原始夏商周设计"、"深沉雄大——战国秦汉设计"、"夕阳无限——宋元明清设计"、"现代转型——20世纪中国设计"等。

另外还有数量众多的取名为"设计史"、"艺术设计史"、"设计简史"、"中外艺术设计史"以及"设计门类史"（诸如工业设计史、室内设计史、景观设计史、书籍装帧设计史、平面设计史、视觉传达设计史、中国传统器具设计史、家具风格史等）的著作、教材。据笔者初步统计，在20年的时间里，先后出现了一百余本"设计史"相关版本（详见本文附录），这些版本大多以教材的面貌出现。"这些著述各有千秋，其探索无论成就如何，在学科初创或发展之际、在研究的转型之际，应看到其探索的可贵精神和为之所作出的努力，其出发点是为学科建设添砖加瓦，其情可贵，其精神可嘉。"①

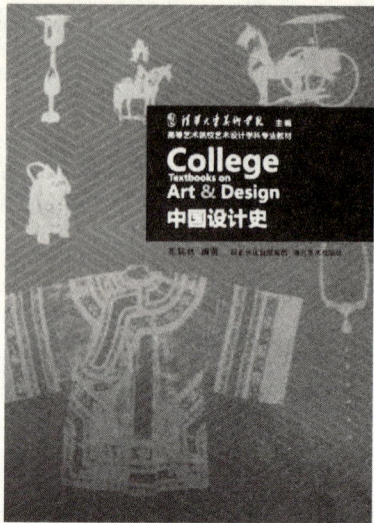

图16　陈瑞林著《中国设计史》，2009年湖北美术出版社出版。

（三）现代设计史的著述及其教材的编撰体例

1. 现代设计史的著述

关于现代设计史的著述，从史料记载来看，早在1982年的"全国高等院校工艺美术教学座谈会"上，来自广州美术学院的尹定邦在批判工艺美术教育的同时，就涉及批判以往的工艺美术教育"不重设计史论"。② 这些文论，可以说是国内"现代设计史"著述的先声。另外，当时广州美术学院的王受之担任刚刚成立的工业设计研究室副主任，对工业产品设计史进行研究，理清了工业设计的发展历史，并且在1983年完成了《世界工业设计史略》一书，在此基础上逐步完善，该书于1985年由上海人民美术出版社正式出版。这是国内有关现代设计史中最早的著作之一。不管王受之的设计史内容有多深，其贡献是让世界现代设计史的概念引进，并对现代设计史做了普及的工作。1992年8月，朱铭、荆雷的专著《设计史》（图17）写作完成，该书由山东美术出版社1995年正式出版。"此书将中外古今设计师整合为一个系统，梳理出设计史的发展历程，揭示设计艺术的发展规律，探讨设计艺术的审美特点，是一部设计史方面的优秀著作。该书引论部分论说设计学与设计史的学科问题，然后分七章对设计史的对象、造物的起源

---

① 李砚祖：《在设计史研究的正途上——〈中国设计史〉读后》，《装饰》2005年第9期。
② 尹定邦：《设计目标论》，暨南大学出版社1998年版，自序。

与设计的萌生、手工业时代的设计、早期工业化时代的设计、工业社会成熟期的设计、后工业社会的设计等，内容广泛，包括饮食与食具设计、纺织与服装设计、居住与建筑设计、车船与交通设计，以及现代主义设计、后现代主义设计等。从原始社会一直写到 1990 年，包括古代东西方、希腊、罗马、埃及、两河流域的设

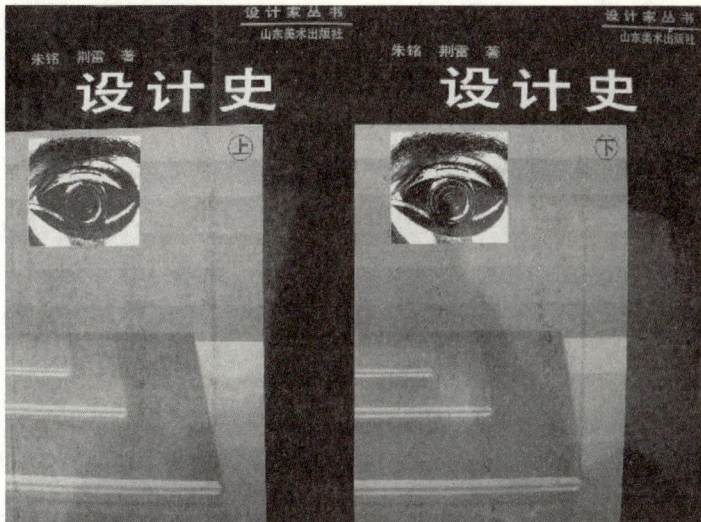

图 17　朱铭、荆雷著《设计史》（上下册），山东美术出版社 1995 年出版。

计，以及欧洲各国、美国、中国等，作者选择各个时代重要的设计产品、设计思潮和设计风格加以评介和分析，提出自己的见解，是一部系统的具有学术分量的设计史专著。"① 该书虽然是一本专著，但被多所高等艺术院校或设计专业选为教材，产生较好的学术影响。该书以西方工业发展为坐标进行分期，把设计分为"设计的萌芽时期、手工业时期、前工业时期，现代主义时期，后工业时期"五个时期，里面亦涉及不少中国设计史的内容。显然，"以西方工业发展为坐标的分期对中国有不适应之处，尤其是西方工业革命以来中国工业化的进程缓慢，在分期上强求统一比较困难"②。

据不完全统计，截至 2009 年，已经有 20 余个关于"现代设计史"的版本。这些版本，主要以教材的模式出现，亦在相关出版机构的策划推动下，以"现代艺术设计系列教材"、"高等院校设计理论系列教材"、"十五"规划重点教材、"高等院校艺术专业新编教材"、"设计类专业全国高等院校统编教材"、"中国高等院校艺术设计专业教材"等丛书面貌出现（详见本文附录），产生了较大的影响。但只有少数在教材形式上较为规范。

2."现代设计史"教材的体例

在本节的论述中，笔者所选用的教材版本的依据同样有三点：其一，出版发行较早，对其他版本的出现有开创、奠基意义；其二，翻译版本与本土版本在教学内容选取上的区别；其三，比较注重教材的后续完善，从教材体例方面作出一定的探索。下面按

---

① 陈池瑜：《朱铭教授艺术史论研究的特点和成就》，《设计艺术（山东工艺美术学院学报）》2007 年第 4 期。

② 诸葛铠：《关于中国设计史学术定位的思考》，载杭间：《设计史研究：设计与中国设计史研究年会》，上海书画出版社 2007 年版，第 76 页。

照教材出版发行的先后顺序，并结合较具代表性的版本，就其教材体例做一简要剖析。

邬烈炎、袁熙旸编著的《外国艺术设计史》（图18）于2001年6月由辽宁美术出版社出版。该教材是"高等艺术院校教材"之一，至今已多次印刷。教材内容由"第一章史前的艺术设计、第二章古代东方的手工艺设计、第三章古代西方的手工艺设计、第四章早期工业社会的艺术设计、第五章工业化社会的艺术设计、第六章后工业社会的艺术设计"组成。通过对大量史料的挖掘和整理，展现16世纪尤其是19世纪至今外国现代艺术设计发展的历史轨迹并提供历史的借鉴，是一本资料较为丰富的教材。

董占军撰写的《西方现代设计艺术史》（图19）于2002年1月由山东教育出版社出版。该教材是"高等院校设计艺术专业系列教材，山东省教育厅'十五'立项教材"之一。本教材是作者多年从事教学、研究及设计实践经验和体会的总结。作者通过对大量史料的挖掘和整理，以科学的态度介绍了西方国家从19世纪工业革命以来现代设计艺术发展的历程，包括设计学的基本概念和学科形成与发展的历史轨迹，介绍了各国现代设计艺术在每个发展阶段的代表人物、他们的代表作品及其历史文化背景与理论研究成果；揭示了设计发展的客观规律。作者亦注重教材的后续完善，2008月1月，该书列为"国家'十一五'规划教材"在高等教育出版社重新出版。

艾红华主编的《西方设计史》（图20）于2007年5月由中国建筑工业出版社出版。该教材是"设计学院设计基础教材"之一，作者已经有10年西方设计史课程的教学经验和感受。该教材概括了设计概念的诞生与工业发展的关系，较系统地展示了现代设计的发展历程，旨在诱发学生对艺术设计历史中的现象、规律进行理解与思考，激发学生的社会责任感。该教材以18世纪为切入点，从一个新的角度阐释西方设计史，使学生能够借此了解现代设计在思想上、形式内容上与传统工艺设计的不同，去领悟现代设计的理念，实践"设计为人"的目的。在教材的分期方

图18 邬烈炎、袁熙旸著《外国艺术设计史》，2001年辽宁美术出版社出版。

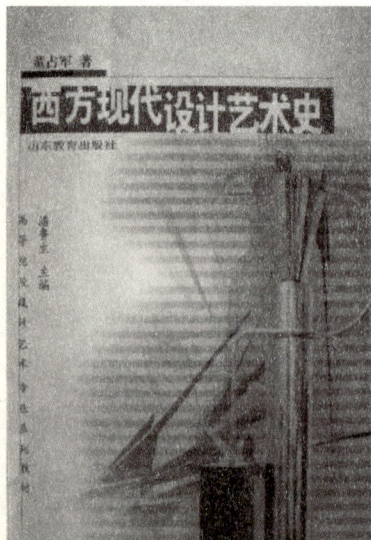

图19 董占军著《西方现代设计艺术史》，2002年山东教育出版社出版。

法上，基本按现代设计发展的时间顺序，从建筑、环境、平面、工业产品、工艺品及设计师成长本身等方面展示现代设计的特点，把教材内容分为八章。最为可贵的是，该教材针对大学低年级学生的特点，在每一章后面都设计了相应的思考题和搜寻资料的快捷方式，而且把最新设计信息建构到设计史论的框架里，参考资料及相关链接丰富有效，具有相当高的教与学的可操作性。这种新颖的设计史教材编写体例，让人耳目一新，极有利于学生自学并加深印象。

梁梅编著的《世界现代设计史》（图21）于2009年1月由上海人民美术出版社出版。该教材建立在作者研究现代设计近20年的基础上，将现有可知的世界现代设计仔细梳理，归纳分类，强调古代设计、近代设计对现代设计的影响。针对设计与建筑、设计与日常用品、设计与新技术等的关系做了全面且详细的研究。阐述了艺术与设计、设计与生活的紧密关系，从理论到实际都有准确明细的表述。同样可贵的是，每章都设附录，并备有思考题，附辅学光盘。随书附赠的光盘内容为 ppt 文件，是作者从事现代设计史教学的课堂精华，内含大量高清晰的图片，是对教材文本内容的补充，有助于教材使用者直观地接触更为丰富的信息。

荆雷、宋玉立编著的《中外设计简史》（图22）于2009年2月由上海人民美术出版社出版。该教材的定位和面对的教学对象非常明确，定位为高校艺术设计专业本专科通用教材，适用学时36—42课时（图23），教材主要针对广告设计、平面设计和室内设计等本科一二年级学生的专业基础课，以及三年制高职高专专业基础课。在这种清晰定位的基础上，把教学目的明确为"在教学过程中，使学生了解在人类文明的发展历程中，各个时期、各个地域典型性的设计现象是设计史教学的基础，使学生能够正确地看待历史、分析历史，并从中掌握历史的基本发展规律，从而促进新的设计观念的产生则是我们从事设计史教学的重要任务"；全书在教学内容的编排上，"介绍史前

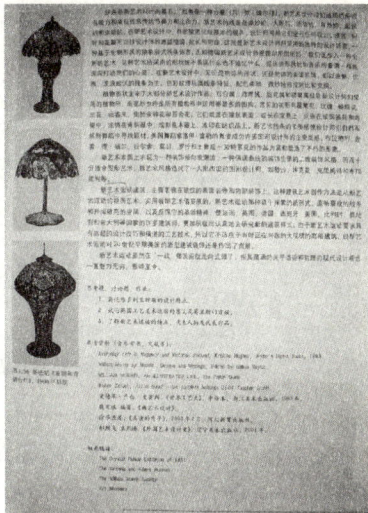

图20 艾红华著《西方设计史》内页，2007 年中国建筑工业出版社出版。从图中可以看出，每章附录由三部分组成，即思考题、讨论题、作业；参考资料（含参考书、文献等）；相关链接。教材体例较为新颖。

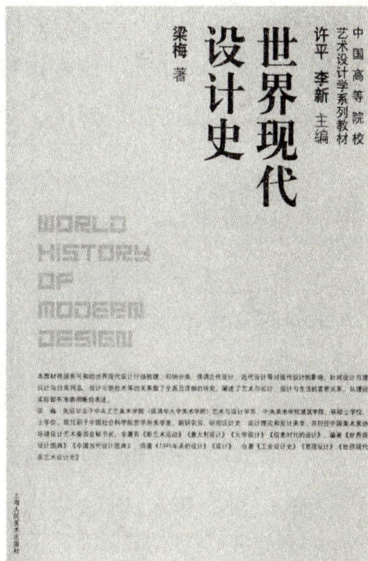

图21 梁梅著《世界现代设计史》，2009年上海人民美术出版社出版。

图22 荆雷、宋玉立著《中外设计简史》，2009年上海人民美术出版社出版。教学适用对象设为：艺术设计本专科通用基础教材。

图23 荆雷、宋玉立著《中外设计简史》，封底标注：本教材适用于艺术设计专业基础课程，约36—42课时使用。

设计艺术、各文明圈的设计艺术、手工业时代鼎盛期的设计艺术、工业革命早期的设计艺术、新的设计评价体系的完善、后工业时期的设计艺术六个时期的中外设计史"。从标题上，还可看到一个时期内设计艺术的总的特点和重要成就，一个设计门类或特点的发展特征。即第一章从利用到创造——史前设计艺术、第二章纷呈的源流——各文明圈的设计艺术、第三章象征与回归——手工业时代鼎盛期的设计艺术、第四章折衷中的酝酿——工业革命早期的设计艺术、第五章破坏与重建——新的设计评价体系的完善、第六章走向多元——后工业时期的设计艺术。这种教材编写体例，把"现代设计史"与"中国设计史"合理结合，把"中国设计史"放入设计史的纷呈的源流中。但略显不足的是，每一章后面没有思考题，没有相关知识链接，只在最后提供了两套高校《中外设计史》试题。

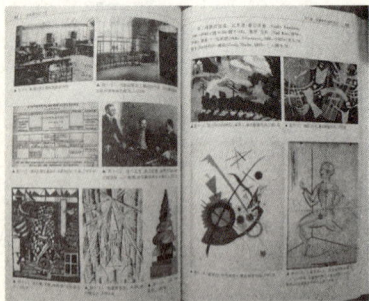

图24 张夫也著《外国现代设计史》内页，教材中力图使用一些新的资讯和材料。

张夫也编著的《外国现代设计史》于2009年7月由高等教育出版社出版，该书是"Art Design新思维设计系列教材"之一。该教材最大的特点是力图使用一些新的资讯和材料（图24），展示各时期、各地区、各民族设计风格和发展状况的图景，但叙述过于简明扼要，在历史分期上没有鲜明的特点。

以上教材，在探索历史分期上，多以技术和西方工业发展为坐标进行分期，缺少新意。

关于20世纪60年代以来我国高校艺术设计专业"设计史"教材编撰状况及特点，远非上述列举的内容所能涵盖。"设计史"的教材，除了上述这些，还有不少糅合中国设计史和现代设计史的内容，命名为"中外设计简史"、"艺术设计史"、"设计艺术史"的教材。限于本文篇幅，只能选取笔者已掌握的相对典型的教材实例进行论述。其中存在着许多偏颇之处，但也说明了这一时期教材编撰的某些状况：一是在设计教育课程结构呈现出多元化的格局中，关于"设计史"的教材编撰，诸多前辈学人作出了有价值的探索；二是随着学科设置的不断扩展，"设计史"教材更加细化，包括中国设计史、外国设计史、世界设计史、现代设计史、工业设计史以及诸多直接产生于我国从工艺美术到设计艺术观念变革背景中的设计门类史，如室内设计史、景观设计史、书籍设计史、平面设计史、视觉传达设计史、中国传统器具设计史等（详见本文附录）；三是国内"设计史"教材编撰以通史体例为主，但在教材体例上存在诸多不规范的问题。

总之，这一时期的"设计史"教材编撰处在多变和探索的发展过程中，亦有很多不容忽视的问题。在下一章中，笔者将对这些问题进行揭示。

三、"设计史"教材编撰中的存在问题及问题缘由

在上一章的论述中，笔者结合相对典型教材版本的体例，按照出版发行的时间顺序，对其相应的教材体例做了一定的梳理。从"设计史"教材的出版状况来看，多管齐下数量多，但教材质量良莠不齐，也缺少让大家喜爱的精品教材。① 笔者在与许多设计史论教师的交流中，大家亦谈及虽然"设计史"教材非常多，但要找到一本适合自己学校的，非常难。在本章中，笔者尝试从史学体系、历史分期方法、知识要点、教材规范、教材审定制度等环节来揭示"设计史"教材编撰中存在的问题，并对问题存在的缘由作出一定的分析，以利于提出对存在问题进行改善的针对性建议。

（一）"设计史"教材编撰中的存在问题

1. 史学体系不够完善，历史分期方法雷同

设计史作为专门史，它仍脱离不了宏观历史的叙事方式，其治学角度也应符合史学的一般要求。但是，设计史摆脱不掉的一项重要任务就是帮助设计界提升对设计的认识。因此设计史也就不能没有对历史案例的解读和判断，仅仅罗列设计现象和设计成果，介绍社会上层的设计、精英设计，是远远不够的。仅就西方设计史为来说，西方设计史的研究重点，已经从主要讨论设计师、设计风格和审美意义，转向了对日常生活的结构、消费者及用户行为等更为广阔领域的研究。在造物层面的深入解析应成为设计史的显著特点。以此为基础，才能铺垫出一个有助于思考和理解的知识系统。这样理解反思现实中我们自己的"设计史"教材编撰，就能发现诸多问题。在有关"设计史"的众多教材中，一个最显著的问题就是史学体系不够完善，历史分期方法雷同。

---

① 笔者在国家教育部网站上检索关于"设计史"的精品教材，几乎难觅踪影。

史学，亦称"历史学"，是研究历史的学问。对于较完善的史学体系来说，应包含这几个层面："①史料研究，主要是对历史资料和历史文献进行整理、辨识、考证和编纂。②基础研究，从对历史人物和历史事件的微观考察，到对社会发展的宏观探索；从对具体历史实体的定量、定性、定向分析，到对几个历史系统的横向比较鉴别。③应用研究，侧重于探讨历史与现实相结合、历史为社会服务，往往与其他学科相结合，构成历史科学的'边缘科目'。④理论研究，着重在历史研究的方法和手段，吸收传统史学理论的精髓，借助现代史学方法和科学方法的津梁。⑤发展研究，从历史学本身的变化和发展去追踪历史学的发展趋势，包括追溯历史学经历轨迹的史学史，研究史学未来趋势的未来史学。上述五个由低到高的研究层次互相影响、联系、作用，共同组成一个有机的历史科学体系，将使历史研究各个层次之间的辩证关系得以理顺。"[①]

设计史作为人类历史的一个重要组成部分，应该参照史学体系，建立自己比较完善的史学体系。但据笔者对"设计史"版本初步的统计和研究，从1961年至2009年间，我国出现了近一百本"设计史"，其中以本土作者编写的教材为主，教材是这些版本的主要模式。如果具体分析起来，设计史学体系的现状并不乐观，这里面多数是史料的整理、知识的介绍。此外，高校招生扩招和教育产业化的需求刺激，还有不少教材是东拼西凑、陈陈相因抄来抄去的应时之作。从"设计史"教材的出版状况来看，数量很多，但教材质量良莠不齐，也缺少让大家喜闻乐见的精品教材。

仅就历史学科体系的第一个层次——史料研究来说，我国关于设计的各类史料和史籍浩如烟海，极需系统整理，这是不容忽视的历史研究的基础工作。但是，我国20世纪80年代以来的中国工艺美术史、中国设计史，在史料的使用上，存在一个很大的误区，就是将出土文物资料与实物资料等同。"因为出土文物不是实物史料的全部，如果仅凭出土文物来研究中国设计的历史，那么只能写成《墓葬设计史》；如果将出土文物与历史文献史料对照研究来写中国设计史，只能写成《宫廷设计史》。"[②] 笔者几年前做农具的调研时，曾经搜集到山东潍坊地区祖辈们吟诵的一部《庄户杂字》，"共474句，每句5字，共2370个字，篇幅不长，内容却十分丰富，它是把春耕、夏耘、秋收、冬藏一桩桩农事接着写的，中间也写到饮食起居，男婚女嫁，有的还写出了事情的简单情节，相当生动。"某种程度上说，它按照春夏秋冬的季节变换来揭示与广大民众的衣食住行用密切相关的生活器具以及过日子的主张，堪称一部鲜活灵动的"生活设

---

① 阳晓天：《建立新的史学研究体系》，《求索》1989年第6期。
② 李立新：《设计史研究的方法论转向——去田野中寻找生活的设计历史》，《南京艺术学院学报（美术与设计版）》2010年第1期。

计史"。① 遗憾的是，我们目前的设计史，与现实生活世界分裂，是精英的设计史，是社会上层的设计史。目前，艺术设计专业是社会的热门专业，学科名称的转换，理应让人们获得新的理解，用新的方法来研究设计史，应在此基础上建立比较完善的史学体系。

从历史分期方法来说，"历史分期是历史学者使用的一种研究方法或研究手段，那么，由于各个学者的指导思想或者理解不一样，因此也就必然造成历史分期的差别。"②但从"设计史"教材的使用的历史分期来说，却是较为雷同，缺少新意。国内作者撰写的中国设计史倾向于以朝代更替作为分期，现代设计史倾向于以技术变革作为分期。虽然已有可取之处，但设计史的"历史分期方法一直都是研究中的难点所在。寻找一种或数种具有新意且更适合研究的历史分期法显得尤为重要"。③

2. 知识要点缺乏梳理，教材基本规范缺失

毋庸置疑，编写教材是发展高等艺术设计教育的重要举措。虽然大学更重视课程，更重视课程的理论、框架、结构、要素、目标及其发展，因而不以教材为本，不搞统编教材，但教材仍然是教学的主要媒体，是师生在教学活动中所依据的主要材料。教材的编写关系到课程和学科的培养目标，关系到核心知识、技能与经验的掌握，因而科学的总结过去，系统的规范现在，开放的迎接未来。是对教材的一般要求。在"设计史"的众多教材中，另一个显著的问题就是知识要点缺乏梳理，教材基本规范缺失。

迄今为止，不少高校教师撰写的设计史教材，其庞杂的脉络、浩繁的信息、混乱的结构、大量的案例和繁复的人名地名，机械地介绍设计的历史，常使人产生畏惧感，或因惧怕而失去兴趣，或有兴趣却理不出头绪，很难让人梳理出一条明晰的脉络。"在设计史内容的取舍和表述方法上，注重历史的再现与阐述，缺少对设计内在和外在规律的总结、提炼和对现实的借鉴、指导意义的梳理，导致教学内容枯燥。"④

作为课程实施过程中的重要环节，教材是体现教学内容和教学思想的知识载体，是进行教学的基本依据和基础保障。要上好一门课，选好教材是十分重要的。"就形式而言，教材一般包括以下几个部分：序言、绪论（绪论、章节的大纲、标题和综述等正文前的组成部分合称为先行组织者）、正文、习题、参考文献、索引、附录、对照表、符号表等。"⑤但是，国内许多高校或个人编写的设计史教材普遍不重视教材形式的设计，

---

① 笔者认为，出土文物不是实物资料的全部，它不过是很小一部分。还有大量非出土的器物，包括民间的各类生活用具、生产加工工具、各种设备、制作图谱及符本等等，甚至是一段回忆，祖祖辈辈口传心授的关于生活的主张，都可以为我们展现历史的真实情景。

② 许永璋：《论社会演变和历史分期——以世界史为例》，《新乡师范高等专科学校学报》2007 年第 1 期。

③ 乔监松：《近年来中国设计史教材述评》，《艺术与设计（理论版）》2009 年第 10 期。

④ 胡俊红：《现代设计史教育教学研究论丛》，合肥工业大学出版社 2008 年版，第 2 页。

⑤ 参见范印哲：《教材设计与编写》，高等教育出版社 1998 年版，第 448 页。

造成教材形式方面的不规范。以下图表是对 20 世纪 90 年代以来 23 本较有影响的"设计史"教材形式的分析统计。

20 世纪 90 年代以来 23 本"设计史"教材形式分析表

著者	教材名称	出版社及出版时间	先行组织者	图表	复习思考题	参考文献	索引	备注
朱铭 荆雷	设计史	山东美术出版社 1995 年版	√	√	○	√	○	设计家丛书，被不少高校列为教材
夏燕靖	中国艺术设计史	辽宁美术出版社 2001 年版	√	√	√	√		高等艺术院校教材
邬烈炎 袁熙旸	外国艺术设计史	辽宁美术出版社 2001 年版	√	√	√	√	○	高等艺术院校教材
陈瑞林	中国现代艺术设计史	湖南科学技术出版社 2002 年版	√	√	√	√	○	白马设计学丛书
王荔	中国设计思想发展简史	湖南科学技术出版社 2003 年版	√	√	√	√	○	白马设计学丛书
赵农	中国艺术设计史	陕西美术出版社 2004 年版	√	√	√	√	○	被不少高校选为教材
张晶	设计简史	重庆大学出版社 2004 年版	○	√	√	√	○	高等院校艺术设计专业丛书
门小勇	平面设计史	湖南大学出版社 2004 年版	√	√	√	√	○	高等院校设计艺术基础教材
吕锋 廉毅 闫英林	艺术设计史	辽宁美术出版社 2006 年版	√	√	√	√	○	中国高等院校美术设计教材
胡光华	中国设计史	中国建筑工业出版社 2007 年版	√	√	√	√	○	设计学院设计基础教材
艾红华	西方设计史	中国建筑工业出版社 2007 年版	√	√	√	√	○	设计学院设计基础教材
高丰	中国设计史	中国美术学院出版社 2008 年版	√	√	√	√	○	普通高等教育国家级重点教材 中国艺术教育大系
芦影 张国珍	设计史	中国传媒大学出版社 2008 年版	√	√	○	√		21 世纪创意与设计实用教材
吴明娣 袁粒	中国艺术设计简史	中国青年出版社 2008 年版	√	√	√	√		高等艺术院校设计基础理论推荐教材
傅克辉	中国设计艺术史	重庆大学出版社 2008 年版	√	√	√	√		设计艺术基础理论丛书
董占军	现代设计艺术史	高等教育出版社 2008 年版	√	√	√	√	○	普通高等教育"十一五"国家规划教材 设计专业创新系列教材
周瑞 范圣玺 吴端	设计艺术史	高等教育出版社 2008 年版	√	√	√	√	○	被不少高校选为教材
夏燕靖	中国设计史	上海人民美术出版社 2009 年版	√	√	√	√	○	中国高等院校艺术设计学系列教材
梁梅	世界现代设计史	上海人民美术出版社 2009 年版	√	√	√	√	○	中国高等院校艺术设计学系列教材
荆雷 宋玉立	中外设计简史	上海人民美术出版社 2009 年版	√	√	○	√	○	艺术设计专业本专科通用基础教材

（续表）

著者	教材名称	出版社及出版时间	先行组织者	图表	复习思考题	参考文献	索引	备注
陈瑞林	中国设计史	湖北美术出版社 2009 年版	√	√	√	√	○	高等艺术院校艺术设计学科专业教材
陈瑞林	西方设计史	湖北美术出版社 2009 年版	√	√	√	√	○	高等艺术院校艺术设计学科专业教材
张夫也	外国现代设计史	高等教育出版社 2009 年版	√	√	√	√	○	Art Design 新思维设计系列教材

表格资料来源：笔者根据相关书目整理而成，整理时间 2009 年 7 月。

可以看出，上表所列 23 本"设计史"教材中，只有夏燕靖、邬烈炎、袁熙旸、胡光华、艾红华、高丰、吴明娣、梁梅、陈瑞林、张夫也等先生编写的"设计史"教材有相对完整的教材形式，利于学生深化理解教材内容和进行延伸阅读。许多教材形式的不完整，极不利于对教材内容的全面理解与正确使用。

此外，还有不少教材所列的思考题，其实只是一堆名词概念和段落大意的汇编，是帮助学生生背教材的一种方式。

笔者认为，就"设计史"教材规范而言，既要介绍经过多年沉淀的、已经规范化的经典教学内容，同时也要注重创新，纳入新的科研成果和实验性的、探索性的内容，并配有新颖的图片，以体现教材的时代感。比如，每章后附带的内容，除了思考题、讨论题、作业，还应有参考资料，以及相关链接等，这些搜寻资料的快捷方式，必将赢得广大师生的喜爱，从而提高教材的使用率。毕竟，处在今天这样一个网络社会中，教材的编撰更应该科学地总结过去，系统地规范现在，开放地迎接未来。因而，编撰什么样呈现方式的、什么样结构的、创新性的"设计史"教材，还需要有与教学主题相应配套的图像及文本阐释的资源库作为学习的强大支持系统，有依托网络平台建立起的与不断推出的人文科学研究新成果紧密联系的纽带，从而使教材在动态中生成，而不仅仅是一种正式出版的文本。这种动态的、互动的、丰富的、立体的教材体系，必将极大地提升"设计史"教材质量，并进而提高设计史教学水平。

3. 教材版本缺乏审定，出版发行后缺乏勘误

"设计史"教材的编写，国家各级教育主管部门没有严格的审定机制，所以直接导致的一个严重问题就是教材版本缺乏审定，出版发行后缺乏勘误。

目前，只有一份教育部于 2001 年 3 月 6 日印发的《关于"十五"期间普通高等教育教材建设与改革的意见》的通知，里面提及教材的审定，但对"设计史"教材来说，还没有起到相应的作用。关于这一点，我们可以从 2005 年由某知名出版社出版的一本冠以"高等院校设计理论系列教材"名号的"现代设计史"得到印证。这套"高等院校设计理论系列教材"，该出版社对这套系列教材的定位很高，在推出时的宣传定位是"主

要围绕艺术设计类基础理论进行编写，完全按照国家教育部教学大纲要求制定选题和课程。在策划和组稿中，我社充分注意到编纂要把知识点和学习重点的论述和安排放在首位，同时，根据现代学生的阅读习惯，把教材的可读性和图版资料互动的形式结合起来，力争以最好的图书形态克服以往理论类图书呆板的面孔，使这套教材成为满足我们追求完美教学目的的帮手"。该设计史教材近年来也已经连续几次印刷。但据笔者不完全统计，已经发现了至少30处错误。在此，笔者初步梳理出该教材的一个勘误表，借此让我们看看教材审定并加强勘误的必要性与急迫性。

高校教材《西方现代艺术设计简史》的30处错误

（一）时间标注不一致

1. P16，第4行："1846年撰写的《现代画家》"，《现代画家》是约翰·拉斯金在1843年写的，也可以通过P17浅灰色方框约翰·拉斯金的简介中可以看出"1843年约翰·拉斯金因《现代画家》而成名"。

2. P45，右下角浅灰色方框高蒂的设计风格中"米拉公寓是高蒂的重要代表作之一，建于1905—1910年的巴塞罗那市。"而正文"米拉公寓"的图注却是1906—1910年。

3. P53，第11行"赫尔曼·穆特休斯（Herman Muthesius，1986—1927）"中时间错误，他出生于1861年，而不是1986年。

4. P56，第二段第2行"画家蒙德里安（Piet Mondrian，1912—1944）"，蒙德里安是在1872年在荷兰出生的，1944年去世，而不是在1912年出生。可以阅读P58。

5. P66，第15、16行："1902年比利时新艺术运动的著名代表人物凡·德·威尔德已经在德国的魏玛建立了一所实验性的工艺美术学校。"魏玛工艺美术学校是在1908年建立的，我们可以在P33第1行得知威尔德在1906年才前往德国，1908年把魏玛市立美术学校扩建成为魏玛工艺美术学校。

6. P77，倒数第1行"1950年包豪斯毕业的学生马克·比尔（Max Bill）在当时联邦德国的乌尔姆组建了'乌尔姆设计学院'"，乌尔姆设计学院是在1953年建立的而不是1950年，可以阅读P112第2段。

7. P89，倒数第二段第1行"1902年出生于英国伯雷斯的苏茜·库柏"与P89倒数第2行"1904年她被授予'英国皇家设计师'的荣誉"，从时间上看。她不可能两岁就获得这一荣誉。

8. P123，倒数第一段第1、2行"保罗·汉宁森（Poul Henningesn，1895—1967）"，保罗·汉宁森是在1894年出生的，不是1895年。

9. P123，左边最后一幅图"PH6吊灯设计"下面标注的设计时间1980年，因为这一设计早在1925年的巴黎国际博览会上，便作为与著名建筑师勒·柯布西耶的世纪性建筑"新精神馆"齐名的杰出设计而获得了金牌，并且至今仍是国际市场上的畅销产品。所以 PH6 吊灯不可能设计在 1980 年。

10. P143，第四段第 3、4 行"1959 年他与米斯·凡·德·罗合作设计的 38 层'西格莱姆大厦'"，米斯·凡·德·罗与菲利普·约翰逊是在 1958 年合作设计的西格莱姆大厦，而不是 1959 年，通过阅读 P107 图"西格莱姆大厦"可知西格莱姆大厦是在 1954 到 1958 年建的。

11. P143，第三段第 4 行"山崎实（Minoru Yamasaki，1931— ）"，山崎实生于 1912 年 12 月 1 日的美国西雅图，死于 1986 年 2 月 6 日。

（二）句子重复

12. P18，倒数第 1 行"红狮广场开设画室从事绘画创作。莫里斯为了给爱妻杰·巴婷结婚的新房购置"与 P19 第 1 行重复。

（三）人、物汉字不统一

13. P36，左边浅灰色方框彼得·贝伦斯的简介中第 4 行"现代主义建筑大师格罗皮乌斯、密斯·范·德·罗……"该书中基本都是用的格罗庇乌斯、米斯·凡·德·罗。

14. P37，右边浅灰色方框第 4 行"克里姆特……"该书其余地方都用克利姆特。

15. P44，倒数第 2 行"再次是巴塞罗那和高帝的家乡卡塔罗地区"，书中都用卡塔兰。

16. P78，第 1 行的包豪斯学生"马克·比尔（Max Bill）"与 P112 第 3 段第 1 行"马克斯·比尔（Max Bill）"不同，一般都用马克斯·比尔。

17. P83，第二段倒数第 3 行"法国第一位时装设计师保罗·布瓦列特（Paul Poriet）"与 P85 第 5、6 行"奠定法国时装设计地位的设计大师包罗·布丽列特"不同。

18. P98，第 5 行"研究出的新产品为卡迪拉克—拉萨勒"与 P98 左边第一个图标注的名称"凯迪拉克"字不同。

19. P100，第 1 行"哈里·厄尔"，书中都用哈利·厄尔。

20. P100，第 2 段"美国职业化的工业设计师亨利·德雷福斯（Henry Dreyfuss，1903—1972）"与 P100 第 5 行提到的"亨利·德莱佛斯"还有 P126 倒数第 3 行"美国设计师德雷夫斯……"名字不统一。

21. P109，倒数第 2 行"伴随着日本设计家善其事设计的普鲁伊特·艾格大厦的轰然倒塌，现代主义艺术设计消亡了"，书中 P50 倒数第二段用的是普鲁迪·爱戈住宅。

22. P116，第 7 行"埃托·索塔萨斯（Ettore Sottasass）"，该书其余地方都用爱托·索得萨斯。

23. P117，倒数第 2 行"奥利维迪公司"，书中都用奥利维蒂。

24. P136，图"AT&T 大厦"作者菲力普·约翰逊，书中都用菲利普·约翰逊。

25. P143，第 7 行"米歇尔·格雷夫斯（Michael Graves，1934——　）"，而在 P146 第 4 行翻译成了迈克·格雷夫斯。

（四）表述不清

26. P105，插图潘顿椅，标注"潘顿　美国米勒公司 1960 年"，而实际上，潘顿是丹麦有名的设计师，他授权美国米勒公司生产。文中也没有关于潘顿的知识链接，讲丹麦的设计时，也没有谈及潘顿本人。这样表述，很容易给学生造成误解。

27. P122，倒数第 1 段介绍了雅各布森，应该标注全名"阿恩·雅各布森"，因为时下也有一位知名设计师"汉斯·雅各布森"，他在 1998 年设计了 Gallery 系列凳子，其特点是不占空间，没有前后之分，可以跨坐，也可以拼成长椅使用。

28. P142，第 1 幅图"西格莱姆大厦"作者标明了菲利普·约翰逊，P107 第 2 幅图"西格莱姆大厦"标明了作者米斯·凡·德·罗，作者不统一，"西格莱姆大厦"是菲利普·约翰逊和米斯·凡·德·罗合作设计的，应统一标明一个作者或者两个都标。

（五）英文错误

29. P39，第 8、9 行"1895 年他出版了《现代建筑》（Modern Architektur）"中 Architektur 应写为 Architecture.

30. P139，第 2 节中第 9 行"格雷夫斯（Michael Groves，1934——　）"，格雷夫斯的英文名字应写为 Michael Graves.

毋庸置疑，虽然该教材根据现代学生的阅读习惯，把教材的可读性和图版资料互动的形式很好地结合起来，克服了以往理论类书籍呆板的面孔。但这些校对上的疏误，实在令人遗憾。当然，该教材并不是特例，还有很多教材存在这样那样的疏误，比如中南大学出版社 2008 年推出的丛书名为"高等院校艺术设计教育'十一五'规划教材"中的一本《世界现代艺术设计简史》，里面提及设计大师维尔德时，在"比利时的新艺术运动"一节，使用的人名是"亨利·凡·德·维尔德"；在"在德国工业联盟"一节，使用的人名却是两个，分别是"维尔德"和"范维尔德"，这绝对让学生一头雾水。这也在很大程度上映射了"设计史"教材审定环节的薄弱，这就启发我们在教材出版发行后要加强勘误。国内外不少优秀的文科教材，也是一版再版，但每一版都是不断加强勘误的过程，都是不断使用新材料的过程。看看国内外优秀的文科教材，对"设计史"教材的审定及勘误环节是一种莫大的启示。

（二）"设计史"教材编撰中存在问题的缘由

1. 简单套用美术史结构，缺乏针对性的史学探究

"设计史"教材编撰中存在问题的一个最重要的缘由，就是简单套用美术史结构，缺乏针对性的史学探究。

作为设计学的研究范围之一，设计史还是一个相当年轻的学科。对于设计史的研究只是近几十年的事情，设计史研究在世界上直到20世纪60年代才在英国成为独立科目，在中国更是一个新兴学科。"直到目前为止，设计史仍然被视作与美术史和建筑史有着最为密切的联系"，① 钱凤根曾在《设计史若干问题谈》一文中鲜明地指出："美术史模式下的美术家、风格、流派又转化为设计史对文化意义上的人物、风格和运动的关注。这在一定程度上造成了设计史与美术史混淆不清的状况，进一步造成设计史概念的含糊，进而影响到设计概念的清晰性。……美术史的时代风格模式进入设计史就演变成设计史的精英观。……以设计师设计作品为主导的设计史方法，实质上是美术史结构模式下的延伸，是对设计史发展的束缚。"② 简单套用美术史结构，这是"设计史"教材编撰存在问题的根本。

此外，我们可以看到不少"中国设计史"用划分工艺门类的方法撰写，把原来属于工艺美术各门类的陶瓷、青铜器、玉器、金银器、染织等，统统加以"设计艺术"的后缀，来套用工艺美术史的结构，这也难怪有人说"设计史不过是过去工艺美术史的翻版"。依托工艺史的材料、工艺技术研究等都无法真正完全表达设计的历史全貌。毕竟"设计史研究的对象既有工艺美术史所言的对象，因为它们同样是设计之物，但又不止于此，它需要从民生日用的各个方面进行观照：包含衣、食、住、行、用的各个层面、各造物品类。它既研究这些物类的造型和装饰，更注重其如何设计以及为何这样设计，其规律和启迪是什么。"③

国内高校的"设计史"教材，大多以历史发展为基本线索，在描述设计发展历程的同时，介绍各种设计学派、设计风格、著名设计师及其作品的特色以及设计发展的历史条件。比如，翻开现代设计史，它无非就是这样一个脉络：工艺美术运动——新艺术运动——装饰艺术运动——现代主义设计运动——包豪斯——战后西方各国设计的发展——波普设计运动——后现代主义设计。有的教材略有不同，新艺术运动之后安排的章节是现代主义设计运动，之后是装饰艺术运动。

历史，是记载和解释作为一系列人类活动进程的历史事件的一门学科，设计史也不例外，应是以往设计历程的总结，展示在人类文明的发展历程中，各个时期、各个地域典型性的设计现象是设计史教学的基础。但"这是平面的固化的历史知识，考验我们和需要我们做出反应的就是记忆，就是背诵，而不需要我们去思考，更不会导致我们去研究"。④ 可是，如果对各种设计现象不问为什么，不去探究这些设计现象背后由意识形

---

① 尹定邦：《设计学概论》，湖南科学技术出版社2004年版。

② 钱凤根：《设计史若干问题谈》，《汕头大学学报（人文社会科学版）》2006年第6期。

③ 李砚祖：《在设计史研究的正途上——〈中国设计史〉读后》，《装饰》2005年第9期。

④ 李砚祖：《设计史的意义与重写设计史》，《南京艺术学院学报（美术与设计版）》2008年第2期。

态、经济及技术条件等因素生成的深层原因，就不能全面地看待事物，进而缺乏通过现象整体来看待和分析问题的方法，这亦使生动的、发展的、多元的设计历史进程大多被程式化和平面化。设计史研究作为历史研究的一部分，整个史学的探究成果均值得我们借鉴。国内设计史教材很多，但"至今还没有一本书能够指导学生学习它或接近这一学科的"。① 设计史教材的作者多是出身于艺术类院校或是从美学、美术史等人文学科领域转行而来，普遍缺乏严格的社会科学学术训练。如果能通过"设计史"教材的编撰，使学生不仅掌握设计史的知识而且掌握研究方法，那就更好了。

另外有相当一部分"设计史"教材，是适应艺术设计专业招生扩招和高等教育产业化等社会热点现象而编著的。这是特殊的社会需求刺激的结果，所以除少量质量较高、具有一定的学术水平外，大部分是东拼西凑、陈陈相因抄来抄去的资料汇编之作。从学术研究角度看，并无多大的价值。

2. 教学目的不甚明确，工艺美术史与设计史混同

"设计史"教材编撰中存在问题的另一个重要缘由，就是教学目的不甚明确，工艺美术史与设计史混同。

从笔者收集的国内高校艺术设计专业"设计史"的教学资料来看，教学目的不甚明确，带有相当大的随意性。一般而言，教学目的有着更多更具体的内涵，对课程的实施具有直接的指导性意义，对教材的要求亦有相应的针对性。我们以《现代设计史》的三个精品课程为例，把教学目的摘录如下：

通过对《现代艺术设计史》的讲授，让学生系统掌握工业革命之后，传统手工业与机械化工业生产矛盾中诞生的现代工业设计的发展历程；结合艺术与技术以及艺术与生产之间关系的研究，探索工业革命之后各个国家和地区艺术设计发展的规律，以及时代和技术的变化对设计艺术理念和风格的影响。②

该课程是艺术设计开设的一门专业必修课。旨在建立对设计历史及各时期设计风格样式的了解与认识，激发对设计艺术学习的历史责任感，培养对设计艺术理论的认知与思考力，为专业学习奠定必要的理论基础。③

世界现代设计史课程是艺术设计学院专业基础课，是装潢专业、产品设计等专业必修，电脑美术、美术学等专业选修课程。课程设置的目的在于使学生掌握世界现代设计发展的历史、客观规律，了解现代设计领域的基本常识，培养学生扎实的学科背景和高超的鉴赏素养，并及时了解不断变化的经济脉搏和现代设计的发展趋势，增进学生素质

① 李砚祖：《设计史的意义与重写设计史》，《南京艺术学院学报（美术与设计版）》2008 年第 2 期。
② 山东工艺美术学院精品课程网：http://www.sdada.edu.cn/jpkc/xdys/kcjs.php。
③ 湖南工业大学精品课程网：http://zsb.hut.edu.cn/C62/jiaoxuedagang.html。

的全面发展，最终具备独立应用专业理论进行设计的能力。①

从上面可以看出，这三份教学文件的教学目的主要限于"掌握现代设计发展的线索"、"掌握规律"、"增加素养"，显得比较宽泛、笼统，也没有指明"设计史"作为艺术设计专业的基础理论课程的基础性作用。精品课程建设的核心是解决好课程内容建设问题，② 受到重视的精品课程 ③ 的教材建设如此，其他学校的情况如何呢？这也反映了教材编撰者对"设计史"的教学目的认识不清，从而没有对教材进行针对性的编撰。

虽然各个院校对"设计史"教学的态度和课时量安排并不一致，但在教学中都存在同一个问题，就是将课程分为理论课和专业课，人为造成理论课与专业课之间的鸿沟，这样导致"设计史"成为一门独立性很强的理论课程，而忽视了与其他课程的联结，忽视了它的基础性作用。所谓的基础性作用，是指"设计史"中的许多知识点是技法课程必须具备的，如果这些知识缺少，将导致这些课程难以很好地展开。这也是为什么"设计史"课程通常都开设在技法课程前面的原因。因此"设计史"对于设计各科目来说，是重要的预备知识，具有基础性作用。具体到"设计史"教学目的的拟定上，笔者认为应结合艺术设计本科专业的研究领域和所需知识结构，以及提高创新能力的需要来抓住那些构成设计学科体系必不可少的主要知识点和关键环节，充分体现加强设计学科基础知识的价值，重视艺术设计不同专业方向学生未来发展的综合需要，强调"设计史"课程对学生未来发展所具有的整体价值。当然学科内相关基础知识有前后衔接的，要合理安

---

① 景德镇陶瓷学院精品课程网：http://jpkj.jci.jx.cn/C25/kcms-2.htm。

② 《教育部关于加强高等学校本科教学工作提高教学质量的若干意见》（教高［2001］4号）出台后，各高校陆续建立各门类、专业的校、省、国家三级精品课程体系。精品课程建设是一项综合系统工程，其中包括六个方面内容：教学队伍建设、教学内容建设、教材建设、实验建设、机制建设以及教学方法和手段建设，实现优质教学资源共享等。精品课程建设的目的，是要倡导教学方法的改革和现代化教育技术手段的运用，鼓励使用优秀教材，提高实践教学质量，发挥学生的主动性和积极性，培养学生的科学探索精神和创新能力。精品课程建设的核心是解决好课程内容建设问题，而课程资源建成后的共享与应用是关键点和落脚点。（详见国家精品课程资源网）

③ 这些"设计史"的精品课程建设案例，分别是：

所在学校	"设计史"课程名称	负责人	备注
湖南大学设计艺术学院	工业设计史	何人可	国家级精品课程
清华大学	外国工艺美术史	张夫也	国家级精品课程
湖南工业大学包装设计艺术学院	现代设计史	朱和平	湖南省精品课程
湖南工业大学包装设计艺术学院	中国工艺美术史	朱和平	校级精品课程
山东工艺美术学院	现代设计艺术史	董占军	山东省精品课程
南京艺术学院	设计史	李立新	江苏省2006年二类精品课程
武汉理工大学艺术与设计学院	艺术设计史	杨先艺	校级精品课程
山东艺术学院	中外设计史	荆雷	校级精品课程
中国传媒大学广告学院艺术设计系	设计史	张国珍	校级精品课程
景德镇陶瓷学院	世界近代现代设计史	孔铮桢	校级精品课程

排，体现层次性、连续性，考虑到学生在校期间接受能力、自学能力、自主性和自觉性的逐步提高，在低年级阶段课程设置应较多安排设计通史课，致力于通过课程内容的合理性来发挥其整体性功能。使他们的知识体系变得更加丰厚，这样才能开阔视野，加深文化艺术修养，增强专业发展的后劲。

2009年8月教育部办公厅印发《全国普通高等学校美术学（教师教育）本科专业必修课程教学指导纲要》①，其中列出了《中国美术史》、《外国美术史》两门基础理论课程的教学指导纲要。遗憾的是，到现在也没有一份适合艺术设计专业的"设计史"大纲，现在一般是各学校自行编写，如果有国家指导性标准，教学目的会更明晰。

笔者曾于2008年5月8日去浙江金华参加了"全国高校美术史论和设计史论精品课程建设研讨会"，会议之余，与来自37所高校的30位设计史论一线教师作过交流，发现课程执教者对设计史的观念不甚相同，主要有两种观点：一是工艺美术统一论，认为古代部分只能视为"工艺美术"，工艺美术就是那个时候的确切形态，现代部分才能看作"设计"；二是设计统一论，认为工艺美术包括在设计之中，工艺美术实际上就是设计，因而，工艺美术史就是设计史。这一点，也体现在很多高校的课程设置实践上，古代部分只讲授工艺美术史，现代部分才讲授"现代设计史"。所以出版的相关论述，多以《工艺美术史》的名义出现。

需要指出的是，目前我国高校的设计史课程正处于这样的一个过渡时期，不同的观念带来不同的教材编撰，体现在教材内容的选取上，必然取向不一。其实，现在的设计史课程是在工艺美术史的基础上发展起来的，两者并没绝对的分界。但迄今为止，设计史所涉及的方向和学科内容显然要比以前的工艺美术史丰富和完善；历史教学和研究比工艺美术史更深入和全面；理论教学和研究比工艺美术更实用，也更贴近市场经济。这一点，诸葛铠先生在其专著《设计艺术学十讲》中对工艺美术学和设计艺术学已经做过深入的分析比对，其中在谈及两门学科的历史类教学与研究时，明确提出了设计史学科内容的拓展，即中国设计艺术史、中国现代设计艺术史、中国设计思想史、外国设计艺术史、中外设计比较、工业设计史、中外服装史、广告设计史、室内设计史等，这就启发我们要进一步明确教学目的，厘清工艺史与设计史。

3. 教材编写者专业水平参差不齐，对"设计"的史学观点不同

在"设计史"教材的编写中，毋庸置疑，教材编写者自身学养深浅不一，专业水平参差不齐，由此也带来"设计"的史学观点不同，这也是教材质量良莠不齐的一个重要缘由。

如高丰在编撰"普通高等教育国家级重点教材，中国艺术教育大系"之一《中国设计史》教材时，前后从事工艺美术和艺术设计理论与实践教学达30年之久，其间，亦

---

① 详见教育部网站。

得到不少名师指点，所以其《中国设计史》一发行，就是一本以全新视角，全面而有系统地讲述和研究中国设计的起源、生长、发展和演变的重要教材。作者从现代设计的理念，来重新认识和梳理中国造物艺术的历史；分析和研究的视角新颖独到，研究的作品遍及中国自人类起源以来所创作和使用的器物、织物和服饰，室内环境和家具、交通工具、书籍装帧、平面设计、商业设计等；论据扎实，自成体系且资料充分，图片丰富，具有较高的学术性和可读性。书中各章都附有思考题和参考书目。梁梅在编著《世界现代设计史》时，研究现代设计已近 20 年，并撰写过有关设计的断代史、国别史、地域史等。而有的"设计史"的成书时间却不到半年，有的甚至采用"一个主编加一帮研究生"的速成式写法。教材编写者自身专业水平参差不齐，自身学养深浅不一，必然导致史学观点不同，亦导致教材质量良莠不齐。

此外，国内不少高校在对"设计史"教学进行评估时，以有没有自编教材为重要参照标准，这也促进了"设计史"教材编撰的多管齐下，因而这也是教材质量良莠不齐的一个重要因素。

由以上分析可知，我国高校艺术设计专业"设计史"教材编撰的存在问题较多，造成问题的缘由也很多，这也是近年来影响"设计史"教材发展的一个重要原因，并且还有多种错综复杂的因素交织在一起，比如从教材编写者的功利目的来看，在以论文评职称和经济利益的导向下，不乏会有一些仓促成文、内容简单堆积、使用价值不高的教材出现。在从传统的工艺美术史转向现代意义上的设计史研究，是一个调整与积累的过程。在下面一章中，笔者尝试对"设计史"教材编撰方式的改进作出一点探索。

四、"设计史"教材编撰方式的改进探讨

对"设计史"教材存在的问题进行揭示及对问题缘由进行分析，有利于我们比较明确地提出问题解决的可能。在本章的论述中，笔者尝试从完善设计史教材的史学体系、规范设计史教材的编写体例、按照设计史规律丰富历史分期、严格教材编写与审定制度等层面，对完善"设计史"教材的编撰方式提出改善构想；并结合个案探索，在"设计史"教材内容的编排这个层面上提出自己的见解，借此抛砖引玉。

(一)"设计史"教材编撰方式的改善构想

1. 完善设计史教材的史学体系，规范设计史教材的编写体例

所谓体系，是若干有关事物或思想意识互相联系而构成的一个整体。设计史的任务之一是铺垫基础的知识体系，并告知价值判断的依据。王受之先生说过："我觉得在研究

设计问题的时候，特别需要有整体的历史观。我觉得，文科学生有三门课程是非学不可的：历史学、哲学、经济学，其中最重要的就是历史学。专业史具有两方面的基本特征，一是它的专业性特征，是关于该专业发展的历史；二是它的普遍性特征，它是人类历史、文明史的组成部分。因此，专业史与通史具有共性。如果把专业史的发展与社会史、政治史、经济史和技术史割裂开来，就事论事的对设计风格的改变、对各个时代设计师的个人探索作简单的描述，其结果必然是忽略了设计发展的核心、动力、背景，使设计发展看来是某些设计师个体探索的拼合，设计风格的出现仿佛是完全偶然的结果。"① 王受之先生这话虽然不是针对"设计史"教材编撰说的，但就此反观我们整体的"设计史"教材的史学体系，会发现有待进一步完善的地方。目前，国内"设计史"教材多以通史为主。通史当然重要，但是，研究绝不能主要仰仗它支撑，还必须有更细致的门类史、断代史。这样做的结果必然反过来促进通史的研究，使它的学术根基更强固，将它提升到一个新界面。在通史教材的基础上，我们应更加重视断代史、门类史的编撰，毕竟，设计通史与门类史、断代史之间存在着深刻的、广泛的关系，三者相辅相成，共同记载了设计的历史内容，对于我们更好地了解设计历史、认识设计历史起到非常重要的作用。

在中国当代设计史的教学中，主要有中国和外国设计史两个方面。就外国设计史教材而言，"其教材主要是由中国学者所编写，这些教材填补了我国设计史教材建设的空白，发挥了重要的作用。但我们亦可以看到，多数的教材主要还是资料的编辑，或西方同类著述不完整的转介。……但整体而言，大多设计史都还是以资料和知识的介绍为主。"② 因此，我们应完善"设计史"教材的史学体系，正确处理史学内部各个层次之间的关系、设计史与相邻学科的关系，以此为原则，"求得史料研究与理论研究、基础研究与应用研究、当前研究与发展研究相统一"。③

在教材编写的过程中，要按一定的体例加以编排。所谓体例，是指著作的编写格式

---

① 王受之：《中国设计教育批判》，载杭间：《设计史研究：设计与中国设计史研究年会》，上海书画出版社2007年版，第266页。

② 李砚祖：《设计史的意义与重写设计史》，《南京艺术学院学报（美术与设计版）》2008年第2期。

③ 参见阳晓天：《建立新的史学研究体系》，《求索》1989年第6期。这几个层面是①史料研究，主要是对历史资料和历史文献进行整理、辨识、考证和编纂。②基础研究，从对历史人物和历史事件的微观考察，到对社会发展的宏观探索；从对具体历史实体的定量、定性、定向分析，到对几个历史系统的横向比较鉴别。③应用研究，侧重于探讨历史与现实相结合、历史为社会服务，往往与其他学科相结合，构成历史科学的"边缘科目"。④理论研究，着重在历史研究的方法和手段，吸收传统史学理论的精髓，借助现代史学方法和科学方法的津梁。⑤发展研究，从历史学本身的变化和发展去追踪历史学的发展趋势，包括追溯历史学经历轨迹的史学史，研究史学未来趋势的未来史学。上述五个由低到高的研究层次互相影响、联系、作用，共同组成一个有机的历史科学体系，将使历史研究各个层次之间的辩证关系得以理顺。

或组织形式。"设计史"教材目前大体的编撰体例是类似于专著性质的教本和倾向于章节式的教本，但设计史教材缺乏的是单元主题式的"学本"，尤其是缺乏从研究性学习的高度来指导教学的教材，大多教材更像一本资料汇编。无论这些教材的课堂效果如何，这种体例使得这种缺乏问题意识的研究注定是难以深入的。鉴于此，教材的编写结构、思路、内容安排，应该更多地从学生自主学习的角度来考虑。既要保持教科书严密与理性的逻辑，又能够亲和学生的自主、自发学习的需要。如果有可能，应该从研究性学习的角度思考"设计史"教材的编写与呈现方式，从学术规范与使用方便的角度，规范教材的编写体例。这里，我们不妨看看优秀的文科教材是如何规范编写体例的，以便对"设计史"教材编写工作有所启示。

来自美国的《教育研究方法实用指南》中译本①，其作者是美国俄勒冈大学教育学院教授和犹他州立大学教授。本书英文版第 1 版于 20 世纪 80 年代在美国问世后，受到教师、教育管理人员和教育专业研究人员的广泛欢迎；随着时代发展，其内容也不断更新，本书为最新出版的英文版第 5 版中译本。该书除了"实用性，结构严谨，体系完整，概念清晰，内容丰富新颖，反映了当代教育研究方法的新成果"外，其规范的编写体例，有利于不同层次的学习者学习和实际操作，极具实用价值，这是它倍受欢迎的重要原因。本书在大的编写体例上由各章收录的文章、序言、目录以及自测题答案、附录、术语表、人名索引、主题索引组成。作者在序言中对本书的目标、本书新特点、本书的结构、建议使用的学习策略等做出解释与说明，具体到各章节，本书的每一章都以一段简短的描述性文字开始，在形式上用底纹加以装饰，随后是各章的学习目标和关键术语。在各章的正文之后，有如何设计研究计划的范例（第一章除外）、自测题、本章参考文献和后续学习材料。从序言中的这些详尽的有关该教材的使用说明可以看出，作者在体例上的高度规范性，利于学生学习与教师使用的方便，从而大大提升了教材编撰的含金量，并提高了教材使用的效率。

此外，来自英国和美国的两本"设计史"教学用书，与国内著述的"设计史"教材体例相比，显示了较大的创新性，值得我们借鉴。

来自英国的《设计史：学生用书》中译本（图25）于 2007 年 8 月由高等教育出版社出版。该书是

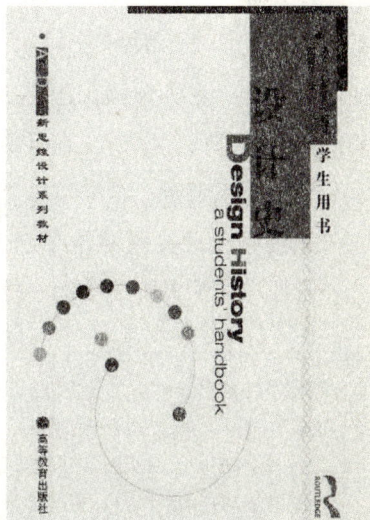

图 25 ［英］康威著《设计史：学生用书》，邹其昌译，2007 年由高等教育出版社出版。

---

① 参见 ［美］高尔等：《教育研究方法实用指南》，屈书杰等译，北京大学出版社 2007 年版。

"Art Design 新思维设计系列教材"之一，其内容包括设计史基础、服装与纺织品研究、陶瓷史、家具史、室内设计、工业设计、平面设计和环境设计，指出了本学科的研究范围、年代分期和不同学科的交叉性。案例研究则阐明了学习各领域的可能途径、问题的类型以及所能发现的缺陷。《设计史：学生用书》的重点主要在于对 20 世纪争论的各方面进行阐述，同时为各种潜在的问题提供一些线索。设计史是一个大学科，从《设计史：学生用书》每一章的标题可以看出它所涉及的领域之广阔。这种适合师生研读的体例，具有较大的借鉴意义。来自美国的大卫·瑞兹曼的《现代设计史》（图 26）中译本于 2007 年 12 月由中国人民大学出版社出版。此翻译本与我们本土撰写的现代设计史相比，具有较大的区别："一是关于现代设计源流的内容占了很大分量，二是从'时间'和'主题'出发组织材料。……以学术研究的审慎态度，对现代设计的源流进行了大篇幅的介绍和探讨。……作者没有迷失其中，也没有简单地罗列年代事件，而是很聪明地定下一个个主题，对各个设计师和改革家，作品和流派进行了介绍和讨论。设计和技术发展、生产消费、商业社会、大众心理的关系，就在这样的叙述框架中被一一拆解。"① 这种单元主题式的"学本"，让人耳目一新。

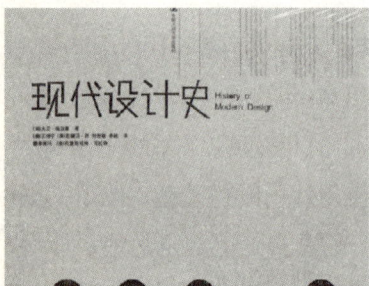

图 26 ［美］大卫·瑞兹曼著《现代设计史》，刘世敏译，中国人民大学出版社 2007 年 12 月出版。

需要指出是，自 2007 年以来，在不少知名院校的倡导下，出版社亦加强策划，已有 6 本"设计史"教材 ② 显示了在编撰上的创新性，它们在著述上更加符合教材规范，在内容编排上更为新颖，还突出了对术语概念、知识点、以及史料背景的阐述，使学生易于理解和掌握。同时，在各章节中列有知识链接和同步习题，从而更加接近学生的需求，利于学生自学，帮助学生加深印象。

2. 按照设计史规律丰富历史分期，促使教材编撰更科学客观

设计史作为人类历史的一个重要组成部分，是历史发展的载体和现象的呈现，它从

---

① 颜晓烨：《设计设计史》，《装饰》2008 年第 4 期。

② 这 6 本"设计史"教材分别是：

胡光华：《中国设计史》，中国建筑工业出版社 2007 年版（设计学院设计基础教材）。

艾红华：《西方设计史》，中国建筑工业出版社 2007 年版（设计学院设计基础教材）。

高丰：《中国设计史》，中国美术学院出版社 2008 年版（普通高等教育国家级重点教材　中国艺术教育大系）。

吴明娣、袁粒：《中国艺术设计简史》，中国青年出版社 2008 年版（高等艺术院校设计基础理论推荐教材）。

夏燕靖：《中国设计史》，上海人民美术出版社 2009 年版（中国高等院校艺术设计学系列教材）。

梁梅：《世界现代设计史》，上海人民美术出版社 2009 年版（中国高等院校艺术设计学系列教材）。

属于人类历史，但也有自己作为要素（如设计观念、设计思想、设计风格、设计手段以及相应的设计技巧、工艺等）的能动作用，有自己特定的领域和范畴，体现着与整个历史学科差异性的研究领域和范畴。荆雷按照这种差异性，把设计史的研究对象分为三个层次："第一，设计环境研究，研究各个不同时代背景、不同地域特色影响下的综合设计环境，其中界定并强调其决定作用的环境因素；第二，设计组织研究，这是与设计相关的人的因素的研究，包括不同设计环境下人的生活方式的研究，设计者、制造者、使用者以及相关团体、群体的组织结构和管理研究等方面。第三，设计物研究，研究设计物的系统特质及其产生、发展的规律，以及不同的设计物的设计原则、标准和风格特点。"①

目前，关于中国设计史的分期，大多像传统史学一样，按照朝代更迭分期，这有其合理的地方也有其局限性；国内编写的现代设计史，多按技术和生产方式或者风格流派分期。划分历史时期，是研究历史发展过程及其规律的方法。其目的是为了使整个历史发展过程的线索更加清晰，更能够说明问题。对于设计史来说，它有自己独特的发展规律。这些规律主要体现在：物质生活需要的推动，与文化的互相渗透、影响，与技术的互相促进，与审美观念的同步发展以及设计师的重要推动等方面。

虽然按朝代分期或技术变革分期有合理的地方，是分期的基础。但是，设计思想和设计风格的变化虽然与这些因素有着非常密切的关系，但还有起着决定作用的几个重要推动因素，这些因素中，或是政治的、经济的，或是技术性的、艺术性的，或是地理位置的好坏等等，还可能是综合其中的几个因素。这些决定因素也可以作为分期的重点和依据。

按照设计史规律丰富历史分期，实际上就是重写"设计史"的雏形，它提供给教材编撰更加科学和客观的认识基础。

3. 严格教材编写与审定制度，多方促进再版教材的后续完善

在20世纪80年代初的"全国高等院校工艺美术教学座谈会"上，庞薰琹曾感叹："大家不要抱太大希望，权作情况交流，因为大问题必须大解决，我们是解决不了的。"② 庞先生感叹的是当时特殊的社会条件和时代背景下，工艺美术教育混乱的管理体系带来的制约学科发展的大问题。在今天，面对"设计史"教材编撰的问题时，我们也有类似的感慨，我们的教材缺乏严格的编写与审定制度。打开国家教育部的网站，只检索到教育部于2001年3月6日印发的《关于"十五"期间普通高等教育教材建设与改革的意见》

① 参见荆雷：《以系统论的方式来研究并从事设计史教育》，载杭间主编：《设计史研究——设计与中国设计史研究年会》，上海书画出版社2007年版，第135—137页。
② 袁熙旸：《中国艺术设计教育发展历程研究》，北京理工大学出版社2003年版，第225页。

的一份通知。在这份通知中，推出七项主要措施①来促进高等教育教材的建设，其中涉及教材编写与审定的措施有两项，分别是"十五"期间各学科（专业）教学指导委员会的重点工作②，以及"建立监控机制，确保教材质量"③。但这两项措施过于宏观，是对所有学科的宏观指导。

时至今日，这项措施对"设计史"教材的编撰，更像是一种倡导，还没有产生预期中的广泛影响。因为，迄今为止，"设计史"教材也没有一个全国性的、指导性的教学大纲，这直接导致"设计史"教学目的不明确。而我国高校的艺术设计专业，除了设有艺术设计学专业的院校，担任设计史教学和研究的教师稍多一些外，一般都只有一位教师从事设计史教学，有很多还是兼职的。若能由教育部有关部门组织国内外专家、学者编写精品教材范本，并随时关注国内外设计史学的最新研究动态和取得的成果，定期对教材进行审查并修正，必将提高"设计史"教材的编写质量。

除了教材的编写者担负有对教材进行后续完善的责任外，教材的出版机构和教材的使用者，也有对教材进行指正和修改的重任。出版社在提升教材的出版质量方面也起着很重要的编审和把关作用，尤其是教材的责任编辑，更有指正的责任和义务。对教材的使用者——尤其是相关教师，更肩负有对教材作出建设性修改意见的重任，他们对于再版教材的完善起着十分重要的作用，这也是确保教材编写质量的一个重要方面。

综上所述，面对我国高校"设计史"教材编撰存在的问题，从完善设计史教材的史学体系，规范设计史教材的编写体例，按照设计史规律丰富历史分期，严格教材编写与审定制度等层面进行改善，具有较强的针对性。

（二）从教材到课程资源的构建："设计史"教材内容编排的个案探索

目前，各类学校纷纷开设了"设计史"课程。但在"设计史"课程的实际操作过程中，各类学校课程设置不一，教法不一，教材也多。笔者在此借助国家基础教育课程改

---

① 这七项主要措施是：（一）理顺关系，转变职能，强化对教材建设的宏观管理；（二）充分发挥高等学校在教材建设中的主体作用；（三）加强和改进各学科（专业）教学指导委员会的工作；（四）加强组织领导，加大资金投入；（五）实施教改立项，建立创新机制；（六）建立监控机制，确保教材质量；（七）落实有关政策，建立激励机制。

② 这些工作是 1.对高校的教材建设进行分类指导，及时向教育部及受委托主管部门提出加强教学和教材工作与改革的建议；2.继续深化面向新世纪教学内容和课程体系改革的研究，并在此基础上参与、指导新教材的编写与修订；3.协助教育部及受委托主管部门做好"十五"教材规划，积极开展对已出版教材的评介、评优和推荐工作；4.组织新课程、新教材的教师培训，提高教学水平，推广新教材。

③ 这些要求是：1.开展高等教育教材评介、选优质量指标体系与实施办法的研究，建立科学适用的教材质量评价体系，作为教材编审的主要依据。2.建立通过评审、择优确定主编的评聘制度和实行主编负责制。3.建立严格的审稿制度，聘请专家审稿。4.坚持教材评介、评优奖励制度，激励教师编写高质量教材。5.建立教材质量跟踪与信息反馈制度，定期检查教材的使用情况。

革中"课程资源"的概念，尝试从完善"设计史"课程群、"设计史"课程物质资源的开发和利用以及"设计史"课程人力资源的开发三个方面构建高校"设计史"教育中的课程资源①，进而合理地编排"设计史"教材内容，并对"设计史"教学进行有效性的探索。

1. 建立"设计史"课程群，发挥"设计史"课程的基础性作用

在历年修正教学大纲的过程中，针对我校艺术设计专业特点以及结合几年的教学实践体会，笔者通过协调、沟通，自 2007 年开始，我校把原来艺术设计专业的课程进一步调整。将原来必修的中国美术史与外国美术史共计 108 课时的课，调整为一门课"中外美术发展史"，共计 36 课时，并把它作为"设计艺术史"的前修课程；增加更加贴近专业的理论课"设计原理"54 课时，删减"艺术概论"课程；同时增设 64 课时的"论文写作与版式设计"选修课，作为"设计史"的后续课程。从徐州师大 07 级艺术设计本科专业的课程表中可以看出，"设计史"课程群的主要课程有中外美术史（36 课时）、设计艺术史（48 课时）、设计原理（54 课时）、论文写作与版式设计（64 课时）等。如此一来，在"设计史"课程群里共计有 202 课时的课程，这就从大的方向上明确了"教什么比怎么教更重要"的问题。

通过三年的教学实践，笔者发现这样调整后，有利于学生对"设计史"知识更好的运用，从而更有利于发挥"设计史"课程的基础性作用。

2. "设计史"课程物质资源的开发和利用

（1）"设计史"教材的再度开发。

要上好一门课，首先要选好教材。然而从编撰类型上看，设计史论教材目前大都是：类似于专著性质的教本和倾向于章节式的教本。笔者曾经先后用过不同版本的"设计史"教材，发现仅靠教材无法真正满足教学的需要。

这就要求教师对"设计史"教材进行"再度开发"，为学生提供有结构的教材。要能够使学生成为教材的参与者，而不是旁观者。这里不妨将研究的视线转向国外的优秀教材，看看国外的文科教材是如何编排的，以便我们对教材的再度开发有所启示。

艾尔·巴比编写的《社会学研究方法》初版于 1979 年，后不断修订补充，现在呈现给读者的已是该书的第十版了，是美国高校社会学通用的经典教材。该书除了"清楚、易读的写作方式"令作者感到自豪并受到表扬外，形式的规范与编排的新颖也是它倍受欢迎的重要原因。作者在第十版的前言中除了对内容的更新与修订做出必要的解释与说明外，还不厌其烦地一一说明了该教材"更适合于教学——各种要素相当协调"的特色。

---

① 该观点从刘良华的"教师怎样开发和利用课程资源"一文得到启发。刘良华在该文中，从"课程物质资源的开发和利用"以及"课程人力资源的开发"两个大的方面进行了论述，给予笔者莫大的启发。参见余文森等主编：《关注资源、学科与课堂的统整》，华东师范大学出版社 2005 年版，第 28—35 页。

从《社会研究方法》前言中的详尽的有关该教材的使用说明可以看出，作者在体例安排方面尽量考虑到学生学习与教师使用的方便，以提高教材使用的效率。纵观国内"设计史"教材，这种优秀文科教材的编写体例较为缺乏。

（2）"设计史"课程的"媒体资源"。

网络资源和影视资源可以合称为"媒体资源"。除教材资源之外，我们尚需要根据教学的需要，从网络资料、影视资料或利用现代教育技术开发有价值的课程与教学资源。笔者注意到：《教育部关于加强高等学校本科教学工作提高教学质量的若干意见》（教高［2001］4号）出台后，各高校陆续建立各门类、专业的校、省、国家三级精品课程体系。精品课程建设是一项综合系统工程，其中包括六个方面内容：教学队伍建设、教学内容建设、教材建设、实验建设、机制建设以及教学方法和手段建设，实现优质教学资源共享等。精品课程建设的目的，是要倡导教学方法的改革和现代化教育技术手段的运用，鼓励使用优秀教材，提高实践教学质量，发挥学生的主动性和积极性，培养学生的科学探索精神和创新能力。精品课程建设的核心是解决好课程内容建设问题，而课程资源建成后的共享与应用是关键点和落脚点（详见国家精品课程资源网）。就"设计史"课程来说，目前的精品课程资源已有10个（详见注释72）。这些精品课程资源，有利于各高校间更好的选用"设计史"教材，亦是我们进行"设计史"教学的重要参照。

除此之外，师生还可以互相推荐优秀影像资料，借用动态资料对设计作品进行全方位的观察与认识。通过几年的努力，笔者积累了三个方面的影像资料：第一类是经典电影，虽然没有以设计为主题的电影，但电影中却无处不见设计的身影，我们可以在古代题材的影片如《埃及艳后》、《木乃伊归来》观摩服装、建筑与生活方式，可以在科幻片如《后天》、《博物馆之夜》思考设计师的素质，可以在各种影片如《撒哈拉》、《西雅图不眠夜》、《肖申克的救赎》中看经典的工具、家具、时装、汽车及属于一个时代的生活景象。第二类是与专业有关的教学片，如《学徒》、Discovery的节目。第三类是优秀设计网站及设计师访谈，如我们找到了"国内最新整理最全设计类网站地址"。笔者课堂上推荐的影像资料以及欣赏要求，比单纯的推荐参考书目更受学生欢迎，不少学生还建立了自己的设计素材资料库。

（3）"设计史"课程的"社会资源"。

授课期间，笔者经常带学生参观徐州博物馆、徐州汉画像石艺术馆、淮海战役纪念馆、龟山汉墓、狮子山楚王陵、徐州市艺术馆、徐州民俗博物馆等，带领学生参观徐州的家具卖场等等。特别是博物馆免费开放以后，笔者鼓励学生去博物馆做志愿者，运用学习的理论知识导览解说，参与文物收集、评鉴与保护、修复，参与展览制作与对外宣传等等。这也是设计史论课程中重要的实践教学环节。当然，对"社会资源"的运用要因地制宜，根据学校所在城市和地域的特点选择适当的资源。

3."设计史"课程人力资源的开发

具体来说，"设计史"课程人力资源的开发和利用至少可以从三个方面来考虑：一是学生的"主动学习"；二是教师的"主动学习"；三是通过教师和学生的"互动教学"来不断生成瞬时性的、不可重复的课程资源。

（1）艺术设计专业学生是重要的课程资源。

"课程人力资源"的开发和利用的途径之一是"学生主动学习"。当我们说"学生是重要的课程资源"时，除了认定学生已有的知识结构和人格品质是课程资源外，还意味着教师需要引导、促进、激励和唤醒学生的"主动性"。学生的"主动性"是一块等待开发的富矿；学生的"主动性"是学生学习乃至整个教学活动的"发动机"。

笔者把"设计艺术史"课程分成三类。① 主干是"设计艺术史"的通史的讲授课程。配合"设计艺术史"课程讲授还有两种课程，一种是研究性的课程，设有专题（学生亦可自拟题目），学生自愿组合，每组四人左右，届时每组挑选一人用课件形式面向全班讲述。这种课程与徐州师大的"学生科研课题立项"相联系，使学生理论联系实际，深入学习。还有一种是研究辅助课程。大课讲授问题，研究课程解决课题中的部分，辅助课程训练研究方法。三种课程相互补充。"设计艺术史"课程满足作为大学课程的一般需要，也满足了专业性的特殊需要，既照顾到大学生素质教育，又让专业学生可以根据专业要求和个人能力有深入发展的机会。对于有特别兴趣和专业需要的学生，可以通过研究性和辅助性课程，得到深入的学习和研究机会。为避免学生因对艺术感性一面的沉迷而陷入片面和偏执，在"设计艺术史"课程教学中，笔者一方面注意提高学生的设计艺术欣赏能力、促进学生对设计艺术精神内涵的理解，另一方面特别注重对学生的科学与理性思维的培养。这是通过朱青生的《十九札》和夏燕靖的《艺术设计专业毕业论文写作与答辩教程》两书来实现的。这两书被列为"设计艺术史"课程的基本补充教材，学生被要求自己阅读此书，并按书中所讲方法完成作业，从而训练了学生科学严谨的思维习惯，在一定程度上磨砺学术能力。这种安排也使学生的学习很自然就与后续课程"论文写作"有机链接在一起，加强了课程之间的有机联系。

（2）"设计史"主讲教师是重要的课程资源。

"教师学习"是重要的，教师自身能够开发出丰富而广阔的"课程资源"。现在，新

---

① 该观点从北京大学"艺术史"课程的授课安排得到启发。"艺术史"是一门在北大最受学生欢迎的通选课，该课程是由一系列的课程组合而成，其中分成三类。主干是艺术史的主要时段的讲授课程。配合艺术史讲授还有二种课程，一种是研究性的课程（Seminar），设有专题，参加者每人都要做口头报告和学期论文。这种课程有时与实际科研课题相联系，使学生理论联系实际，深入学习。还有一种是研究辅助课程。大课讲授问题，研究课程解决课题中的部分，辅助课程训练研究技术和专项实验。三种课程相互补充，"艺术史"满足作为大学课程的一般需要，也满足了专业性的特殊需要，既照顾到大学生素质教育，又让专业学生可以根据专业要求和个人能力有深入发展的机会。

学问层出不穷。每天都有来自设计教育的前沿理论和实践的最新成果。检验新的教学方法，不断校正教学内容，汲取设计教育的前沿理论和实践的最新成果应该成为任课教师每天的功课。

（3）在"师生互动"中生成课程资源。

在真实的课堂教学过程中，教师自身所蕴含的课程资源和学生自身所蕴含的课程资源只有"师生互动"的过程中，才能充分地显示出来。大量课程资源往往就在"互动教学"的过程中不断涌现和生成。它具有瞬时性、不可预料性和不可重复性，因而显得宝贵而有意义。笔者曾经尝试过以下几个做法。

一是对讲授课程设置问题，引导学生主动参与，激活学习状态。在教师主导传授的教学中，教师精心设计的问题，就像是一条导向目的答案的线索，解决问题是为学科知识的巩固而服务的。问题始终是知识组织的缘由、依据和核心。如在讲解1914年科隆论战时，针对论战的焦点产品的标准化问题，设置一个问题：在日常生活中寻找五件因标准化设计而使用方便的物品和五件因非标准化设计而使用不便的物品，并作评论，不少于600字。① 部分善于思考的同学，其回答让人眼前一亮：生活中既存在因标准化设计而使用不便的物品，也有因非标准化设计而使用方便的物品。所以判断设计的好坏，标准化并不是标准，设计史上的科隆论战有其特殊的历史条件，在信息时代，对设计的评判不能一概而论。这样学生就提高了多角度思考和分析问题的能力并懂得了深层的东西：要以客观的眼光看待历史的"经典"，这也是大学学习中应有的一种批判精神。当然，笔者也适时设有更综合的问题让学生思考，如结合150余年来，世界设计发展演变的脉络，谈谈设计标准评判体系的演变；在设计流变的节点上，最主要的因素有哪些？谈谈你所理解的影响现代设计的几个西方画家，1—2人即可，等等。这就要求学生对设计艺术史的学习不仅要记得牢，更要学得通，通过自己的思维加工将分散的知识点串联成一张知识网，把课堂与书面知识内化为自己的知识。

二是对讲授课程，避免照本宣科，以新的视角诠释设计艺术史的有关内容。如讲流线型设计时（当时采用的教材是董占军的《西方现代设计艺术史》），书中图例并未出现美国1959年的凯迪拉克轿车，笔者结合其他资料，让学生留意车身上的符号——"从飞机身上偷记号"来满足那个对速度充满幻想的消费时代，并提到猫王和他孝敬母亲的粉红色的凯迪拉克，还借此展示了产品设计中的一个重要现象——形式化功能②，即通过产品的形态和结构表达出来，给人以功能上的心理预期，实际上并不发挥作用。例

---

① 该思考题参见孙海燕：《设计史课程启发性教学的探索与实践》，载《设计教育研究》，江苏美术出版社2005年版，第86页。

② 关于形式化功能的表述，参见黄厚石、孙海燕：《设计原理》东南大学出版社2005年版，第88页。

如：埃菲尔铁塔的拱券，没什么用处，却让人觉得更加稳固。学生兴趣高涨，仔细记录笔记，唯恐错过。

三是对研究性课程和辅助研究课程，笔者特别指出的是，并不是只有理论研究性质的，还有在相关理论的指导下需要学生亲身去设计体验的。如讲到"瓦西里椅"以及意大利反叛设计时，适时加入实践性课题——将设计史上已有的著名作品重新设计为新的作品①。同时列举杭州宋城、延安大学窑洞群与杨家岭石窑宾馆、俞孔坚主设计的歧江公园、某明星的脏裤子与军旗装引发的事件等案例，结合大量图片，深入阐述了面对设计资源我们应有的态度以及设计师的素质。这一课题与图片，设计艺术史上并没有，但学生反响特别好，甚至说学理论非常有意思。

四是笔者通过多渠道与学生随时交流，鼓励学生在课堂外利用数码相机、DV 等在更广阔的天地里寻找身边的设计，培养在生活中发现设计问题的意识，课堂内外教学相结合。如有同学关注了南京新街口"时尚莱迪"的店面设计个性，并在担心每过一段时间就开始的装修所造成的铺张与浪费以及难以避免的地下商场通风设施不健全问题。笔者鼓励该生从"设计方法与系统设计研究"和"设计伦理"的角度，查找资料，深入做下去。

美国教育学家曾提出"整合教育"的概念，即从传统的强调课堂内教学，转变为强调在课堂内学习与在课堂外学习相统一，目的是将学生结构化学习与非结构化学习整合起来，让本科生在各种场所、通过不同形式，向社会学习，向有着不同文化背景与经历的人学习，一起作为探索者参与设计艺术类专业教学。② 从这种意义上来说，有效教学意味着"为学生提供丰富而有价值的课程资源"。在"设计史"教学构建"课程资源"的探索中，师生学习的主动性大大加强，教师可以帮助学生形成具有独特视角的研究领域，扩大对设计课程更深层次的探索，并对学生进行一定的学术规范的训练，学生的创新精神也得以发挥。笔者认为，"设计史"课程由教材扩展为课程资源，并进行设计史课程资源的深化研究，不仅是一种值得探讨的教学方法，对于创造性地实施设计史教育也具有重要的意义，特别是为不断改进现实中的教育教学行为提供了新的思路，这也是对设计基础理论教育研究的需要。因此我们应该重视设计史课程资源的开发和利用，不断强化设计史课程资源的意识和能力。借此抛砖引玉，请专家多多指教。

---

① 该实践性课题参见黄厚石、孙海燕：《设计原理》，东南大学出版社 2005 年版，第 283 页。
② 参见潘鲁生：《假期课堂探讨——关于设计艺术专业"假期课堂"教学的构想》，《设计教育研究》2005年第 3 期。

结　论

通过对"设计史"教材编撰的研究可以看出，我国的"设计史"教材编撰工作尚处在探索和发展过程之中，虽然取得了一定的成果，但在史学体系、历史分期方法、知识要点梳理、教材基本规范、教材版本审定等方面存在诸多的问题。因此设计史教材编撰还需做更多基础工作，不仅要在史料收集上多下功夫，也要完善设计史教材的史学体系，规范设计史教材的编写体例，按照设计史规律丰富历史分期，严格教材编写与审定制度。归纳而言，有以下几点值得着重探讨：

第一，"设计史"教材编撰的适应层次。我国高校艺术设计专业办学层次多，主要有三类：一类是"教学研究型"院校，另一类是"教学实践型"院校，还有一类是高等职业技术学院。面对这种不同的教学层次，"设计史"教材的撰写，从教材使用者的角度来看，也应该有层次性，以满足不同学生的实际需要。

第二，"设计史"教材编撰的体例。在教材编写的过程中，要按一定的体例加以编排。"设计史"教材目前大体的编撰体例是类似于专著性质的教本和倾向于章节式的教本，但设计史教材缺乏的是单元主题式的"学本"，尤其是缺乏从研究性学习的高度来指导教学的教材，大多教材更像一本资料汇编。无论这些教材的课堂效果如何，这种体例使得这种缺乏问题意识的研究注定是难以深入的。鉴于此，教材的编写结构、思路、内容安排，应该多向更为优秀的文科教材学习，更多地从学生自主学习的角度来考虑。既要保持教科书严密与理性的逻辑，又能够亲和学生的自主、自发学习的需要。如果有可能，应该从研究性学习的角度思考"设计史"教材的编写与呈现方式，从学术规范与使用方便的角度，规范教材的编写体例。

第三，"设计史"教材编撰中对史料的选取与解读。面对丰富的史料，用艺术设计的眼光来重新审视，选取符合艺术设计自身发展规律的史料进行教材的构建，形成具有独特视觉的研究线索，并进而阐明设计与当时的文化、经济、科技的关系等诸多有意义的问题，特别是撰写与生活密切相关的、鲜活灵动的"生活设计史"，是一项复古鼎新的学术课题。笔者认为，出土文物不是实物资料的全部，它不过是很小一部分。还有大量非出土的器物，包括民间的各类生活用具、生产加工工具、各种设备、制作图谱及符本等等，甚至是一段回忆，祖祖辈辈口传心授的关于生活的主张，都可以为我们展现历史的真实情景。

第四，"设计史"教材编撰要体现出教学思想与教学方法。要上好一门课，首先要选好教材。教材是体现教学内容和教学思想的知识载体，是进行教学的基本依据和基础保障。所以要随着教学课程体系改革、专业学科更新而不断形成较为成熟的教学成果。

就教材规范而言，既要介绍经过多年沉淀的、已经规范化的经典教学内容，同时也要注重创新，纳入新的科研成果和实验性的、探索性的内容，并配有新颖的图片，以体现教材的时代感。比如，每章后附带的内容，除了思考题、讨论题、作业，还应有参考资料，以及相关链接等，这些搜寻资料的快捷方式，必将赢得广大师生的喜爱，从而提高教材的使用率。

毋庸置疑，编写教材是发展高等艺术设计教育的重要举措。虽然大学更重视课程，更重视课程的理论、框架、结构、要素、目标及其发展，因而不以教材为本，不搞统编教材，但教材仍然是教学的主要媒体，是师生在教学活动中所依据的主要材料。教材的编写关系到课程和学科的培养目标，关系到核心知识、技能与经验的掌握，因而要科学地总结过去，系统地规范现在，开放地迎接未来。只有从多角度关注"设计史"教材编撰，才能从整体上推进"设计史"教材发展，并进而推进设计史精品课程建设，推进学科建设的发展。

由于笔者学养有限，本文的研究总体上处于探索和学习的阶段，虽然对教材编撰中存在的问题进行了揭示，并对问题的解决做出了一定的探索，但是笔者的理论视野还不够开阔，也未能结合"建筑史"、"技术史"、"美术史"等更为相关领域的写作作为参照，故缺乏深入分析下去的篇幅。在此期望得到评审专家诸多的指教，以期在今后的教学实践中进一步修正和完善。

附录：我国高校"设计史"教材统计（1961—2009）

教材的定义有广义和狭义之分，广义的教材概念泛指教师用于教学的所有材料，包括教学大纲、讲授提纲、教科书、教学参考书、指定的书目等；狭义的教材概念是指教科书。本文正文所讨论的教材，主要是指狭义的教材概念，是指教科书。由于正式出版的教材表明了教材的内容，是考察教学现实的侧面反映，在本文的探讨中，各种教本体现的教材内容，是本文的重要考察对象。然而，各类教学参考书也被包含在广义上的教材概念之中，为使后续研究者省去许多翻检之劳，也便于给学生提供数量足够、较高层次的参考书或相关教学资料，在本文附录的教材统计中，把一部分适合做教学参考书的"设计史"也罗列其中。从中可以看出，教材在整个设计史版本中的规模，也可以在一定程度上佐证我国设计史研究的整体状况。凡是明确为教材的版本，笔者在相应的"备注"中都有说明。由于笔者学识有限，可能有不少疏漏的地方，希望得到指正。

根据本文撰写过程中提及的通史、门类史、断代史的分类，统计如下。

一、工艺美术史

1.通史类教材

序号	著者	资料类型	题名	出版社	出版时间	备注
1	文化部	编	中国工艺美术通史	未正式出版	1961	文化部组织艺术院校的有关教师编写，未正式出版
2	陈之佛 罗卡子	编著	中国工艺美术史	油印本	1962	南京艺术学院印行
3	王家树	编著	中国工艺美术史	油印本	1962	几经修改，1994年完整定稿
4	龙宗鑫	编著	中国工艺美术简史	铅印本	1979	四川美术学院印刷
5	中央工艺美术学院	编著	中国工艺美术简史	人民美术出版社	1983	写作时间是1975—1979年
6	龙宗鑫	专著	中国工艺美术简史	陕西人民美术出版社	1985	
7	田自秉	专著	中国工艺美术史	东方出版中心	1985	庞薰琹主编中国工艺美术丛书
8	张少侠	编著	欧洲工艺美术史纲	陕西人民美术出版社	1986	
9	张少侠	编著	亚洲工艺美术史纲	陕西人民美术出版社	1986	
10	张少侠	编著	非洲和美洲工艺美术史纲	陕西人民美术出版社	1986	
11	何鸿志	专著	四川工艺美术史话	四川人民出版社	1986	
12	田自秉	专著	中国工艺美术简史	浙江美术学院出版社	1989	
13	张少侠	编著	亚洲工艺美术史	陕西人民美术出版社	1990	
14	赵玉晶	主编	中国工艺美术简史	高等教育出版社	1993	中等职业技术学校试用教材
15	卞宗舜 周 旭 史玉琢	专著	中国工艺美术史	中国轻工业出版社	1993	
16	田自秉 杨伯达	专著	中国工艺美术史	台北—文津出版社	1993	
17	吴敬贤	编著	陕西工艺美术史	陕西人民美术出版社	1993	
18	王家树	专著	中国工艺美术史	文化艺术出版社	1994	
19	田自秉	编	中国工艺美术史图录	上海人民美术出版社	1994	
20	李翎 王孔刚	编著	中国工艺美术史纲	辽宁美术出版社	1996	
21	华 梅 要 彬	专著	新编中国工艺美术史	天津人民美术出版社	1999	
22	张夫也	专著	外国工艺美术史	中央编译出版社	1999	
23	张夫也	专著	外国工艺美术简史	高等教育出版社	2000	中等职业学校实用美术类专业教育部规划教材
24	李龙生	编	中国工艺美术史	安徽美术出版社	2000	
25	钱正坤 钱正盛	专著	世界工艺美术史话	国际文化出版公司	2000	
26	李 红	专著	中国工艺美术简史	高等教育出版社	2001	实用美术类专业中等职业学校教材
27	胡照华	编著	中国工艺美术简史	西南师范大学出版社	2001	工艺美术设计丛书
28	张孟常	专著	器以载道：中国工艺美术史分期研究	中国摄影出版社	2002	

（续表）

序号	著者	资料类型	题名	出版社	出版时间	备注
29	张夫也	专著	外国工艺美术史	山东教育出版社	2002	高等院校设计艺术专业系列教材
30	徐思民	专著	中国工艺美术史	山东教育出版社	2002	高等院校设计艺术专业系列教材
31	张夫也	专著	全彩西方工艺美术史	宁夏人民出版社	2003	全彩艺术史系列
32	张夫也	专著	全彩东方工艺美术史	宁夏人民出版社	2003	全彩艺术史系列
33	张夫也	专著	外国工艺美术史	中央编译出版社	2003	
34	姜松荣	主编	中国工艺美术史	湖南美术出版社	2004	高等美术院校系列教材
35	朱和平	编著	中国工艺美术史	湖南大学出版社	2004	普通高等教育"十一五"国家级规划教材·高等院校设计艺术基础教材
36	黄宝庆	专著	福建工艺美术史	福建美术出版社	2004	
37	华 梅 要 彬	专著	中国工艺美术史	天津人民出版社	2005	高等院校艺术专业新编教材
38	海 天	编著	中国工艺美术简史	上海人民美术出版社	2005	高等院校设计理论系列教材
39	陈鸿俊 刘 芳	编著	中外工艺美术史	湖南大学出版社	2005	高职高专设计艺术基础教材
40	张夫也	编著	外国工艺美术史	高等教育出版社	2006	普通高等教育"十五"国家级规划教材
41	李穆文	编著	工艺美术史	西北大学出版社	2006	
42	要 彬	专著	西方工艺美术史	天津人民出版社	2006	"十五"规划重点教材；高等院校艺术专业新编教材
43	闻 明	编著	生活生产的升华——工艺美术史	中国环境科学出版社	2006	世界历史百科
44	[英]卢西-史密斯著 朱淳译	专著	世界工艺史	中国美术学院出版社	2006	
45	田自秉	专著	中国工艺美术简史	中国美术学院出版社	2006	设计教材丛书
46	史仲文	主编	中国艺术史·工艺美术卷	河北人民出版社	2006	
47	尚 刚	编著	中国工艺美术史新编	高等教育出版社	2007	普通高等教育"十五"国家级规划教材
48	杭 间	专著	中国工艺美学史	人民美术出版社	2007	
49	张 昕 刘茂平 左奇志 喻 琴	专著	中国工艺美术史	湖北美术出版社	2007	高等美术院校综合理论系列教材
50	徐 勤	主编	新编中国工艺美术简史	上海：学林出版社	2007	艺术院校设计专业系列教材
51	祝重寿	专著	中国工艺美术史纲：插图本	北京燕山出版社	2007	
52	肖清风 彭 和	编	中外工艺美术史	重庆大学出版社	2007	
53	陈鸿俊	编著	中国工艺美术史	中南大学出版社	2007	现代艺术设计系列教材
54	卞宗舜 周 旭 史玉琢	专著	中国工艺美术史（第2版）	中国轻工业出版社	2008	

（续表）

序号	著者	资料类型	题名	出版社	出版时间	备注
55	田自秉 杨伯达	专著	中国工艺美术史	台北：文津出版社	2008	中国文化史丛书
56	许 俊 吕婷婷 姚 丹 孔 笛	编	中外工艺美术史学习辅导与习题集	济南：齐鲁书社	2008	艺术类考研辅导丛书
57	王其钧 王谢燕	专著	中国工艺美术史	机械工业出版社	2008	
58	张少侠	专著	世界工艺美术史	上海书画出版社	2009	

2. 断代史教材

序号	著者	资料类型	题名	出版社	出版时间	备注
1	尚刚	专著	唐代工艺美术史	浙江文艺出版社	1998	
2	尚刚	专著	元代工艺美术史	辽宁教育出版社	1999	
3	尚刚	专著	隋唐五代工艺美术史	人民美术出版社	2005	中国工艺美术断代史系列

二、中外设计史教材

序号	著者	资料类型	题名	出版社	出版时间	备注
1	朱铭 荆雷	专著	设计史	山东美术出版社	1995.10	设计家丛书
2	夏燕靖	专著	中国艺术设计史	辽宁美术出版社	2001.6	高等艺术院校教材
3	邬烈炎 袁熙旸	专著	外国艺术设计史	辽宁美术出版社	2001.6	高等艺术院校教材
4	陈瑞林	专著	中国现代艺术设计史	湖南科学技术出版社	2002.1	白马设计学丛书
5	雷绍锋 杨先艺	专著	中国古代艺术设计史	武汉理工大学出版社	2002.4	
6	王荔	专著	中国设计思想发展简史	湖南科学技术出版社	2003.10	白马设计学丛书
7	赵农	专著	中国艺术设计史	陕西美术出版社	2004.1	
8	李立新	专著	中国设计艺术史论	天津人民出版社	2004.5	
9	杨先艺	专著	设计艺术历程	人民美术出版社	2004.5	设计艺术学丛书
10	张晶	编著	设计简史	重庆大学出版社	2004.9	高等院校艺术设计专业丛书
11	高丰	专著	中国设计史	广西美术出版社	2004.11	
12	李龙生	主编	中外设计史	安徽美术出版社	2005.9	21 高等院校美术专业教材
13	余玉霞 刘孟 朱宁嘉	编著	中外设计史	辽宁美术出版社	2005.10	中国高等院校美术设计教材
14	吕锋 廉毅 闫英林	编著	艺术设计史	辽宁美术出版社	2006.1	中国高等院校美术设计教材

（续表）

序号	著者	资料类型	题名	出版社	出版时间	备注
15	杨先艺	编著	艺术设计史	华中科技大学出版社	2006.11	高等院校艺术设计精品教材
16	豪菲 陈品秀译	专著	设计小史	台湾：三言社	2007.4	海外中文图书
17	艾红华	主编	西方设计史	中国建筑工业出版社	2007.5	设计学院设计基础教材
18	胡光华	主编	中国设计史	中国建筑工业出版社	2007.7	设计学院设计基础教材
19	［英］康威 著邹其昌译	专著	设计史：学生用书	高等教育出版社	2007.8	Art Design 新思维设计系列教材
20	胡守海	主编	设计简史	武汉理工大学出版社	2007.8	全国高职高专艺术设计类专业规划教材
21	高丰	专著	中国设计史	中国美术学院出版社	2008.1	中国艺术教育大系
22	芦影 张国珍	专著	设计史	中国传媒大学出版社	2008.2	21世纪创意与设计实用教材
23	吴明娣 袁粒	专著	中国艺术设计简史	中国青年出版社	2008.4	高等艺术院校设计基础理论推荐教材
24	郭恩慈 苏钰	编著	中国现代设计的诞生	东方出版中心	2008.4	
25	范圣玺	主编	中外艺术设计史	中国建材工业出版社	2008.7	普通高等院校艺术设计专业系列教材
26	傅克辉	编著	中国设计艺术史	重庆大学出版社	2008.9	设计艺术基础理论丛书
27	曹天慧	专著	风格设计设计史点击	中国建筑工业出版社	2008.10	高等艺术设计课程改革实验丛书
28	周锐 范圣玺 吴端	编著	设计艺术史	高等教育出版社	2009.2	
29	朱淳 邵琦	编著	造物设计史略	上海书店出版社	2009.1	艺术·文化创意理论丛书
30	夏燕靖	编著	中国设计史	上海人民美术出版社	2009.1	中国高等院校艺术设计学系列教材
31	邵琦 李良瑾 陆玮	编著	中国古代设计思想史略	上海书店出版社	2009.1	艺术·文化创意理论丛书
32	荆雷 宋玉立	编著	中外设计简史	上海人民美术出版社	2009.2	艺术设计专业本专科通用基础教材
33	陈瑞林	专著	中国设计史	湖北长江出版集团 湖北美术出版社	2009.3	高等艺术院校艺术设计学科专业教材
34	陈瑞林	专著	西方设计史	湖北长江出版集团 湖北美术出版社	2009.3	高等艺术院校艺术设计学科专业教材
35	胡勤	编著	艺术设计史	哈尔滨工程大学出版社	2009.4	21世纪高等院校艺术设计专业规划教材

三、现代设计史教材

序号	著者	资料类型	题名	出版社	出版时间	备注
1	吴静芳	编著	世界现代设计史略	上海科学技术文献出版社	2000.10	
2	王受之	专著	世界现代设计史：1864—1996（第2版）	新世纪出版社	2001.1	
3	董占军	专著	西方现代设计艺术史	山东人民美术出版社	2002.2	高等院校设计艺术专业系列教材，山东省教育厅"十五"立项教材
4	王受之	专著	世界现代设计史	中国青年出版社	2002.9	王受之设计史论丛书
5	Ann Ferebee 著 吴玉成 赵梦琳译	专著	现代设计史：自维多利亚时期至今的设计风格	台北：胡氏图书出版社	2002	海外中文图书
6	王战	主编	现代设计史	湖南美术出版社	2003.12	
7	朱和平	专著	世界现代设计史	合肥工业大学出版社	2004.8	湖南省第八届社会科学优秀成果二等奖
8	李敏敏	编著	世界现代设计史	湖南美术出版社	2004.9	
9	陈鸿俊	编著	现代设计史	中南大学出版社	2005.8	现代艺术设计系列教材
10	郑立君 郑筱莹	编著	西方现代艺术设计简史	上海人民美术出版社	2005.9	高等院校设计理论系列教材
11	徐勤	专著	现代设计史演绎	福建美术出版社	2005.10	
12	华梅	主编	现代设计史	天津人民出版社	2006.9	"十五"规划重点教材 高等院校艺术专业新编教材
13	钱凤根 于晓红	编著	外国现代设计史	西南师范大学出版社	2007.4	
14	[英]康威著 邹其昌译	专著	设计史：学生用书	高等教育出版社	2007.8	Art Design 新思维设计系列教材
15	李刚 刘超	主编	现代设计史	湖南人民出版社	2007.9	高等学校美术与设计专业教学丛书
16	肖清风 张文丽	编	世界现代设计史	重庆大学出版社	2007.10	艺术设计考研复习指导
17	[英]拉克什米·巴斯科兰著 甄玉 李斌译	专著	世界现代设计图史	广西美术出版社	2007.11	欧洲设计学院教程
18	[美]大卫·瑞兹曼著 刘世敏 译	专著	现代设计史	中国人民大学出版社	2007.12	
19	董占军	专著	现代设计艺术史	高等教育出版社	2008.1	国家"十一五"规划教材
20	方怿 翟孜文	主编	世界现代艺术设计简史	中南大学出版社	2008.1	高等院校艺术设计教育"十一五"规划教材
21	刘洪彩	主编	现代设计史	海洋出版社	2008.2	设计类专业全国高等院校统编教材
22	刘景森	专著	世界现代艺术设计史	河北教育出版社	2008.2	河北省高等院校艺术设计教材

（续表）

序号	著者	资料类型	题名	出版社	出版时间	备注
23	许俊 吕婷婷 刘菲 孔笛	主编	世界现代设计史学习辅导与习题集	济南：齐鲁书社	2008.9	艺术类考研辅导丛书
24	梁梅	专著	世界现代设计史	上海人民美术出版社	2009.1	中国高等院校艺术设计学系列教材
25	张夫也	编著	外国现代设计史	高等教育出版社	2009.3	Art Design 新思维设计系列教材
26	汤浩 胡涓涓	专著	世界设计简史	湖北美术出版社	2009.4	中国高等院校艺术设计专业教材

四、工业设计、视觉传达设计、室内设计、平面设计、环境设计等门类史教材

序号	著者	资料类型	题名	出版社	出版时间	备注
1	王受之	编著	世界工业设计史略	上海人民美术出版社	1987.5	
2	香港博物馆	编	香港制造：香港外销产品设计史：1900—1960		1988.5	海外中文图书
3	［美］梅斯 柴常佩译	专著	二十世纪视觉传达设计史	湖北美术出版社	1989.9	
4	何人可	编	工业设计史	北京理工大学出版社	1991	
5	刘发全	编著	简明世界设计史·工业设计卷	辽宁大学出版社	1995	
6	蔡军	编著	工业设计史	黑龙江科学技术出版社	1996	工业设计学系统教材
7	卢永毅 罗小未	专著	工业设计史	台湾：田园城市文化事业有限公司	1997.4	海外中文图书
8	王受之	专著	世界现代平面设计史：1800—1998（第2版）	广州：新世纪出版社	1999	
9	朱孝岳	编著	工业设计简史	中国轻工业出版社	1999.10	
10	何人可	专著	工业设计史	北京理工大学出版社	2000.8	工业设计系列教材
11	刘森林	编著	世界室内设计史略	上海书店出版社	2001.8	
12	李亮之	编著	世界工业设计史潮	中国轻工业出版社	2001	工业设计专业教学丛书
13	陈鸿俊	编著	世界工业设计史	湖南美术出版社	2001.11	
14	吴家骅	编著	环境设计史纲	重庆大学出版社	2002.6	
15	王受之	专著	世界平面设计史	中国青年出版社	2002.9	王受之设计史论丛书
16	刘斌斌 余辉群	电子资源	中国室内设计史参考图	中国建筑工业出版社	2003	
17	林品章	专著	台湾近代视觉传达设计的变迁：台湾本土设计史研究（初版）	全华图书公司	2003	海外中文图书
18	萧大坤	编著	现代室内设计史：［图集］	台北出版社	2003	海外中文图书
19	霍维国 霍光	编著	中国室内设计史（第1版）	中国建筑工业出版社	2003.5	室内设计与建筑装饰专业教学参考用书
20	张怀强	编著	工业设计史	郑州大学出版社	2004.1	艺术设计经典丛书
21	席田鹿	编著	环境艺术设计史导学	黑龙江美术出版社	2004.3	
22	齐伟民	编著	室内设计发展史	安徽科学技术出版社	2004.4	

（续表）

序号	著者	资料类型	题名	出版社	出版时间	备注
23	梁梅 梅法钗	编著	世界现代平面艺术设计史	清华大学出版社	2004.5	清华大学计算机图形艺术设计专业（本科）系列教材
24	何人可	主编	工业设计史（第3版）	高等教育出版社	2004.7	普通高等教育"十五"国家级规划教材
25	门小勇	主编	平面设计史	湖南大学出版社	2004.8	高等院校设计艺术基础教材
26	李亮之	编著	世界工业设计史潮	中国轻工业出版社	2005.1	工业设计专业教学丛书
27	王雅儒	编著	工业设计史	中国建筑工业出版社	2005.10	工业设计专业系列教材
28	朱淳	编著	室内设计简史	上海人民美术出版社	2006.3	中国高等院校环境艺术设计专业系列教材
29	詹文瑶 李敏敏	编著	现代平面设计简史	重庆大学出版社	2006.8	设计艺术基础理论丛书
30	庄岳 王蔚	编著	环境艺术简史	中国建筑工业出版社	2006.8	高等院校环境艺术设计专业规划教材
31	齐伟民	编著	人工环境设计史纲	中国建筑工业出版社	2007.1	高等院校环境艺术设计专业指导教材
32	霍维国 霍光	编著	中国室内设计史（第2版）	中国建筑工业出版社	2007.2	室内设计与建筑装饰专业教学参考用书
33	朱淳 邓雁 彭彧	编著	室内设计简史	上海人民美术出版社	2007.3	中国高等院校环境艺术设计专业系列教材
34	郭承波	编著	中外室内设计简史	机械工业出版社	2007.3	
35	[美]派提特，[美]海勒著，忻雁译	专著	平面设计编年史	上海人民美术出版社	2007.11	
36	[美]约翰·派尔 刘先觉 陈宇琳译	专著	世界室内设计史（精装）	中国建筑工业出版社	2007.11	本书是近十年来第一部全面阐述室内设计史的专著
37	黄虹 麦静虹	主编	工业设计史	北京理工大学出版社	2007.11	本书根据1999年9月全国高等学校工业设计专业教学指导小组修订的《工业设计史》大纲编写而成
38	林品章	专著	台湾近代视觉传达设计的变迁：台湾本土设计史研究（第2版）	全华图书公司	2008.8	海外中文图书
39	苑军	编著	中外环境艺术设计简史	知识产权出版社	2008.8	高等院校环境艺术设计专业教材
40	李晓莹 李佐龙	主编	室内设计艺术史	北京理工大学出版社	2009.6	21世纪高等院校精品规划教材

资料来源：笔者根据中国国家图书馆 http://www.nlc.gov.cn/GB/channel1/index.html 和徐州师范大学图书馆 http://www.lib.xznu.edu.cn/ 以及圣才图书网 http://www.1000book.com/ 和中国知网的相关检索资料分类整理而成，整理时间2009年7月。

二、设计基础理论研究

设计学如何定义及设计教育刍议

李超德①（苏州大学艺术学院）

　　我不习惯写八股式的文章，我更喜欢将论文写成通俗易懂的文章，让大家都明白你想说什么。

　　很长时间以来，我给中国当代设计和设计教育下过这样的结论："工艺美术下了一个设计的蛋"，以此来概括说明中国设计和设计教育所处的一种尴尬境地。后来，清华大学美术学院的苏丹教授以"工艺美术下的设计蛋"为名出版了一本书。虽然，这本书主要是以图版为主的书籍，在设计学学理上并没有做深入探讨。但是，苏丹将"工艺美术下的设计蛋"公开提出来，确实是著作在先。可见，中青年设计家和设计教育工作者对当代中国当代设计的看法是英雄所见略同的。

　　由于苏丹出书在前，我现在每次说及这句话时，一定要介绍苏丹教授出了一本名字叫《工艺美术下的设计蛋》的书。以此表达对于著作者的尊重，并据此简要论述设计学遭遇的困境。

　　设计学科是既年轻又古老的学科。说其古老，因为当原始人将这块石头砸向另一块石头的时候，设计的萌芽已经诞生。同时，无论是西方，还是东方，历史典籍中多有论述造物和工艺的文字，彰显其历史久远。说其年轻，设计是工业革命以后才赋予其技术理性之美和功能意义、设计潮流和社会伦理所具有的真正现代审美含义。而在中国，真正引入"包豪斯"的现代设计教育概念是近三十多年的事情，囿于当时中国国内工业化的进程，设计教育的发展是在大美术的阴影下进行的。受美术教育的重大观念影响，用工艺美术的思维和训练方法，完成了中国设计教育的构建。虽然，工业设计领域比较早的接触了西方设计理论，推动了设计教学改革，建立起基本的设计理论体系，后来环艺、服装、视觉传达等专业相继以西方设计教育为蓝本，也多为西方的拿来主义。"包

---

① 李超德（1961—　），苏州大学艺术学院教授、博士生导师。

豪斯"还没有消化，"包豪斯"的设计民主化和集约化，由于受时代的制约，面临着世界文化多样性和民族审美习俗的责难，它的不足与弊端已经凸显。因此，对于设计学的理解和归属，由于没有真正的现代美学意识、科学理性、技术工艺支撑，以及新旧思维交替，迄今仍然存有重大的歧议和争论。

一、何为设计学

艺术升为门类以后，设计学对于国家层面的经济建设与发展意义巨大，设计作为国策，将推动创意产业成为新经济的引擎，提升制造业的发展水平。由此引发了高校内部设计学科分类和学术评价的大讨论。或许，设计学科如何进行学术评价对于一般设计师而言，并不是他们热切关心的问题。但是，对于高等学校和学术界来说，却是一个急需解决的非常重要的理论问题和现实问题。当下高校设计学的学术高地多为纯理论家所占领，他们中的许多人是大文科转行而来，一些学者囿于文学、哲学研究的思路，重所谓"学理"研究，轻视设计实践主体的学术评价问题。而设计学科学术评价体系的确立又直接影响设计学科的繁荣与发展以及学术成果评价的话语权。因此，设计学如何定义就不是单纯的学术概念界定，它涉及设计学的内涵与外延，最终涉及设计学科如何进行学术评价。当然，要建立什么样的评价体系？则是另外一个需要研究的问题。

艺术与设计虽然同源，但随着人类社会的发展，艺术与设计走向了不同的功能指向。艺术作为人类精神文化创造活动，精神功能是第一位的，它通过作品影响人、感染人，进而提升人的精神境界。设计作为人类造物的创造性活动，虽然也有精神性的影响，赋予了人类思维领域创造活动的本质，它的第一要义却是功能性的。因此，思考设计学和设计学科如何定义，可以寻找到设计的"术与学"如何进行学术评价的逻辑起点，便于我们从设计创作个体来理解设计的创造性本质。在现有的学术视野中，对于设计学和设计学科，我个人同意相关学者对"学"与"学科"所作的归纳。所谓"学"是人类思想和知识产生与发展的总结。所谓"学科"，则是对于相关专门知识、技能、技巧的分类归纳。"学"是思想和精神文化领域人类知识财富与智慧的贡献。而"学科"却是学术制度建设层面的归类。

2014年6月我受邀参加了"国务院学位办设计学科评议组"以清华大学美术学院名义在清华大学召开的有400人参加的"学科升级与学科建设——设计学科建设发展研讨会"，并担任会议的学术主持人之一。会上下发了一本由郑曙旸教授任召集人的"中国设计学科教程研究组"编写的《中国高等学校设计学学科教程》（以下简称《课程》）。至于为何叫"教程"，虽然做了解释，但个中原委还是不得而知的。

这本《教程》回避以官方的名义解释设计学，却第一次在艺术升为门类以后，以官方的姿态对"设计"和"设计学"作出了解释。它在"绪论"中阐明了"设计"词语流变以后，给予"设计学"这样的表述："设计学是基于艺术与科学整体观念的交叉学科。在中国，设计学的学科建设，在不同的历史阶段，伴随着对'图案'、'工艺美术'、'艺术设计'、'设计'这些词汇的不同理解，有过不同的认识；虽然在解读方面不尽相同，但设计学的本质属性并无太大差异。问题是在不同语境下所产生的不同解读，在社会认知层面就出现种种误区。"《教程》接着说：设计学成为一级学科以后，"给予设计学以有利的发展空间。尤其对于艺术教育与工科教育中设计教育资源整合，提供了令人鼓舞的有利条件。在此之前，设计学分属于艺科和工科；尽管工业设计在1998年才进入国家的高校专业目录，但其在工科教育中的强大学术背景、设计教育理论结合于实践的天然优势，使其在国家经济与产业决策部门的影响力大于艺术专业，以艺术教育与工科教育两种优势结合起来的新设计学学科，必定会在国家经济与社会发展中发挥更主要的作用。"这一段论述，大致说清楚了设计学科在过去和当下面临的境遇。对于设计学的学科属性，《教程》中说："设计学是关于设计行为的科学，设计学研究设计创造的方法、设计发生及发展规律、设计应用与传播的方向，是一个强调理论属性与实践的结合，融合多种学术智慧，集创新、研究、与教育为一体的新兴学科。"①

《教程》中对于设计学的多个方面解释，大致说明了这样三个问题：其一，设计学学科分类的由来。其二，设计学学科的演变与现状。其三，设计学的学科属性。基本理清了现时对于设计学和学科所要关注的表层认识问题。但这样的解释，却是一种折中主义的描述。而设计学从学理上究竟如何定义？还是比较含混和笼统的。

按照《教程》的定义，现在划定的一级学科设计学，已经区别于以前的"艺术设计"和"设计艺术学"。新的设计学已经不单单是设计史学和设计理论，它有了更深的内涵和外沿。根据其"设计学是关于设计行为的科学，设计学研究设计创造的方法、设计发生及发展规律、设计应用与传播的方向，是一个强调理论属性与实践的结合，融合多种学术智慧，集创新、研究、与教育为一体的新兴学科"的表述，设计学必然包括设计创作理论和设计创作实践。设计学更不应该单单是设计理论与博士点建设，它必须要有宽阔的学术视野来认识设计学所承载的研究内容。所以，设计学既有从人文领域思想领域进行总结的学术要求，又有实践领域设计活动、过程、产品、流行研究中形式关注与探索的要求。

我们知道，设计学在当下的学术认知语境中，往往被许多人认为是设计史教学与理

---

① 中国高等学校设计学学科教程研究组：《中国高等学校设计学学科教程》，清华大学出版社2013年版，第2—10页。

论研究。既然，我们认为设计学包含着学术和学科归类的含义，并赋予它更为广阔的研究内涵和外沿，它必然包含设计实践创作与设计史论两个主要方面的内容。我尤其不能理解，为何要将设计学科的学术评价演变为某某教授能不能当博导的争论。至于设计实践博士能不能招生，就更是另外一个层面讨论的问题。在我出席的许多会议上常有人将学科建设，单纯地认为是博士点建设。甚至常常听到自得其乐的理论家们如何讥讽"不学无术"的实践型教授，就更是指鹿为马式的呓语。我始终认为，设计实践有没有学术与当不当得成博导是两码事。以绘画为例，绘画的"感觉世界"已经是画家经过提炼概括了的现实，富含着画家个人的能动的思维过程和积极的创造活动，作品的学术思想是以形象和图式来表达的，学术性即是表现其中。设计实践同样是富含创造性思维的学术活动，设计产品同样富含学术性要求。而且，这种要求更加综合，更加富有智慧。好设计是直指人心的，学术的含义不言而喻。有一种误解，似乎凡实践出家的学者必学术不行，理论好的学者实践必不入流，这实在是天大的误解。

二、广义设计学与狭义设计学的认识问题

艺术升为门类以后，老问题尚未解决，新问题又出现。关于设计学如何定义？又遭遇了大讨论。艺术升门类以前，我们通常认为设计学主要由设计批评、设计史和设计理论等三个重要部分组成。

设计学上升为一级学科以后，设计学的学科性质有了改变，设计学兼具艺术和工程学科性质本来是符合设计学科发展现状的解释与归类，使设计学有了更为广阔的学术视野和科学技术含量。设计也由边缘性的学科，走向了国民经济建设舞台的中央，引起国家领导决策层的高度重视。然而，对于设计学外沿的过度解读，又使得设计学迷失了专业真相。虽然设计界的专家相互之间充满尊敬，但无法掩盖我们存在的学术分歧。我甚至多次在相关重要会议上和有关专家就此问题发生争议。

有专家将航天飞机、潜水艇都纳入了设计学研究的范畴，将艺术设计和工程设计等同起来，用泛设计化的视野看待设计学研究。其实，人类的任何造物活动都是"人的本质力量的对象化"，人类的任何创造性劳动都是设计，这可以理解为"广义的设计学"。但是将航天飞机、潜水艇的工程学设计不分青红皂白统统纳入设计学研究的范畴，却是极不科学的。有人以诺伊迈斯特设计的磁悬浮列车为例子，将航天飞机、潜水艇，甚至导弹也说成是设计学的任务，则有些"狐假虎威"了。

设计既是艺术的，又是科学的和技术的。从更深的层面加以认识，所谓"科学"是关于探索研究实践宇宙万物普遍规律的知识体系，是人类未知领域的新发现，所谓"技

术",是人类为了满足自身的需求和愿望,遵循自然规律,在长期利用和改造自然的过程中,积累起来的知识、经验、技巧和手段,是人类利用自然改造自然的方法、技能和手段的总和。技术,通俗的说是将科学发现用物态化的方式呈现出来的手段。而设计,则是在科学发现的基础上,运用已掌握的技术,进行新的组合,并赋予物体以舒适的功能和优美形式,服务于民众。

航天飞机、潜水艇的设计虽然有艺术设计的任务,但主要是科学和工程技术设计性质的承载。它和我们说的设计学研究任务还不能等同。我有一个非常现实的事例来说明"广义设计学"所造成的认识误区与后果。西北地区某大学有一份设计学评审材料,在相关科研成果中列出了装甲车的设计,科研费用巨大,已经超出于一般设计学研究的视野。仔细审查,真正属于设计学的任务仅仅是装甲车内部操作视屏的界面设计。而巨大的科研费用却让美术、艺术学院的设计学研究人员瞠目结舌而望而却步。设计的评价标准在这里变得无所适从,甚至无法作出相应的评价。

我们知道,航天飞机、潜水艇的设计主要是工程性的设计,如果在造型和内部装饰上承担了艺术设计任务还说得过去,而将航天飞机、潜水艇的相关工程任务纳入设计学里来考察,就有些"拉虎皮扯大旗"之嫌。面对设计学研究领域界定,我们不否认设计既是艺术的,也是技术的的解释。但纯粹是工程和技术性的设计应该剥离出来,这涉及设计学的学科评价标准。广义设计学和泛设计的理解,有害于设计学学科的正确评价和学科的良性发展。

"狭义的设计学"研究领域,我理解为主要是围绕涉及人们生活水平和民生的衣、食、住、行而展开的艺术设计活动和设计成果。涉及耗资巨大的工程设计应该有相关领域相对应,大项目中的设计任务,应该实事求是地加以区分,明确设计任务性质,回归设计学研究的学科真相和专业真相。

总之,设计学研究应该明确其真正的研究内容,构建起"一体两翼"的研究框架。所谓"一体",就是设计实践本身,这是研究的中心内容,它包括了设计活动过程到最终设计产品。而"两翼",则是一翼是古代设计理论,另一翼是现代设计理论。只有这样设计之鸟才能自由飞翔。我们知道,设计史学者的工作是建立在批评判断之上的,而设计批评家的工作基础则在于设计史的常识和经验。设计史家关注的是历史,设计批评家关注的是当代设计产品。明确设计学的研究框架,可以建立起设计理论与产品设计之间的良性互动。

三、设计教育视野中的大设计与小设计观念

我不敢武断地说"大设计"概念绝对是我首先提出的，但至少我是受陈逸飞先生大美术观念影响，比较早认识到这一问题，并积极倡导的实践者之一。关于"大设计"概念是我 2001 年应马欢春先生和《服饰空间》杂志之约，撰写的"用大设计的视角看服饰品牌设计"一文中明确提出来的。这篇文章刊出以后，原本没有多少影响，因为那本杂志仅仅在行业内发放，况且这本杂志尽管办得很有专业水准，但还是最终夭折停刊了。后来有些报纸和网站开始转载这篇文章，有些专业人士引用其观点，才逐渐引起同行的注意。

设计事实上是一个极其宽泛的概念。对于设计师而言，智力因素的学习与积累是极目可见而易于培养的。而作为流行意识和生活方式等非智力因素的培养却是一个漫长而又艰巨的过程。我不断强调所谓设计是"大"的，而不是"小"的，是有其逻辑起点的。我所说的"大"是观念问题，"小"是技术细节问题。裁缝可以很好地解决技术问题，却不可能解决大的观念问题。时尚风潮与流行意识，是一种观念，一种体验，是对生活的一种态度。"大设计"观念是一种教育模式的认定，也是一种设计思维与观念的倡导，更是一种设计文化与视角的认可。

我提出的大设计观念，有人反对，尤其是实用功利论者，认为设计不就是那么一点事吗？其实，我从来没有反对过"小"设计。设计的智慧恰恰是既反映在大设计上，又反映在小设计上。有行业专家说，服装是做出来的，房子是造出来的，似乎设计是很小的，是不高深的，是谁都能做的。其实这样的语言有一定的语境，要不然容易造成年轻设计师的认识歧义。"做"与"造"都是针对技法训练中忽视技术操作而言的。有大师自诩是"裁缝"和"泥水匠"，那是对手工劳动者的尊重和踏实精神的奖赏。

好设计是直指人心的，是启迪人的心智的，而好设计必须靠精湛的技术和技艺来完成的。基于上述论点，设计教学应该怎么做？设计教育如何回归专业的真相？是摆在每一个设计学研究者和设计教育工作者面前的重大理论问题和实践问题。学校教育脱离了高起点的立论，人才培养将进入现实的迷途。许多教授热衷于谈抽象的大设计，却没有多少人关心如何实现大设计的"小设计"。设计有时成了"忽悠"。更没有人愿意做一名"匠人"，认认真真地将设计务实化。似乎只要有创意，其他都是次要的，电脑都是可以完成的。

国内设计教育总的趋向是以西方设计教育为模式，设计界所说的"大设计"与"小设计"，反映到设计教育上存在着两种倾向：一种是泛技术化倾向，另一种是泛艺术化倾向。所谓的"泛技术化"，就是把设计实践中出现的问题全部归为技术问题，以技术

理性代替设计中艺术因素，从而忽视设计中的非智力因素——美学倾向，以所有定单式职业技术教育培养模式取代大学生综合素质的培养。所谓的"泛艺术化"，就是把艺术设计教育看成大美术教育，用培养美术家的方法培养设计师，轻视技术性问题的学习和训练，认为造型问题是一切设计的根本，从而忽视技术教育、技能和技巧训练，而这一类的培养模式往往又是以综合素质和学分制的面貌出现的。而我认为，艺术与设计是一双孪生兄弟，艺术设计中包含着强烈的艺术因子，但是艺术与设计的最终目的却是各有所指，艺术的目的是人的精神家园，而艺术设计的终极目的却是功能。当然设计作品在首先满足功能的同时，也充满着艺术创造的诱因，物质之中渗透着精神。

现代设计言必谈包豪斯的"三大构成"教育。我们认识的"三大构成"，早年大都从日本和我国的香港、台湾地区转道而来，用今天的眼光来看，其中夹杂着许多曲解和歧义。包豪斯其实就是一个中等专门学校，30多位教师，十几年就培养了600多名毕业生。但包豪斯确确实实已经成为全人类的文化财富。伊顿当年开创构成教学，他的本意是要启发设计学生的想象和思维能力、平面和空间的构成能力。但所谓"三大构成"发展到今天，却被有些院校僵化为耗费时间的手工劳作。我在俄罗斯的一所学校看到，一件简单的立体构成作业被要求用120小时来完成，空间构成的想象能力被细密的手工制作所取代。更不能想象国内有些院校平面构成作业中，老师让同学用大量时间描绘细小的点点，这是同伊顿的初衷相违背的。更何况，包豪斯设计强调无机形的功能主义风格在近一个世纪的发展中，它的形式单一化的弊端也早已暴露出来。面对世界文明多样化的发展趋势，设计样式的多维度文化思考，已经不是单一的包豪斯所能够替代的。有什么样的时尚生活就应该有什么样的设计教育。设计教育中的"三基本教育"是职业知识与技能技巧的基础训练，但要成为合格的设计师单靠这个不行。我常说，设计教育倡导的是"浪漫色彩与理想情怀的学院风格"，倡导一种"归于人文的都市情怀"。

如何探索具有中国特色的设计教育新思路？建立起属于自己的独立的东方设计学研究体系，我们还有许多路要走。其实，西方设计教育的经验并不能解决中国设计教育的全部问题，但西方设计教育注重实践教育、追随流行、尊重手工艺的传统值得我们学习。中国拥有全世界最大的设计教育规模，国际上没有哪个设计教育国家可以类比。现在国内的普通设计教育本科是两头不落实。一方面是高端的设计人才缺乏，学校培养不出来；另外一方面，最底层的设计操作与实务人员又不愿意培养。中间层次很庞大，培养了大量高不成低不就的毕业生。如何改变这一状况，我们既期望于政府行政系统的政策引导，也寄希望于学校课程与教材改革的推进。

因此，我们又常常说设计教育是分层次的，不同的院校培养不同的人。各个学校根据自己的培养目标培养设计人手、设计人才、设计人物。与此相对应，就是设计匠人、设计艺人、设计哲人。

日常生活的设计与消费 [1]

张　黎（清华大学美术学院）

　　鲍德里亚在《消费社会》开篇中便一针见血地指出消费社会不同于传统社会形态的显著差别。今天，在我们的周围，存在着一种由不断增长的物、服务和物质财富所构成的惊人的消费和丰盛现象。它构成了人类自然环境中的一种根本变化。恰当地说，富裕的人们不再像过去那样受到人的包围，而是受到物的包围。……正如狼孩因为跟狼生活在一起而变成了狼一样，我们自己也慢慢地变成了官能性的人了。我们生活在物的时代：我是说，我们根据它们的节奏和不断替代的现实而生活着。在以往的所有文明中，能够在一代一代人之后存在下来的是物，是经久不衰的工具或建筑物，而今天，看到物的产生、完善与消亡的却是我们自己。[2]

　　在鲍德里亚看来，今天的消费社会使人们不再活在一个充满人情味的人性的世界，而是拥挤在一个物性的世界中。与人们的日常生活关系最为密切的是人造物，是商品，而不是人本身。围绕在我们身边的不再是亲密的家人或朋友，而是形形色色的物或商品。在活色生香的消费文化的熏陶下，人们走出了情感的真实世界，而走进了电脑、电话、电视等大众媒介所营造的虚拟世界。商品无所不在，其种类无所不包，其作用无所不能，人们要做的只是去消费，去占有，能"自给自足"地活在自己的国度。因此，过度丰盛的物产以及消费神话成为促成这种位移的主要力量之一。过度的丰盛是造成物性社会的主要原因，而这些物的丰盛又都是由设计过剩所造成的。丰盛既是消费社会的必要基础，也是消费社会的典型特点，设计是消费文化背后的主要策划者与推动力。密密麻麻的各色商品堆积在超市的货柜、商场的店面、展览会的展台里，这种方式形成的"丰盛"最具视觉冲击力和心理刺激力。除此之外，"物以全套或整套的形式组成"[3]，

---

① 本文原载《南京艺术学院学报——美术与设计》2010 年第二期。

② ［法］让·波德里亚：《消费社会》，刘成富、全志刚译，南京大学出版社 2006 年版，第 1 页。

③ ［法］让·波德里亚：《消费社会》，刘成富、全志刚译，南京大学出版社 2006 年版，第 2 页。

商品的系列化、整体化、配套化既加强了丰盛的形式感，又激发了持续消费的可能性。鲍德里亚说："今天，很少有物会在没有反映其背景的情况下单独地提供出来。消费者……不会再从特别的用途上去看这个物，而是从它的全部意义上去看全套的物。"① 在消费社会，每一件商品，都只具有特定的使用范围。"一件衣服穿到破"，"一个茶杯用到旧"，"一支钢笔写到坏"等以节约为美德的道德号召在今天失去了响应者。比如鞋子，本来只是作为保护足部的工具而已，但几乎所有女人都拥有数量惊人、各式各样的鞋子……不同的季节、不同的天气、不同的场合、不同的心情、不同的服装都需要搭配不同的鞋子。在商家"系列化"、"成套化"的魔咒中，在"我消费我存在"的意识塑造下，人们"逻辑性地"保持着消费惯性，不知不觉地走入了消费的泥潭。正如那些患上购物癖的消费达人们，消费的快感只会在交款拿到商品的瞬间达到高潮，之后便迅速烟消云散，于是在那些被打开包装的商品被束之高阁之时，新的消费冲动却再一次萌发。消费不是为了解决生存之虞，不是为了获取功能价值，而仅仅是一种对消费的意义的占有，对物的符号价值的吸收。本来只是关乎个人感受的幸福，从此与消费扯上关系，消费能力越强，幸福指数越高。人们不仅以消费什么来标榜与他人的差异，更是以浪费什么来彰显身份。甚至由此产生的"垃圾箱"哲学更让人无可奈何："告诉我你扔的是什么，我就会告诉你你是谁！"从消费的社会转向"浪费"的社会，这不仅是人的异化，也是社会的异化。

一、日常生活与消费

将日常生活作为学术概念进行社会批判，是法国社会学家亨利·列斐伏尔的贡献。出版于 1967 年的《现代世界的日常生活》是学界关于日常生活批判理论的最高成就之一。列斐伏尔的日常生活批判是从消费的日常性与人的异化问题入手的。他认为，理性已经由生产领域进入到消费领域，日常生活成为意识形态的同谋。个人化消费行为被统筹在异化的日常生活中，意识形态的统摄力量更加隐秘而强大。当日常性的消费发展为人们的生活方式时，便注定了人在无意识的消费活动中被资本主义的意识形态所异化而毫无知觉。资本主义的异化无处不在，不仅体现在异化人的思想观念，还表现在异化人的需求，更集中在异化人与社会的关系里。因此，要消除资本主义的全面异化，就必须从日常生活中对人进行道德化、艺术化的救赎。在列斐伏尔看来，日常生活既是异化发生的主要场所，又是解放人类的唯一途径。

---

① ［法］让·波德里亚：《消费社会》，刘成富、全志刚译，南京大学出版社 2006 年版，第 2—3 页。

鲍德里亚也说："我们可以给消费地点下个定义：它就是日常生活。"[1] 在每个人的日常生活里，消费经验占据了十分重要的地位。衣食住行用，每一个社会性需求都与消费相关。消费是日常生活的重要体验，甚至成为表征日常生活的核心内容和必需方式之一。人们无法忍受封闭的日常生活，于是求助于"消费暴力"来打乱日常生活的宁静。消费实现了个人的社会性参与，给予人们极大的满足感和安全感。消费社会的"消费"并不只是一种满足需要的物质性实践，而是一种满足欲望的符号行为。欲望与需要相比，具有非合理性、非计划性、突发性等特点。本能性的"想要"能促使人们进行疯狂的消费。而在日常生活中，这种伴随着自我意识的欲望随时发生。在消费社会，笛卡尔的理性拷问"我思故我在"被芭芭拉·克鲁格的感性呼唤"我消费故我在"所取代，消费成为人们新的生活方式和存在方式。

如果说传统社会的主要内容是以勤奋工作、积极进取、追求理想等组成的"非日常生活"，那么消费社会的主旨便是消费购买、消遣娱乐、休闲享乐等"日常生活"。物的消费转移到对符号的消费、对意义的消费，那么日常生活中的一切都能成为消费品，只要它具有意义，具有符号价值。不仅只有那些摆在商场柜架上的商品才是消费的客体，梦想、情绪、经历、关系、甚至身体都能成为消费的对象。"时时消费、处处消费"，消费社会的日常生活中所有的琐碎细节都能被人为地符号化而成为消费品创造出资本价值。同样地，在消费社会，凡是不能被消费的东西，便不再具有存在的意义，因为它无法实现资本的增值。随着消费之光渗透到事无巨细的日常生活，那么原本封闭的个人领域将变得开放，未能参与世界互动的"不在场"的煎熬将瞬间消融。

人们的衣食住行用无一不与消费相关。消费一旦成为人们的生活方式，消费变得和呼吸、眨眼等无意识的活动一样，成为一种惯常性行为。在消费过程中，人们通过购买物质产品而获得维持个体生存需要的安全感，也通过付账取物的交付动作证实自我的存在和价值。通过消费与世界互动，这种社会性交往帮助人们确立了其社会地位和身份属性。

日常生活相对于作为社会整体和人类存在的"非日常生活"而言，它关乎人的个体生命自身，旨在维持个体生存和再生产活动。消费发生在日常生活，日常生活是消费的场所。日常生活包括消费，日常生活的内容是消费的对象。

二、消费日常与设计合法

消费的日常性在很大程度上实现了设计的合法化。因为，消费的前提不仅是丰盛的

---

① ［法］让·波德里亚：《消费社会》，刘成富、全志刚译，南京大学出版社 2006 年版，第 9 页。

物，更是经过设计的物。消费不是对自然物的消费，而是对商品的消费。所有商品，不是天然存在，而必然要经过或多或少的"加工"或"创造"，即必然经过设计才实现。不管是对商品的物的消费，还是对商品的意义的消费，实则都是对设计的消费。同时，消费是设计的主要目的，也是最基本的目的。在消费社会里，设计与消费，就像一个硬币的两面，无法割裂。物的丰盛和意义的消费，是消费社会两个最主要的特点。丰盛，一方面是物的数量表征，是生产力的胜利；另一方面，丰盛也是物的种类表征，是设计的神话。多元的设计不仅保证了物的丰盛，支配了符号意义的丰满，更决定了消费的丰富。

商品在设计之手的操弄下，能够将消费社会所蕴含的欲望、价值、期盼等情感统统表达出来。设计凝结了社会关系并转化为视觉产品。设计、意识形态与商品，具有三位一体的动态关联。设计，是借助设计师的创意灵感，结合一定的物质材料和技术手段，将人的理想性观念和功能取向整合到物质性载体的过程。从最广泛的意义上说，所有人造物都是人们为了实现某种目的而被设计出来的，并且凭借与他物的差异性存在以及在被使用的过程中体现出价值而具有意义，因此所有经过设计的物都是功能物和符号物的统一体。所以，不论是功能性消费还是意义性消费，消费的对象都是人工之物，都是经过设计的物；不论是消费物的使用价值，还是消费物的符号价值，都说明了消费是对价值的消费，是对设计的消费，既是对设计过程的消费，也是对设计结果的消费。一言蔽之，消费是对设计的消费。消费成为日常的生活方式，也必然导致设计成为社会再生产过程的主要内容。

当消费成为人们的生活方式，成为日常生活的重要组成部分，可以说，消费的影响力已经扩散到社会的各个角落，设计也不例外。设计对消费文化产生影响，消费文化也改变着设计。"当艺术与日常生活的界限日渐消融，当消费者逐渐以商品来象征意义及价值，当出现了特有商品的新市场时，设计的本质也在改变。"[①] 这种影响力不仅体现在设计的过程、结果，也体现在设计的方法和观念中。

（一）设计的消费化

现代设计经过一个半世纪的漫长发展，逐渐实现了产业化。设计的产业化实质上也是设计成果的商品化和设计意义的社会化过程。设计产业链条中的所有环节，都指向一个最直接的目的——利润，而利润只能通过消费者的消费行为得以最终实现。只有消费参与，设计产业的链条才算完整。英国学者佩妮·斯帕克曾说过："设计，跨越了技术

---

① ［英］雷切尔·库珀、迈克·普瑞斯：《何谓设计》，游万来、宋正同译，载李砚祖编著：《外国设计艺术经典论著选读》上，清华大学出版社 2006 年版，第 61 页。

与文化的分野：既作为大众生产的内在过程之一，又同时具有沟通社会文化的价值，因此当现代设计涉足于消费世界的同时，另一只脚也跨入了生产世界。的确，设计作为一种有效的势力，既能实现消费与生产的有机联系，还能进一步完成消费与生产的无缝链接。"①

设计必须被消费。在消费社会，设计不似艺术，其价值可以在意识接受和理解的层面完成。作为市场行为的设计活动，其价值必须通过消费才能实现。美国第一代工业设计师罗维曾说，最美的曲线不是产品造型，而是不断上升的销售额曲线。它一语道破了设计与消费的同盟关系。消费是设计的目的，设计以消费作为归宿，为消费服务。

在消费社会里，设计师面临更具挑战性的任务，他们要能细微观察、体味、同情各种社会生活和现象，敏感地寻求任何一个微小的需求"黑洞"。每发现一个需求的黑洞，即意味着一处设计的可能性，一个潜在的消费市场，也意指着一处商机和利益。电脑已经成为现代人日常工作和生活的必要工具之一。随着生活节奏的加速以及移动生活方式的普及，笔记本电脑早已从昂贵的奢侈品发展成为日常的必需品。白领、大学生、教授、医生、摄影师、记者等各种对移动办公具有要求的行业人群，笔记本电脑能极大地方便他们工作或学习的需要。当笔记本电脑的市场已经过度饱和，竞争激烈，利润空间缩小，然而其配套产品的市场却还远未成熟。由于传统电脑都是台式机，不存在携带移动的需求，因此也没有所谓"电脑包"的概念。因此很长一段时间，国内市场上所有与笔记本电脑配套的电脑包，都是公文包形式的。这类产品设计的功能诉求十分单一，就是保护电脑：手提或单肩，黑色，厚重……成为它们的统一形象。而现在，针对多样的用户人群及其特点，电脑包早已摆脱了灰头土脸的老套样子，保护的功能退居其次，便携、时尚等成为新的设计重点。

（二）设计的日常化

消费社会中，设计成为生产符号与影像的再生产过程。审美的设计重新参与到所有的符号与影像的创意生产之中。在消费文化和设计文化的双重催化作用下，任何日常生活之物都可能以审美的方式或以符号的方式呈现。设计开始侵入日常生活。

消费是人们日常生活中的重要内容，也是人们生活方式的集中体现。在这个新的历史阶段中，设计的领域和范围扩展了，它不再局限于传统的、早期的范式，而是覆盖到整个日常生活之中，并成为消费的对象。在购物、工作、娱乐甚至在日常生活最琐碎的细节里被消费。设计的创意经常隐藏在"最隐秘的皱褶和角落里"。

① Penny Sparke, *An Introduction to Design and Culture: 1900 to the Present.* Second Edition. London and New-York: Routledge, 2004, p.34.

设计不再是存在于博物馆、画廊、展厅或高档消费场所中，只能被人怀着景仰的心情去顶礼膜拜。人们发现，设计的原点早已散布在身边的点滴角落。法国学者列斐伏尔呼吁"把注意力放在生活的喜悦上"，似乎在启发当时的设计师们，要着眼于琐碎的平常生活，试图发掘平凡的非凡之处。美国 ECCO 设计公司总经理艾里克·陈曾说道，正是因为设计师视角的介入，日常事物才焕发出新的魅力。日常事物也可以是美丽、简洁和充满诗意的。他说："有力的设计出自于简单的材料。设计的基础是要激起内在的情感并以一种创造性的方式去表达这种情感。有力的设计会以简单的日用品为挑战，并将它们带入更高的境界。"①

日常用品的设计不是琐碎无趣的，相反它具有强大的生命力。因为这些日常设计的背后有坚实的群众基础，大众才是推动设计发展的根本动力，因此这些不起眼的日常设计拥有非常广阔的发展空间。日常比时尚拥有更加长久的生命力，时尚是短暂的，总会被不断改变和超越；日常与生活相续，生命不息日常永在。日常生活的设计，细腻差异化的生活细节作为设计内容。越是那些反映出平淡、细微、不值一提的生活体验的设计，越是如空气般了无做作的痕迹，就越是好的设计。

（三）设计的符号化

在消费文化的逻辑下，交换价值支配着人们对于商品的接受、对符号的占有、对自我的认同。符号的意义成为商品最有价值的存在。鲍德里亚也认为，消费必然导致对符号的积极掌控。既然如此，在整个消费链条中，制造符号的环节便具有原生性地位，而设计正是实现符号创生的"神奇之手"。符号的物，也是设计的物，成为消费者进行自我定义的工具。

这里的符号，是指表征个人身份归属和社会结构的符号。"我们的职业（工业设计）绝不是属于艺术家的，也一定不属于美学家，而宁可说是属于语义学家……物体必须散发出符号，就像孩子、动物和森林大火。"②法国天才设计师菲利普·斯塔克的这段话可以理解为，设计的产品具有符号的特质，不只是单纯的外观设计，还是具有象征意义的符号设计。

消费文化中的符号，更多指涉的是能指与所指之间相互关联的社会文化领域的象征叙事，它的范围比形态语义类的符号范畴宽泛得多。一般物品要成为消费对象，必须首先成为符号。正如鲍德里亚所言："为了成为消费对象，该对象必须变成符号；也就是

---

① [美] 克里斯蒂娜·古德里奇等编著：《设计的秘密：产品设计2》，刘爽译，中国青年出版社 2007 年版，第 131 页。

② 陈浩、高筠、肖金花编著：《语意的传达：产品设计符号理论与方法》，中国建筑工业出版社 2005 年版，第 9 页。

说，它必须以某种方式超越它正表征的一种关系。"① 即使是高科技产品也不例外。因为人无法直接与技术对话，必须借助一个平台才能实现与技术的互动，这里即表现为产品界面。作为产品的皮肤，它不是作为单纯形态语义的符号，而是蕴含了丰富的情感张力和意义能量。因此，设计师创造的符号不仅仅要基于产品的功能、用法、造型等物性层面，而转向对消费者的人性关怀之中。不同阶级、不同社会关系的人对具有相同使用功能的产品要求不一样的价值要求和情感寄托。他们所选择的设计实际上是对其特定阶层的生活方式的反映。

消费社会造成了个人的身份地位与消费的商品和服务的对应关系。产品的实用价值的重要性逐渐让渡给符号价值。产品成为符号、象征、意义的外壳，在被消费的过程里，其差异会传达到消费者手里。

（四）设计的视觉化

在人类的五大感觉系统中，视觉和触觉与设计的关系最为亲密，因此也最容易为设计所表现。将设计置于视觉坐标是一种文化学的研究方法。设计既是视觉化的过程，又是视觉化的结果。在影像优先的消费文化要求之下，如何将造型、色彩、质感、比例等视觉要素融合到产品整体之中，并能在第一时间吸引到消费者的注意力，是关系到设计是否能够刺激消费的关键问题。

另一方面，由于产品种类的过度丰盛，仅靠差异化的功能已无法标榜产品的独特性，而只有形成一种整体的视觉幻象，产品才能保证市场上的优先性。这种视觉幻象虽然表面上是由广告塑造的，实质上却是由设计师在构思之初就预先植入的。消费者不知道自己真正想要什么，该要什么，而是被幻象营造的美好感觉牵着鼻子走。产品不是作为提供解决问题的方案，而是由五光十色的光晕组成的想象性形象。正如维塔所言："对产品的设计就仅仅只是形象设计；假如形象是短暂的，局限于现在，是单纯的'商品造型'，设计就成了抽象的，被困在时尚中……在这个由设计师干预的世界正在呈现出来并显现出极度复杂性的时候，设计师的职责被笼罩在被降为仅仅为产品填加'符号'暧昧不清的阴霾之中。"②

美国后现代主义学者詹姆逊曾提出"形象就是商品"。在消费文化中，由于人们对商品的消费不仅是消费使用价值，而主要是消费商品的形象，从形象中获取情感体验和符号价值，因此，商品的形象便成为使用价值的代用品，取代商品本身成为消费对象。然而，不管是形象、影像还是幻象，都是直接或间接地由设计制造的视觉产品，其目的

---

① 李砚祖：《扩展的符号与设计消费的社会学》，《南京艺术学院学报（美术与设计版)》2007年第4期。

② ［意］马瑞佐罗·维塔：《设计的意义》，柳沙译，载李砚祖编著：《外国设计艺术经典论著选读》上，清华大学出版社2006年版，第83—84页。

都指向消费与利益。

结　语

　　某种意义上，消费与设计也可是同义的。不管是从消费的角度观察设计，还是设计的视角认识消费，两者之间都存在着诸多不可割裂的本质联系。消费社会的出现以及消费文化的盛行，对设计而言，既是机遇也是挑战。消费至上的社会趋势必然导致对设计产业的促进，设计产业的蓬勃发展也会反过来刺激进一步的消费，这是历史留给设计的难得机遇。同时，面对消费的多样化、符号化、分层化，如何调整策略与方法，不断改善设计，最有效地实现对消费的服务功能，是设计行业面临的一大挑战。更重要的是，当设计过度、消费过盛、乃至人的异化等社会问题产生时，设计师的道德标准和批判意识就显得更加重要。设计师要意识到，实现社会物质产品的再生产并不是唯一的目的，塑造和谐的、健康的消费文化才是当代设计最重要的任务之一。

元游戏：增强的游戏体验及其设计

桂宇晖 （华中师范大学美术学院）

Metagame 是专业术语，一种游戏策略，方法，或者行为，其超越了游戏所规定的一般规则、环境，需要使用外部条件来影响游戏。由于"Meta"这个拉丁文词根，有"在……之间、之后"的意思，Metagame 常被翻译成为亚游戏，亚策略，或亚游戏策略。但是，根据 Meta 词根原意翻译的"亚游戏"或"亚策略"并不妥当，无论是介于游戏与游戏之间、游戏与玩家之间、游戏与社会之间，还是游戏体验之后的范畴，都不能就因此而认为比游戏低一级，次一级，或弱一级，不是对游戏的淡化，反而由于元游戏的存在，出现的游戏社区增强了游戏的体验感和玩家之间的黏合度。

因此，与"亚游戏"的含义恰恰相反，Meta 词根代表的"之间"和"之后"的空间正是游戏的生根之所，孕育之处，是游戏的母体，是诞生游戏的游戏，是元游戏，按照"有玩、在玩、是玩"① 的概念范围可以知道元游戏是"有玩"之外的"在玩"范畴。即，游戏中那些源于游戏与外界环境的交互而非游戏规则决定的新游戏，另类游戏与游戏环境，包含玩家心态、游戏风格、玩家社会声望、游戏与外界的关系及游戏所处的具体而真实的社会环境。

总之，元游戏作用于游戏的魔法圈的内外界限之间。例如：

体育等竞技类游戏比赛之后，选手们在更衣室里的讨论比赛的聊天行为就是元游戏的信息交换；

学习，即使被部分学生视为竞赛游戏也不属于公认的游戏范畴。然而，学生因为想赢取拼字游戏的胜利而背单词就创造了元游戏的活动；

围棋选手以对手为假想敌，反复琢磨对手常用的策略的行为创造了元游戏思维；

在角色扮演游戏中，"元游戏思维"指玩家利用自己扮演的人物本不该知道的信息来

---

① 桂宇晖、郑达等：《游戏设计原理》，清华大学出版社 2011 年版，第 227、230 页。

获得优势，一般被看作是作弊行为。有些元游戏行为属于违背体育精神的范畴，如打球时用叫骂分散对手的注意力。而另一些元游戏行为则受人赞许，如自己给兵棋用的模型涂色上漆。所有这些情况本质上指的都是同一回事：把游戏与外界环境连接起来的行为。

一、元游戏的模型

在《启示录四骑士：角色扮演》的"元游戏"中，游戏艺术设计师李察·加菲把元游戏定义为"与自身之外发生交互的游戏"①。此定义涵括了诸多社会现象，李察·加菲把它们划分成了四大类：

a. 玩家给游戏带来了什么

b. 玩家从游戏带出去了什么

c. 游戏之间发生了什么

d. 游戏之中，除了游戏本身还发生了什么 ②

下面将通过李察·加菲提供的例子分析这四个大类。

（一）玩家给游戏带进来了什么

玩家总会带着些东西进入游戏，这些"东西"有时候是实物，有时候是看不见的思想、规则与文化。"万智牌"比赛用的牌组和棒球用的球棒都是玩家带进游戏的实际物体。国际象棋开局的知识，或者记住"红心大战"牌面的能力，则是玩家带进游戏的脑力资源。玩家通常多少对带什么进入游戏有一些选择的权利，不过某些资源是必备的：没有足球，则不成其为足球赛。玩家往往会从游戏前选择资源的过程中得到乐趣。在"战锤"这样的模型兵棋游戏中，玩家在游戏之前要花费无数小时设计自己的军队，这里的"设计"既指设计军队的外观，也指制定游戏策略。

玩家带入游戏的东西也分成四类：

a. 游戏资源指游戏必要的组成部分，比如一副纸牌、一对骰子、网球拍、棒球棒，甚至是敏捷的身手。

b. 策略性的准备与训练包括如分析对手的游戏风格、记忆游戏关卡（俗称"背版"）之类的活动。

---

① Richard Garfield, "Metagames." In *Horsemen of the Apocalypse: Essays on Roleplaying*, London: Jolly Roger Games, 2000, p.16.

② Richard Garfield, "Metagames." In *Horsemen of the Apocalypse: Essays on Roleplaying*, London: Jolly Roger Games, 2000, p. 17.

c.附加游戏资源指非必要的游戏元素，如游戏攻略和秘技。这类资源通常由游戏社群创造，并在社群内分享，分享的渠道可以是"官方"的，也可以是像爱好者网站这样的非官方渠道。

d.玩家的声望。

（二）元游戏创造什么

玩家也总会从游戏中带走一些东西。玩游戏获得头衔是很常见的事情。"头衔"可以是量化的事物，如奖金和正规比赛中的名次，还可以是更模糊的东西，像日后吹牛的谈资、在玩家中的社会地位。有时玩家只玩一局游戏就能拿到东西，有时要几次游戏才赢得胜利（如三盘两胜）。大型的竞赛活动可以持续几星期甚至几个月。玩家对待某一局游戏看得有多重，取决于这局游戏对别的游戏会有什么影响，在排位赛等有组织的比赛中这点尤为明显。元游戏带出去的是对玩家的心态与发挥可以产生重大的影响。

玩家也会从游戏中带走与头衔无关的东西，比如玩游戏的经验与体验。玩家的体验可能证实，也可能改变他们对某个对手，甚至游戏本身所持的看法，从而影响他将来的游戏进程。玩家还能把游戏的体验发展成一个故事：在最危险的时候如何获得了胜利（"真不敢相信，我投出了一个好球！"），让人难忘的好招或者昏招，游戏中发生的奇闻怪事。前面在"游戏的叙事"章节中已经讨论过，有些游戏（比如有比赛回放功能的赛车游戏）明确地把再现游戏过程作为自己的一个组成部分。当然，玩家也可以带走游戏资源——无论是对游戏玩法的知识，还是作为奖励赢得的一张集分卡。

（三）元游戏的相互关系

游戏与游戏之间如果有足够产生丰富的元游戏的空间，就会有核心体验的价值。对很多玩家来说，游戏之外的活动和游戏中的一样重要。玩家往往会思考自己的策略，为下次游戏而进行训练（"我下次要更主动地进攻"）。设计新的游戏王牌组，或者买一副新网球拍，这些为下次游戏带去什么东西所作的准备，是一种重要的游戏间活动。游戏之间的活动除了个人行为，还包括玩家之间的交流。他们会讨论上次游戏的情况，传递各种故事，建立玩家的声望。

另外，游戏之间的元游戏活动并不全是策略性的。在极限运动比赛之间用不干胶装饰自己的滑板，阅读自己将要在兵棋游戏里再现的历史战役的资料，这些都是元游戏的一部分。玩家从事这些活动为的是增加游戏体验的意义，而不是为了在游戏中获胜。

这一类元游戏范围很广，涉及的是现实生活对游戏的影响。有很多魔法圈外的因素会进入游戏体验，而且对其产生很强的影响。这类元游戏包括了竞争思想与战友之情这样的社会因素，也包括了游戏的物理环境，如灯光、噪音、场上叫骂、猜测对方心理、利用玩家声望……都是元游戏的例子。元游戏行为可能发展成违背体育精神的行为，违背了游戏隐含的规则。玩家社群为此决定允许还是禁止这类元游戏行为。

李察·加菲的四种分类说明了元游戏的众多可能性。他在该文中用这种分类法来讨论自己早年设计的一个游戏：万智牌，是市场上第一个集换式卡牌对战游戏，亦是目前全球最多人参与的同类型游戏，估计参与者约有600万人。1993年由美国数学教授李察·加菲设计，并经由威世智（Wizards Of The Coast）公司发行。万智牌获得的巨大成功，很大一部分原因就是他创新地在游戏艺术设计中融入了元游戏元素。他在"2000年游戏开发者大会"演讲时做出了如下的分析：

玩家给游戏带进来了什么：万智牌的一大特色，就是游戏中用到的牌是双方各出一半。对很多玩家来说，选择游戏资源都是游戏乐趣很大的组成部分，他们在这上面花的时间不比玩游戏用的时间少。有的玩家专门研究组牌，他们已经不被称为万智牌选手了，而是叫做牌组设计者、牌组分析者。

玩家从游戏带出去了什么：万智牌的一种传统玩法就是下注，双方游戏前各从牌组里随机抽一张牌，放到一边，两张牌都归赢的人所有。

万智牌也经常举行正规比赛，玩家能赢得名次和奖金。

游戏之间发生了什么：在万智牌比赛之间，游戏资源与信息的交换也在不断地进行。

游戏之中，除了游戏本身还发生了什么：所有的万智牌游戏中声望都是重要的。有些人只想赢得游戏，不考虑手段，而另一些人喜欢用不寻常的策略取胜，或者想证明某一种牌组是有用的。

二、元游戏的设计

"万智牌"丰富的元游戏，来源于几个关键的设计决策。游戏的基本结构决定了玩家要自己收集游戏用的纸牌。因为这是游戏必要的组成部分，玩家很快就会明白，准备阶段的元游戏，与万智牌的面对面对决，两者是密不可分的。

万智牌围绕着一个简单的回合制系统来进行，它的复杂性不是来自这几条核心规则，而是来自千万张纸牌所产生的无数特例。游戏艺术设计师格雷·格柯斯特恩（Greg Costikyan）称万智牌这样在一组简单的标准规则之外加上许多变化规则的游戏为"例外游戏"。[1]

---

[1] See Greg Costikyan, "Don't be a Vidiot: What Computer Game Designers can Learn from Non-Electronic Games." Speech given at the 1998 Game Developer's Conference. Archived at: www.costik.com/vidiot.hmtl.

举个例子，万智牌用来计算生物攻击的规则十分简单，但具体的纸牌却包含许多种不同的生物。墙只能进行防御；飞行生物可以越过任何不能飞行的防御生物。这些"例外"情况又产生出了新的生物组合，比如飞行的墙就可以阻拦飞行生物，却只能防御，不能进攻。这种复杂的分类系统，加上生物数值的各种变化（费用、攻击力、防御力、颜色），还有各种"特例"技能，可以产生出千万种生物的组合。而生物还只是万智牌几种基本牌类中的一种！

万智牌这种模块化、专门化的设计，使得探索牌的种类、组合与策略成了其元游戏的重要成分。纸牌方便携带，有收藏价值，自然地会被玩家用来交易和下注。万智牌在各种层面上都促进、鼓励着元游戏活动的发生，这是它长盛不衰的原因之一。

为了保证一个游戏长期性的成功，设计者必须考虑到它的元游戏成分。弗朗索瓦·多米尼克·阿朗姆（Francois Dominic Laramée）写道：

元游戏能显著地延长一个游戏的生命周期。我记得一个在线冒险游戏，玩家在谜题解开几个月后还留在游戏中，成了为新人提供解谜线索的"长者"。①

没有了元游戏，游戏体验自身仍能提供乐趣，但在游戏外就没有意义了。

设计有意义的社会游戏，通常就是设计有意义的元游戏。但是怎样才能实现呢？前面的章节已经提到过，游戏艺术设计是一个二阶设计问题。游戏艺术设计者只能直接设计规则，而游戏体验则是从规则中产生的结果。与此相似，社会游戏，尤其是元游戏，只与形式性的游戏艺术设计有着间接的联系。事实上，任何游戏的元游戏成分都有一大部分发生在游戏艺术设计者的能力范围之外，因为它产生于玩家的社群与外界的社会。

不过，游戏艺术设计也可以推动元游戏的产生。在许多在线游戏中，聊天功能之类的网络社区功能让玩家得以在游戏中建立社会关系，这些社会关系又能在游戏之外获得发展。比如网络上有个玩红心大战和桥牌的玩家群体叫"家庭主妇"，她们游戏时的大部分精力其实是花在与朋友交谈上。和她们打红心大战，从而成为朋友的玩家不仅重视元游戏所产生的社会群体，更甚于红心大战的形式性体验。和万智牌的玩家社群一样，这个社群的力量来自游戏艺术设计者所提供的环境。设计者尽管不能直接设计元游戏，却能够设法鼓励玩家获得游戏外的体验。李察·加菲或许没有设计某个玩家打万智牌时用的叫战台词，却为其提供了游戏的环境。

很不幸，游戏艺术设计者往往只看到游戏在设计与制作上的复杂性，而忘记了游戏所处的社会环境。玩家给游戏带来了什么，又带走了什么？什么样的结构能促成有益的元游戏：是有丰富背景的故事世界，鼓励玩家学习游戏策略的深邃系统，刺激社会交换的经济奖励，还是给玩家工具，让他们创造自己的社群？

---

① Francois Dominic Laramée, *Game Design Perspectives*, Cengage Learning 1st, 2002, p.112.

三、元游戏的社会界限

元游戏把游戏带到了魔法圈的边界线上。"游戏规则"要求把游戏看做封闭的系统，但在"是玩"阶段，游戏被看做封闭系统，却也与外部世界交互。这种变化在讨论社会游戏时最为明显。不论是有限和无限玩家社群，还是游戏的理想规则与现实规则，社会游戏既属于规则的形式结构，也是社会环境的产物。

所谓"社会环境"在游戏设计中，就是指游戏文化。游戏的每一个万智牌选手，每一个"家庭主妇"的庄家，每一个转瓶子游戏里的接吻者，他们不仅仅存在于社群之中，也是众多社会环境的一部分，从国籍、民族到意识形态和政治信仰。需要游戏设计者离开游戏本身转向游戏文化的更大领域。

（一）友情

在游戏环境里，与其他人建立有意义的线上关系需要满足以下三点[①]：

a. 交谈。很多在线游戏都没有提供玩家相互交谈的能力——设计师希望在游戏过程中能产生各种非口头的信息交流，并且觉得有了这些交流就足够了。但并不是这样的。要让一个社区形成起来，玩家必须能自由地相互交谈。

自我表达在任何一个多人游戏里都是非常重要的。虽然玩家能通过游戏策略和玩法风格来表达自己为什么我们只满足于停步在这里呢？毕竟你是在建立一个让玩家做想做的任何事的奇幻国度：为什么不让他们表达出来呢？在线上游戏里，丰富和富有表现力的角色自定义系统是深受玩家喜爱的。同样，在聊天系统中能让玩家发送表情或者为显示的文字选择自己的颜色和字体的设置是最受欢迎的。

玩家的自我表达还不限于线上游戏，你还能从字谜游戏以及看图猜字游戏里看到自我表达的力量。游戏艺术设计师肖恩·巴顿曾经做过一个桌面游戏，游戏的主题是让一个小孩在不弄脏自己的前提下玩耍的。当你脏了以后，你必须把你身上的泥土染色到你的角色卡上。玩家都很高兴地为自己变脏编造出各种故事，然后帮他们的角色染色来匹配上这个故事，即使是"地产大亨"也让玩家能表达自己，尽管它只有2—8名玩家，但游戏里有着12种不同的棋子。这是确保玩家有机会去表达自己的一种很简单的方法。

b. 值得交谈的人。玩家不会和其他任何人交谈，正如你不能认为一辆公车上的陌生人会互相交谈那样。玩家想和谁交谈，以及为什么会和这些人交谈有着很大的变化。成

---

① See Katie Salen, Eric Zimmerman. *Ruler of Play game design fundamentals,* The MIT Press, Cambridge, Massachusetts, London, England, Massachusetts Institute of Technology, 2004, p.341.

人往往会和那些与他们的问题相关的人交谈，年轻人通常会寻找性别相反的人或者比他们常规的朋友更有趣的人交谈。而小儿童一般对陌生人是没什么兴趣的，他们更喜欢从真实生活中结交朋友。还必须了解游戏专属的社交类型：玩家会寻找竞争对手吗？会寻找协作伙伴吗？会找助手吗？会找一些快餐式或者长期式的伙伴关系吗？假如玩家不能找到他们有兴趣去交谈的人。他们很快就会渐渐离开游戏了。

c. 值得交谈的内容。前两点在一个好的聊天室里都能满足。但要培养出一个社区。游戏里还要能不断地给予玩家各种谈资。这可以使游戏的规则发生策略性的深层次变化，比如象棋社区里的策略破解与公会共同策略的约定。好的在线游戏必须在社区和游戏间有着很好的平衡。假如游戏不够有趣，社区就没有任何可以谈论的内容；另一方面，假如游戏的社区支持不够，即使玩家喜欢这个游戏，最终也会离开的。

友情关系有着三个截然不同的阶段。假如你想这些友情关系能发展和存活下来，那你的游戏必须很好地支持每一个阶段。

（二）冲突

冲突是所有所有社区的核心[①]：一支游戏团队变成一个强健的社区是因为他们和其他游戏团队有着冲突；教师家长会之所以变成一个社区是因为他们都为更好的学校而奋斗；一群同时期汽车的狂热者变成一个社区是因为他们都共同和无序的品牌市场抗战。冲突是游戏中天生就有的部分，但并非所有的游戏冲突都能导致社区的形成。例如，单人游戏里的冲突是不太会产生一个社区的。你的游戏里必须同时包含两类冲突。一类冲突能刺激到玩家去证明自己优于别人（与其他人的冲突对抗）。另一类冲突在人们一起合作时有更大可能解决（与游戏的冲突对抗）。

很多游戏都基于这两类冲突建立起社区：例如收集卡牌的游戏。这种游戏的核心在于变成社区里最捧的玩家，但由于游戏的策略是很复杂的，于是玩家也会花很多时间去分享和讨论各种策略。

在社区环境中存在两种情况，一种是人们并不清楚附近住的是什么人，另一种是每个人都互相了解，整个邻里环境就像一个社区那样。这是因为里面住的是不同的人吗？不。这通常是邻里关系的设计所带来的副作用。假如邻里环境是设计成可走的（且有着一个有意义的目的地的），那能给邻居交流的机会。而且如果邻里环境中有着不少死胡同的路，那往往这条路不会有什么车辆通行，于是当你看到有人经过时，你有很好的机会可以去了解他们。换句话说，你有很频繁的机会可以与同样的人一次又一次地碰面和交流。在线世界也应该支持同样的设计特点。一方面通过好友列表和公会，另一方面通

---

① ［英］乔纳森·伯龙:《思维与决策》，胡苏云译，四川人民出版社 2003 年版，第 289 页。

过建立一些人们很可能一次又一次地见到对方，且有时间去交谈的场所。

当你在游戏里建立出不止玩家拥有。而是能让多个玩家拥有的财产后，这些财产能鼓励玩家联合起来。例如在你的游戏里可能单个玩家没有能力去购买一艘船。但一群玩家组在一起能共同拥有这艘船。如此这群人实际上是变成了一个即时建起的社区了。因为他们必须频繁交流，且保持相互的友情。当然，你建立的财产也不是非得是有形的。例如一个公会的地位也是一种社区公有财产。

（三）层级

当你在设计一个游戏的社区时。实际上你是在为处于不同体验层级的玩家设计三个单独的游戏：

层级1：新手阶段。新进入游戏社区的玩家通常都会不知所措。他们此时还没有接触到游戏本身的挑战，而仅仅是应付如何掌握游戏玩法的挑战。从某种意义上来说，学习如何去玩游戏的过程对他们来说也是游戏的一部分，因此你有责任把学习过程设计得尽可能奖励丰富。假如不这样，那新手玩家会在他真正融入到游戏前就放弃了，而你会明显地限制了你的受众。让新手玩家接受这个学习，充满奖励且与游戏密切相关的最好办法是制造一些场合，让他们能和更有经验的玩家进行有意义的交互。一些有经验的玩家喜欢招待和教导新手玩家。但假如没有足够的玩家这样做时，为什么不用一些游戏内的奖励来吸引玩家去帮助新手呢？"暴战机甲兵"游戏的在线版本以一种有趣的方式间接做到了这一点：有经验的玩家会担任将军的角色，他们必须雇佣自己的军队。新手玩家都很愿意响应号召。以去到军事行动的目的地为荣，而这些地方往往是前线，那里通常是更有经验的玩家避免涉足的地方。即使这些新手玩家通常都会被屠杀掉，但这在某种程度上是一种双赢的局面——将军有了很多的"炮灰"。而新手玩家可以马上品尝到一场军事行动是怎么样的。

层级2：玩家阶段。此时玩家已经越过新手阶段了。他们完全理解了游戏并沉浸在游戏的各种活动里。不断尝试着去掌握和专精此类活动。游戏里大部分的设计都是瞄准这群人的。

层级3：老手阶段。很多游戏都有着某件让升级平缓下来的系统，尤其是在线游戏，此时游戏里达到一个不再有趣的点。游戏里大部分的秘密已经被探索过了，游戏里很多快乐元素已经被挤干了。当玩家到达这个状态时，他们往往会离开游戏，寻找下一个有着各种崭新秘密的新游戏。尽管如此，一些游戏还是设法留住了这些老手玩家——通过给他们一种完全不同的游戏玩法。一种合适他们的技能水平、专业程度，以及对游戏的专注程度的玩法。把这些老手玩家留下来是有着极大的好处的，因为他们通常是你的游戏最有力的宣传者，并且他们在你的游戏里都是专家，往往能教会你如何提升这个游戏。

这三个层级听起来好像需要花费很多精力，但事实上它们实现起来是很简单的。例如，每年的复活节 Katie Salen 的邻居都会为所有住在那里的小孩举办一场找彩蛋的活动。很自然地，他们发现这场活动适用于这三种游戏层级上 ①：

层级 1——年龄在 2—5 岁（新手阶段）：这些小孩会在远离年龄更大的小孩的区域里寻找彩蛋。如此就能避免和他们竞争了。所有的彩蛋都是一目了然地放置的，并没有真正隐藏起来。然而对这些学龄前儿童来说，光是在整个空间里辨向、找出彩蛋。并把它们捡起来就已经是不小的挑战了。场地上有着很多的彩蛋：不会有霸道的大儿童来破坏了他们的乐趣的。

层级 2——年龄在 6—9 岁（玩家阶段）：这些儿童喜欢在一个很大的区域里进行正规的寻蛋游戏，要在各处隐藏的地方找出彩蛋有时候是很棘手的。每个人都有着足够的彩蛋可以拿到，但这群儿童还是需要快速移动和仔细寻找的。

层级 3——年龄在 10—13 岁（老手阶段）：这些年龄较大的儿童被授予的任务是把彩蛋藏起来。他们对这项工作充满自豪，觉得它很有挑战性和很有趣，对这种职责感到很有荣誉。也很享受它带来的相对于其他更小的小孩的身份地位对比。他们也常常会为那些遇到麻烦的小孩提供线索。

单独产生冲突是不能造就社区的，冲突的情形一定要在一个人得到其他人的威胁下有助于冲突的解决。大多数的视频游戏艺术设计师都习惯于制作单个玩家玩的游戏，即使在多人游戏里也如法炮制。这种逻辑就像是"我不希望排除了那些想要自己。一个人玩的玩家"。这的确是一个符合逻辑的关注点，但假如你做出来的游戏能让玩家一个人就可以专精了，那你就削弱了社区的价值了。反过来，如果你塑造出很多场合是玩家必须相互沟通和交互才能成功的，那你才给予了社区真正的价值。这通常牵涉了要从玩家身上取走一些东西的违反直觉的步骤。例如，在"卡通城在线"游戏 ②，Katie Salen 和 Eric Zimmerman 的团队决定采用一种很不寻常的规则：玩家无法在一场战斗里治疗自己。他们只能治疗其他玩家。当时我们非常担心这会让以比分玩家泄气。但当我们实现了这套机制以后。情况看起来并不这样。相反的是它很好地达成我们希望的目标了。它迫使人们开始交流（"我需要治疗"！），也鼓励他们相互帮助。并且人们的确开始互相帮助了——帮助别人的过程能带来一种深层的满足感，即使仅仅是帮助别人在一个视频游戏里获胜也能带来这样的感觉，然而我们往往脑腆得不去帮助别人，害怕给予帮助会侮辱了他们。但假如你创造出让玩家需要互相帮助。且很容易就能寻求帮助的场

① See Katie Salen, Eric Zimmerman. *Ruler of Play game design fundamentals*, The MIT Press, Cambridge, Massachusetts, London, England, Massachusetts Institute of Technology, 2004, p.347.

② See Katie Salen, Eric Zimmerman. *Ruler of Play game design fundamentals*, The MIT Press, Cambridge, Massachusetts, London, England, Massachusetts Institute of Technology, 2004, p.356.

合，那其他人就会很快就来援助他们，而你的社区也会因此变得更强健。

社区对游戏的体验是很重要的，需要设计师建立各种合适的工具来让你的玩家相互交流和组织。你可能还需要设立专业的社区管理人员，让他在设计师和玩家之间维护一个强大的反馈回路。你可以把这些管理人员看作是园丁，他们不会直接地创造这些社区。但他们为这些社区种下种子，并通过观察和满足其特殊需求来促进社区成长，这是一个培育、倾听和促进的角色，因此毫不奇怪地，很多最佳的社区管理员都是女性。埃米·乔基姆在《在网络中建立社区》里有一些建议，书中谈到如何通过在"抓"跟"放"之间达到一个合适的平衡点来小心地管理你的线上社区。

四、元游戏的设计师义务

对澳大利亚的一部分原住民来说。出乎意料地给一份礼物是被看做很不礼貌的事，因为这样做使得对方有了回礼的负担。这并非是一种极端的文化差异，人情与还人情在所有文化里都存在。如果你能创造出一些场合让人们能互相承诺（"我们在星期三晚上10点碰头，一起去杀洞穴巨人"）或者互相欠人情（这次治疗救了我一命！我欠你一个人情！），那玩家会把这些义务和人情看得很重。很多"魔兽世界"的玩家都会说到对公会的义务成为了他们必须按时进入游戏的重要原因，部分原因也在于他们在公会里享有很高的身份待遇。但通常都是基于另一个原因——他们想要避免造成太低的身份地位。没有人希望被其他玩家给予负面评价。而失信于人是最容易引起人们糟糕评价的方式。仔细地设计出各种玩家间许诺的系统。这是能让你的玩家有规律地回游戏的极好的方法。也是能有助于建立强大的社区的极好方法。

几乎所有成功的社区都有着很多常规事件。在现实世界里，这些事件可以是聚会、派对、竞技赛、练习赛。或者颁奖仪式。而在虚拟世界里也是几乎一样的。这些事件在一个社区里是能达到很多目的的：

它们给予玩家一些期盼的东西。

它们创造了一种共有的体验，让玩家感觉和社区有更多的联系。

它们打破了漫长的时间，给玩家一些可以记住的东西。

它们能保证玩家有机会和其他人联系。

这些事件的频繁通知让玩家会不断回顾，以求能推测到接下来要发生哪些事件。

玩家往往会创造出自己的事件，但为什么不先创造出一些官方的事件呢？在一个网络游戏里，为玩家建立一个简单的目标是和发送大批量的邮件一样简单的。社区成为人类生活中重要的一部分已经经历了好几个世纪了，而游戏社区的大部分历程是通过专业和业余游戏团队建立的。随着我们转变到因特网的时代。各种新类型的游戏社区也开始变得重要起来。在如今这个新时期，一个人的网络身份已经变得很重要且有着很浓的个人成分了。选择一种线上的称呼和身份变成了小孩和年轻人一种来往仪式。大多数在网上建立的身份会沿用在他们一生里，他们在 20 年前建立的称呼到如今还在用着。也没有打算过在将来要改变它。而一个人能够获得的大部分印象深刻的在线体验都是通过多人游戏世界的，把这点结合前面的一点我们可以很容易想象到。

　　将来玩家会在小时候就在游戏里建立角色，然后在他们长大的过程中部一直把它用作个人和职业生活中的一部分。就像现在的人们通常都会一辈子拥护一个特定的球队那样。① 可能一个玩家在童年时代进入的公会能影响他一生中加入的社交网络。那在玩家死去以后这些在线身份和社交网络会发生什么情况呢？也许这些玩家会以某种形式在线陵墓被纪念下来，又或者他们的角色会留下来，传到我们的儿童和孙子那里，让我们将来的子孙和他们的祖先有一种奇特的联系。这是在线游戏开发的一个兴奋的时刻，因为我们造就的各种新类型的社区会成为人类文化中几个世纪里一直长存的元素。

---

① Katie Salen, Eric Zimmerman. *Ruler of Play game design fundamentals*, The MIT Press, Cambridge, Massachusetts, London, England, Massachusetts Institute of Technology, 2004, p.357.

非物态设计——设计，从无形到有形

郑巨欣（中国美术学院）

大凡称之为设计的，便会有功能的要求和境界之别。若只是为解决现实生活中必须要解决的问题而设计，那是设计基本职能之所在。如为了满足人们衣、食、住、行等日常生活需要所从事的设计活动。但是，如果在此之上，设计师还竭尽所能地为人们设计出超乎想象的东西，而设计结果又刚好是人们所需要的，那么无论对于设计师还是设计消费者来说，或将都可以从中得到不仅是基本需要的满足，而且还有精神的享受和升华。这种时候的设计，显然已不再是满足基本功能要求的设计，而是一种追求境界的设计努力。这种不是为了解决基本功能要求，而是为了境界之别的设计，正是我在这里说的非物态设计所要追求的，同时也构成了非物态设计的基本属性之一。

非物态设计这个名称是我在 2010 年生造出来的，它作为中国美术学院设计艺术学系的课程名称也已经使用到第五个年头了。但是非物态设计本身却不是因为有了名称之后才有的，它是人类固有的能力之一，只不过是在设计初级阶段时人们并不在意或是对它的需求没有那么强烈罢了。因为在设计初级阶段，人们对于物质形态设计的需求程度远远超过了对于非物态设计方面的需求程度，所以非物态设计虽不都是，却总是隐藏在物态设计的背后而鲜为人们所重视。

非物态设计何时从原来依附于物态设计中独立出来，并没有明确的时间界限，且各国各地区直至社会个体的情况均有差别。不过，我们可以根据其逐渐被人们关注的演变过程，将它区分为几个具有明显特征的阶段。第一个阶段，大抵截止于 17 世纪到 19 世纪前后，其中的 18 世纪是一个启蒙转型的时期，而此前的历史因为太过漫长，所以就不打算在这里展开了。在这个阶段的设计与我们今天理解的设计概念有所不同，有人把这个阶段的设计称为以手工艺为主体的设计。在手工艺阶段，设计非常具体，不仅设计的出发点在于满足人们的基本生活需求，如最高的理想莫过于在有生之年衣食无忧，所以设计不仅在总体上都是围绕着这个中心展开，而且设计也无不依附于人本身而存在，所以人亡艺亡。从第一个阶段结束到 20 世纪为止，一方面由于机器将人与物品生产之间原来的直接关系变成了间接关系，所以更具有抽象劳动特征的设计便逐渐从具体的造物劳动中独立出来，有人说这个时候才有设计，其实是不对的，只不过是这个时候的设计比以往更加独立而已，就像人类的成年自童年而来一样。这个阶段的特征在于非物态设计形成了相对独立于物态设计之外的群体和相应的社会组织形式，如各种设计公司和生产型大企业等。此时的设计不再完全依附于物态和人本身而存在，许多原来需要人工完成的设计通过计算机的计算和程序得到控制和实现，摄影和摄像技术在很大程度上解决了原来记录写真的手艺性劳顿。20 世纪发展的技术是社会进步最明显的果实之一，但它的哲学结果却常常被人们所忽略，而且由此带给人们某些生活方面的更大的控制权或自由，早已在不经意间让个人逐渐成为设计的主角。这就是为什么创意几乎成了设计的代名词，设计越来越尊重个体想法的原因。由于创意从本质上说来自于个体的思想，所以未来设计与设计之间的竞争不再是公司与公司之间的竞争，而将越来越突出人与人之间的竞争，而人与人之间的竞争最终又归结或上升为创意与创意之间的竞争，其实创意就是一种非物态的存在。不仅如此，从设计的另一方面即设计消费方来说，也对设计提出了相应的诉求，而不只停留在设计产品本身，更是延伸到了对于产品设计系统整体的关注，比如人们意识到了材料在很大程度上决定产品的品质，因此他们会从选材开始关注设计，比如人们意识到产品最终是给人用的，因此他们会在关注品牌之外，更加关注售后服务以及消费的便利性、舒适度，甚至当社会风气和审美在某种生活方式上出现新迹象时，就有设计师"闻风而动"，通过设计来实现设计消费者想所未想，却又刚好是他们期望的结果。诸如上述这样的一些设计发展趋向和态势，日渐使非物态设计这个概念鲜明起来。由此我们可以相信，21 世纪的设计将不再突出物态设计，而应是一个以非物态设计为特征的时代。

但是现有不少人将这种普遍存在并在各国逐渐形成的设计方式，移花接木统称为服务设计，将设计定位于服务，或用服务限定设计的属性，这种观点其实对于设计学科建设以及设计认识本身都是非常有害的。大家知道，服务设计（Service Design）这个概念源于 20 世纪 50 年代以后的西方社会思想，但近十多年来已经逐渐在中国普及开来，主要原因在于从业人员中有不少人对于外来的东西总是不分青红皂白，也不管精华与糟粕，一概统吃，全盘接受。另一方面也有人认为服务业在世界多数国家的国民经济中占有明显的优势，换句话说是因为服务业发展而带动了服务设计的兴起。对于前者，我们显然是不赞成的，而对于后者，其实又是混淆了设计与行业管理或服务运作之间的界线。如果听任其发展，势必会让设计发展迷失方向，至少设计的主导性地位将会迷失在极其复杂和缺乏明确定义的被动性服务中。比如有人说服务设计是关于过程的设计，强调的是服务提供方、客户／使用者、传递实体之间的关系，并且其核心在于完整的服务包与传递系统的设计，说白了这只是一种产品运营的关系而不是设计。因为设计毕竟不同于服务，设计与生产、消费有先后之分，且设计本身又有一定的质量标准和功用之别，尤其在今天，人们对于设计的认识多半已经从价格经济逐渐转向价值体验经济，从原来强调变化的物态设计转向针对生活方式的品位追求。因此，我们不能简单地移植服务设计这个概念来试图改变设计本身的逻辑发展。但与此同时，我们也不可否认非物态设计与所谓的服务设计也有重叠的地方，就像对于过程的强调，对于合作的热忱，对于产品的跟踪等，非物态设计也同样强调设计对于物态全过程的渗透，主张开放与合作，建立设计生态系统性必要性等，并且视服务设计为非物态设计的重要组成部分之一。

我之所以认为非物态设计这个概念才适用于接续原来物态设计在今天自然发展的结果，原因在于这个时代类似于手机多功能设计、远程控制设计等，在促进人与人的联系、交往和互动中，又产生了一整套新的公共价值观，这种新的公共价值观反过来又影响着设计的创新。与此同时，源于个体的创意在今天甚至已经无须通过传统的公司模式与生产企业、消费个体发生关系，因为利用互联网和微信平台等电子媒介方式，正在更加迅速且有效地超越传统的集团间的合作模式。有时候源于个体的一个设计创意，即能冲破肤色或东西方文化差异以及制度障碍，轻松实现自己社会分工和资源再平衡的诉求。这种情况已经完全不同于过去强调物态设计的阶段，设计只能也仅仅作为生产的前道工序，被局限在已经被预先计划好的生产流水线的某一环节上，而是成为了一张无形的网络化系统上的一个结点，尽管这个无形之网巨大无比，但它总能赋予每一个有创意的设计师相对公平地成为设计主角的机会和可能。这种机会和可能在以物态设计为主的设计发展阶段几乎是不可能实现的，因为那些本来可以独立左右设计的非物态元素，在强调以造物为最终结果的设计中，由于个体为实现创意可视化，在面临批量生产而将支付高昂的生产和材料成本时，便放弃了非物态设计，甚至在它产生之初就因为无法实现物化而夭折了，有些则在不断融入造物形成过程中，在造物呈现出结果的时候便宣告结束了。所以在以物态设计为主的设计发展阶段，非物态设计总是难以积极参与在制造、销售和使用的物态生命周期的全过程当中，与物态设计及相关人、环境和谐共生，相融并进，显然像这样的一种情形，今天正处于积极修正之中。

经过上述讨论和说明，接下来我们不妨结合具体实例，来进一步阐明非物态设计在今天显现出来的必要性和必然性。比如过去我们在设计教学中指导学生设计时，布置的作业题目往往都比较具体，像服装设计课程，通常都会事先明确作业是童装、女装、男装或礼服、职业服设计等，结果学生无论是开始调研还是查找资料，都会针对相应的作业对象展开工作，殊不知这些具体的款式、花样的所谓适用性，最初皆源于人的需要，而现在看到的样式多半相沿成习而已。从已经归类的属性中去寻找设计的灵感，结果只能束缚于教条主义，如果不从今天的实际需要出发，如果没有看到今天岁数大的妇女反倒像女孩一样追求花哨的现象，如果没有看到男性的女性化倾向抑或女性的男性化现象等，这种看不到环境和观念变化对于社会群体需求变化的影响的结果，其设计肯定也是既满足不了衣装服饰的目的，更不可能有让人耳目一新的感觉。人的需求是无形的，可设计又必须从无形开始，这种看似悖论的非物态设计却在今天成了创新的源动力。再如设计家具中座具也是一样，过去出题多半会明确关于椅子或凳子的设计，于是学生会在参考以往凳、椅实例的基础上，或汲取民族传统的凳、椅款型，或参考现代国际风格的凳、椅款型，然后加以变化改良，算是完成了设计作业。殊不知椅子或凳子的出现源于人对于某种坐的方式需要，所以关于凳、椅的设计如果不事先研究座的方式，不关注由于社会观念和科技发展对人的影响，以及由此产生的新的生活方式对于人的坐的方式、舒适度等方面的影响，又怎么能够设计出属于这个时代，既能满足今天人们对于坐的需要，又包含了诸如数字信息或其他等超乎人们想象的凳、椅的新样式呢？毫无疑问，关于坐的方式设计也是一种非物态的设计。值得注意的是，无论是服装设计、家具设计，还是其他住所、移动、媒体等的设计也都一样。如果设计师自以为由于设计出了新式凳椅就大功告成了，结果就此交到生产企业，任其照样画葫芦，任由销售促销，也不去考虑如何监理生产，参与销售策划，指导设计消费者正确使用产品以及相应的保养、维修等问题，那么设计在这里显然就没有实质性的发展了。因为发展非物态设计的使命之一，就是为了在原来物态设计基础上，让设计朝着更加人性化、生态化、系统化和时代化的方向发展。

虽然非物态设计直到 21 世纪才变得更加重要，原因在于过去社会环境、生产力水平和生产关系还没有达到与非物态设计相适应的条件。但有意思的是，现代社会发展的方向以及发展中面临的问题，往往都能从中国先哲思想中找到理论答案。大家知道，老子《道德经》有一段关于手工艺阶段设计原理的著名论述："三十幅共一毂，当其无，有车之用。埏埴以为器，当其无，有器之用。凿户牖以为室，当其无，有室之用。故有之以为利，无之以为用。"意思是说，三十根辐条汇集到一根毂中的孔洞当中，有了车毂中空的地方，才有车的作用；踩打陶土做成器皿，器皿中间必须留出空处，器皿才能发挥盛放食物的作用；建造房屋，墙上必须留出空洞装门窗，人才能出入，空气才能流通，房屋才能有居住的作用。这段话在我过去一些文章中曾多次征引过，但过去我只是在强调设计中追求"空"和"无"，以说明设计境界的意义和价值，鼓励那些有才华的设计师，依靠现有的资源和技术，通过想象去发现那些隐藏在物质世界背后，无论是从功能角度还是审美角度对人类社会有所帮助的不可见之物。而今必须补充说明的是，所谓的"有"使万物产生效果，"无"使"有"发挥作用的车之用，器之用，户之用，又何尝不是人之用，心之用。因为这些万用之用，首先都是源于人与自然相处过程中形成的一种非物态的心声。

　　尽管我认为非物态设计是物态设计在今天发展的逻辑结果，但作为一名长期工作在高校的教育工作者，我还有责无旁贷的义务是借事实说道理，通过传授知识来教育人。因为当下的设计教育界很多人只知道"有"的利益而不知道"无"的用处，这种重事功而轻学问现象，实在让人对于中国未来设计教育的前途充满担忧。最后，我想有必要再加以说明的是：由于"非物态设计"是我杜撰的一个生词，所以如有仿效者应当慎用，因为我在这里仅只讲到概念，还没有对定义加以完善，尤其对非物态设计的技术路线没有做过详细规划。现在"非物态设计"作为一门课程，已经在我所在的中国美术学院设计艺术学系教学中试行多年，2013 年由浙江美术出版的《设计史论专业实践基础教程》一书，虽然已经部分收入了我在担任这门课程教学时所用的纲要和部分学生作业，但还远不够成熟或完善。在此，因为考虑到以后交流的方便，姑且再给它加上一个通用的英文译法 intangible designs，它的英文缩写为 ID。

三、交互体验设计研究

广场叙事：一种独特的都市体验

海军（中央美术学院副教授、博士）

福柯说"广场体现了一种完整的规训体系，基于建筑物围合的空间，体现了一种完美的监视与被监视的参与关系"。他甚至以监狱中用来供犯人放风的中心平台理解广场的本质作用。所有犯人从各自的监房走出，进入到监狱中间区域的空地上，大家在这放风和闲逛。四周是高高的建筑物和各种塔台，持枪的警察立于这些建筑物和塔台之上，密切注视中心区域中犯人们的一举一动，一旦出现任何动静在第一时间就有警察介入，对于违反规则的人进行规训和惩戒。四周的建筑和中心空地区域形成一种绝对的控制与被控制的关系，即使在最基础的比例和尺度关系上也要需要最大程度地强化这种关系，以达到在环境感觉上有效匹配这种绝对控制性的原则。在福柯看来，这在某种程度上体现了广场的真实本质，广场的核心立场是控制的、规训的，本质上也是意识形态的，它充分体现了政治权力、经济和资本、行政管理、规划与设计的权力表达。广场都是经过严格设计和规划完成的，监狱中的中心广场以绝对的形式体现了规训的力量，而市政厅前的广场则代表了一种政治意义上的规训，更多的商业中心区域广场则强化了资本和经济的规训和控制能力。

社会学家布尔迪厄说，广场可以窥见一个城市，一种制度的民主程度和文化的活跃程度。在布尔迪厄的认知系统中，广场不仅是一种物理结构和空间形态，广场还是一种运作机制，是事件发生的舞台，充分体现一座城市的文化形态对于公众的影响。具体来说，从广场在公众日常生活系统中呈现出来的价值可以评价一种城市文化的成熟程度，从公众介入广场生活的期望和品质可以评价广场设计和城市民主的质量。

一、形态、结构及象征性

广场并不是现代城市系统的特殊产生物，但是，正是在现代城市系统中，广场作为一种独特性的空间和场所才被生产出各种复杂的内容。广场不仅成为现代城市系统中最重要的构成部分之一，是城市综合系统的关键要素，同时广场和现代性价值的表达密切相关，广场充分体现了现代城市在微观层面的运作机制和特征。

当然，广场的概念早就存在。汉代张衡在《西京赋》中说："临迥望之广场，程角觚之妙戲。"在此表达中广场意指广阔的场地。另一种古人的理解是指"人多的地方"，宋代王禹偁《赠别鲍秀才序》中："其为学也，依道而据德；其为才也，通古而达变；其为识也，利物而务成。求之广场，未易多得。"但是在中国传统城市系统中，并没有专门供公众活动的广场，更多的类似广场性的开敞空间大多位于庙宇的前庭、衙署前庭等，这些空间并不对外开放，只有在官方组织的一些公共活动中，公众才可以参与使用。其他一些局部性的商业交易广场，比如桥头的集散型广场，道路交叉口的开阔空地，以及一些市场并不具备严格意义上的广场形态，而且这些公众能够介入的空间大多是一种自发式形成的空间，空间中所发生的内容和事项也带有自发性和随机性。

其实，在中国传统公共生活系统中，广场生活并不是重要的构成部分。中国数千年社会发展机制、制度和文化习性并没有培养一种广泛参与的公共生活形态，城市也并不提供公众广泛参与和组织公共生活的空间和场所。这似乎和西方自古希腊、罗马以来城市广场建设和公共生活的繁荣异常关键有着本质区别。在古希腊城邦制的政治体制下，特别强调广场的效用，对于大量制度、行政命令和决策需要介入公共力量参与的政治制度，广场的修建就有强烈的政治性，它其实是运作古希腊城邦制体系的一个重要组成部分。政治家、辩论家在广场发表演讲和展开辩论，市民不仅作为听众，同时也作为评判者介入其中。因此，广场成为链接公众和上层政治之间的一种纽带，它构建了一种可以发表评论、见解和判断的平台。在西方的城市体系中，广场的集会、演讲、言论的空间属性一直都是其发展的核心立场。

古希腊城市广场的典型代表普南城中心广场，是市民进行宗教、商业、政治活动的场所。而古罗马建造的城市中心广场开始时是作为市场和公众集会场所，后来也用于发布公告、进行审判、欢度节庆等，广场周围集中了大量宗教性和纪念性的建筑物。在欧洲国家进入中世纪后，由于宗教对于国家的统治权和管理，因此城市生活形成以宗教活动为中心的活动系统，广场也由此发展成为教堂和市政厅的前庭。在中世纪结束，文艺复兴开始，广场形态开始发生新的转变，公共生活被新文化、新艺术所影响，广场成为酝酿、发生和实践新文化的生活场所。而广场这种稳定的系统在启蒙运动开始，现代性价值观成为推动社会发展的核心价值时，关于曾经形成在广场系统中的稳定的宗教、文化、政治结构被现代性倡导的理性、民主、科学、自由的价值观所摧毁，广场系统随着城市化和都市化的变革而重新被塑造、规划和设计。在现代性价值的前提下，广场的存在基础、设计立场和作用重新被计划和理解。在传统广场概念中形成的那种类似米兰中心城市大广场的样例成为现代城市批判的对象，这种周围布满巨大的带有纪念碑性质的建筑物，站在建筑里能够俯瞰整个广场区域，围合的建筑物中间形成一个开阔的场所空间，空间被有效设计和进行区域分隔，绿化、喷泉、台阶和大理石的凳子构成广场里的组成物件，满足的是一种稳定的、缺乏变化的传统生活和工作的需求，而现代的广场需要被重新定义在国际性的、不断变革的、商业中心主义的和个体的概念中。

事实上，街区的重建、马路系统的本质性改变、大规模交通系统的塑造、摩天大楼和组合体建筑物的发展等不但在形态上重塑了现代城市，也彻底改变了城市中广场系统。在物理形态的改造和变迁之外是城市用户生活方式和工作系统的本质改变，工业革命塑造了人们全新的工作系统，每个个体都被有效的管理和规划，时间被明确区分为工作时间和生活时间，生活方式的改变直接特征是街区重建带来的生活系统的变化，商业中心、购物中心、住宅中心、工作中心、休闲娱乐区域等被完全的理性的规划和安排，用户只需要依据这个系统规定的流程和步骤就能完成一个现代人全部工作和生活系统所需。街道被拓宽，现代交通工具的发展极大地增加了效率，并且能够在较短时间把人带离到更远的地方，公众的行为半径和空间尺度被快速拓展，大型码头、旅馆、车站和机场的建设使得旅游和休闲度假成为人们的一种生活内容。这种生活关系和工作关系的改变重新塑造了人们认知世界和理解世界的方式，并且重新定义了人们的世界观和价值观。

现代这个概念，常用来指中世纪结束、文艺复兴以来的西方历史，这是从历史范畴的角度出发的，强调时间关系，就像我们习惯说现代国家出现于 13 世纪，新兴资产阶级的文化肇始于文艺复兴一样。但现代性作为一个社会、文化概念，关于它的历史起源，西方存在一些不同的看法，吉登斯认为，"'现代性'指大约从 17 世纪开始在欧洲出现，此后程度不同地在世界范围内产生影响的社会生活或组织模式。"[①] 这是他从把现代性作为一种制度安排的角度得出的看法。哈贝马斯曾这样描述过："最初，或者说在 18 世纪末，曾经有过这样的一个社会知识和时代，其中预设的模式或者标准都已经分崩离析，鉴于此，置身于其中的人只好去发现属于自己的模式或标准。由此看来，'现代性'首先是一种挑战。"[②] 哈贝马斯的现代性调查始于黑格尔。他认为，是黑格尔最先

---

① ［英］吉登斯：《现代性的后果》，田禾译，译林出版社 2000 年版，第 1 页。

② 李安东、段怀清编译：《现代性的地平线——哈贝马斯访谈录》，上海人民出版社 1997 年版，第 122 页。

提出明晰的现代性概念，并将它升格为西方哲学的一大基本问题，称他是"发展出明晰的现代性观念的第一位哲学家"。[①] 齐格蒙特·鲍曼指出："我把'现代性'视为一个历史时期，它始于西欧 17 世纪一系列深刻的社会结构和思想转变，后来达到了成熟。"[②] 综观这些关于现代性起源的看法，基本上可以确定启蒙运动作为现代性开端，这是因为西方现代社会、政治、经济、科技和文化等诸多方面都奠基于启蒙运动。启蒙精神导致了西方社会与自己传统的全方位的大断裂，形成了理性的文化模式和社会运行机制。在表层上是现代技术成就、工业革命、现代生活方式的形成，在本质上是人类社会的内在图式、运行机理、立根基础、文化精神的根本性转变，是迄今为止人类历史进程最深刻的一次断裂性飞跃，吉登斯认为，"由现代性而产生的生存模式，以前所未有的方式，把我们抛离了所有传统形式的社会秩序的轨道。在外延和内涵两方面，由现代性引发的变革比前此时代的绝大多数变革特性都更加深刻。在外延方面，它们导致了跨越全球的社会联系方式的建立；在内涵方面，它们正在改变我们日常生存中某些最熟悉和最具个人色彩的特征。"[③]

现代性的震撼不仅体现了整个城市结构大变革，这其中的代表性行动是 1850 年至 1870 年巴黎开始的城市大改造，并奠定了巴黎作为现代城市的格局和象征。宽阔的马路、林荫大道、公园和市民广场重建了巴黎的现代雄心，并直接影响了奥地利维也纳、德国柏林、意大利米兰等其他欧洲著名城市的现代化进程。在这个城市改造和变革的过程中，广场被新的美学观、城市设计概念、管理制度、都市文化和场所哲学所引导，广场既是现代性表达的一种具体物质形式，也是现代都市文化发展的象征。因为，广场所建立的都市体验和场所情境是评价一座城市文化质量的重要标准。

图 1　巴黎卢浮宫广场

①　Jürgen Habermas, *The philosophical Discourse of Modernity*, Cambridge:Polity, 1987, p.4.

②　Zygmunt Berman, *Modernity and Ambivalence*, Cambridge: Polity, 1991, p.4.

③　吉登斯：《现代性的后果》，田禾译，译林出版社 2000 年版，第 4 页。

在现代价值系统和日常生活概念中，广场开始脱离传统城市结构中的那种代表宏大叙事需求的载体，也从福柯描述的那种生硬的规训机制中摆脱出来。现代广场更多是关于日常生活实践的，是关于公众生活如何有效地在广场中发生和持续。本雅明在对于20世纪20年代的柏林城市改造进行考察后，提出了机械复制时代的美学状态的变革，其实这是一种从现代日常生活体验中所理解的新生活美学的延伸。毫无疑问，广场已经瓦解了它在传统生活和城市文化系统中的象征性、仪式感和符号性。广场不再对于人的生活具有稳定的认同感和仪式感，而且整个现代日常生活由于仪式感和象征性的缺失，也缺乏对于仪式地点的需求。城市地点不再和一些固定的事件、仪式性活动发生关系。城市地点的符号性、美学性和文化性因为现代生活变动不居的特征而被消解。

在波德莱尔、齐美尔、克拉考尔、卢卡奇、本雅明、阿多诺、列菲伏尔、鲍德里亚、布尔迪厄等人建构的日常生活研究线索中，多以直接进入日常生活细节中反思现代性的方式来对现代性关于现代城市、生活和文化的改造进行批判。比如波德莱尔，他亲历了1850—1870年巴黎城市现代化，并在1863年从现代性体验角度对现代性作了一个界定："现代性就是过渡，短暂，偶然，就是艺术的一半，另一半是永恒和不变。"① 他对于后来齐美尔、克拉考尔、本雅明等人都产生过重大的影响。这种现代性体验的角度将研究还原到现代日常生活变化莫测的具体过程中，因此也最真实和最直接地还原了现代性的内在逻辑。法国象征派的大诗人兰波口号式的现代性体验"必须是绝对的现代！"的名言强调要和过去一刀了断，而对全新的生活方式充满期望。当然，另外一些人的体验可能完全相反，英国作家康拉德强调："我是现代人，我宁愿作音乐家瓦格纳和雕塑家罗丹，……为了'新'……必须忍受痛苦。"②

但是公众显然很快接受了这种"新"，而且相对于过去而言，更加优质的生活条件、便捷的交通、商场里种类繁多的物品、洁净的住宅、稳定的工作，而且在休息日工人也能带着自己的孩子来到博物馆参观，所有这些生活内容都是基于这种"新"的产生而发展出来的。同样，人们现在可以随时来到广场，无论是打发时光或者是路过，他们在广场还可能碰到自己的朋友并且可以攀谈一阵，还有外地来的游客等，所有事件都可能发生，并重新编织和发展了现代广场的事件体系，它看似像日常生活一样琐碎，但却是不断变化和丰富的过程。

而且，由于广场的象征性不再具备明确的指向，广场自身系统反而变得更加具有拓展性和内容上的丰富性。除了少量的政治性广场和纪念性广场之外，现在大多数城市广场都以商业性、交通性或者生活性为中心。政治性的广场某种程度上更多出现在发展中

---

① [法]波德莱尔:《现代生活的画家》,载《波德莱尔美学论文选》,人民文学出版社1987年版,第485页。
② [美]卡尔:《现代与现代主义》,吉林教育出版社1995年版,第1—2页。

国家的城市中，中国是修建这一类广场的典型代表。而商业性、交通性或者生活性的广场尽管各有侧重，但在城市系统结构中，大多数广场都是商业性、交通性和生活性融合的空间和场所。因为，对于现代城市系统定义的广场而言，商业、生活和集散功能是广场的本质功能。

二、秩序、规则

城市研究学者除了观察到现代城市的广场形态、结构和系统变化，以及广场在城市系统中的角色、功能和作用的变革外，更加重视广场如何反映与呈现一座城市的成熟程度，以及广场空间运作系统中反映出来的秩序关系、文化规则，以及对于公众日常生活的影响。这些研究的切入点广泛见诸凯文·林奇、大维·哈维、罗伯特·舒尔茨、彼得·伯森曼（Peter Bosselmann）等城市研究学者的著作中，也同时被福柯、德塞都、列菲伏尔、布尔迪厄等文化研究学者所探讨。毫无疑问，对于一处空间的理解，它所呈现的意义和价值决不仅仅是关于物质的，也是关于规则的，而规则背后最终呈现的是基于规则而产生的文化和习性，这是广场空间最深层的价值结构。

罗伯特·舒尔茨在其《场所精神》一书中对于场所的意义价值解释为场所之所以存在的最重要的价值，场所精神不仅是关于某项功能的完成，或者某种活动和事件的有效发生和发展，场所是关于人置身其中所获得的内心感知，以及人的存在与空间的存在完美的统一。日本建筑师安腾忠雄把场所精神看成他建筑中最重要的部分，也是最难创造的部分，如何通过空间尺度塑造、光影的处理，在满足建筑基本功能的前提下创造一种积极的、震撼性的体验以达到用户在心灵上的认同。他的"光的教堂"受罗马万神庙的启发，以光影和空间尺度肌理的完美处理创造了无与伦比的教堂体验。

事实上，任何场所都具备精神性的表达。即使是看似最粗糙和混乱的农贸市集也存在一种特定的空间意象，以及由于这种空间意象生成的场所情境和空间精神。从都市观察学的角度看，环境的视觉感知、环境行为刺激、用户行为匹配和用户感知共同构建人们对于场所意象的体验。农贸市集的空间格局、市集中所发生的事件、声音环境、行为过程，以及不同角色和身份的用户与农贸市场的互动，完成了关于农贸市场空间意象的表达。而且这种空间意象表达的品质具体和场所规则、习性和文化状态相关，正是在这个层面上，中国城市的农贸市场和发达国家城市农贸市场形成了本质的差异。

广场是另外一种类型的空间，但它的场所意象和空间精神同样受到秩序性、规则、习性和文化状态的影响。构建现代城市广场规则系统的核心要素包括政治、经济和社会三个层面。在政治角度上，广场总是和国家、政府的权力密切关联，并象征着国家的形象和状态。莫斯科的红场、北京的天安门广场、法国卢浮宫前的广场等,这些广场以充分的政治象征性来呈现一个国家的状态,天安门广场不仅是世界最大的广场之一,同时也和中国每一年最重要的政治事件关联,整个广场的规则系统都基于政治性的诉求而建构。社会因素对于广场的影响主要体现在广场如何有效进入公共生活事件的发生和发展中,以及社会系统和广场提供的公共生活平台之间的互动性。经济的权力性对于广场的影响是深入而持久的,整个广场系统都和现代城市的经济运作系统密切关联,而在经济的立场,用户的价值在于他/她的持续的消费能力以及产生的利润。但是,所有这些要素在本质上都归为一种权力结构,一种同时包含了商业、社会和政治诉求的权力结构。行动、生活和游玩于广场中的人是规划和设计了的"物件",他们被广场的权力结构引导、控制和发展,并进一步产生现代城市广场所诉求的政治结果、社会结果和商业结果。

图 2 莫斯科红场

布尔迪厄将之理解为"场域",一种存在于空间并约束用户行为发生、发展,同时按照空间规则塑造的目标而发展的权力系统。广场具备一种特定的"场域",布尔迪厄以此来理解人和空间深层关系。对于生活在现代城市中的个体而言,空间对于人的塑造不仅仅是尺度、功能和形态层面的,更本质的部分在于空间所形成的"场域"常常影响、塑造和决定的公众行为、思想和理解的范围、尺度和能力。这种"场域"在布尔迪厄看

图 3　天安门广场

　　来就是一种基于文化立场和规则系统的权力机制，我们现代生活的所有方面都无一例外地被"场域化"，也就是说现代都市日常生活实践的所有方面都被权力化和规则化。因此，对于现代人而言，遵守规则不仅是一种个体的素养要求，它本身就是社会有效运作的前提，同时也是进行人群区分、场所区隔的策略和机制。布尔迪厄曾如此强调："权力实际上不是一个孤立的研究领域，而是位于所有社会生活的核心。"①

　　在布尔迪厄看来，如果权力进入文化层面，或者当文化拥有一种权力，那么这种权力系统对于人和事物的控制能力将超越任何其他要素，而且根据布尔迪厄文化权力的观点，"所有的文化符号与实践——从艺术趣味、服饰风格、饮食习惯，到宗教、科学与哲学乃至语言本身——都体现了强化社会区隔的利益与功能。"②事实上，广场的权力机制性已经通过在规则、秩序控制和运作机制方面的具体策略充分地表现出来。作为占地面积最大的广场之一，北京天安门广场同时也是最集中体现空间和场所如何形成一种权力运作机制的样本，区域被严格划分，也随时能够进行封闭；人流必须按照规定路线行进，并且不允许长时间停留；广场没有任何辅助性的生活设施，没有椅凳，遮阳和避雨的场所。在太阳炙烤下的游客如果要从广场的最南端行进到最北端，即使是年轻人也需要 15 分钟以上的时间，老年人和小孩需要的时间更长。当然作为政治性广场的前提，天安门广场并不以用户为中心，整个广场的运作机制都围绕政治立场而建构，并且为了保证这种运作系统的有效性，整个系统被赋予了绝对的权力，具体来说是对于公众的控制能力以及对于事件发生的管理能力。

　　中国正在经历大规模城市化的阶段，伴随产生的是大规模的广场建设。作为现代城市系统最具象征性的都市化成果，自人类社会进入工业文明以来，广场的建设一直被视

---

①　[美]戴维·斯沃茨：《文化与权力：布尔迪厄的社会学》，陶东风译，上海译文出版社 2006 年版，第 7 页。
②　[美]戴维·斯沃茨：《文化与权力：布尔迪厄的社会学》，陶东风译，上海译文出版社 2006 年版，第 7 页。

为城市现代水平的标准，因为在评估现代城市系统合理性的框架要求中，公共生活和公共空间有效设计被看作核心的条件，广场作为城市公共空间的核心构成部分对于发展丰富的城市公共生活具有重要作用。在土地资源异常缺乏的香港、东京等城市仍然会利用城市空间的有效规划设计为公众创造有效的公共生活空间。

广场是现代城市生活的缓冲地带。它在个体的家庭生活和工作之间建立起缓冲。在广场上，人们可以以轻松、自在的方式进行社交，广场生活是一种随意的、低风险和低成本的生活。它为办公室和家之间提供了户外生活的位置，同时也是达成公众随意进行社交的最佳平台。事实上，这应该是现代城市中广场的本质角色，它让不同生活方式在广场建构的平台上发生，小孩在玩游戏，年轻的小伙子进行各种运动，恋人在一角缠绵，家长和家长之间在交流，而老头牵着他相依多年老伴从广场中间穿过。各种生活状态通过广场的方式发生、积聚并最终形成城市丰富的质感。也只有在这种层面，广场的文化状态才是积极的和可持续的，所有规则都在支持和促使生活内容的发生而不是限制和约束。

因此，从理想的角度看，广场本质上应该是以用户为中心的，它为城市居民创造一种新的生活平台，他们可以在广场上唱歌跳舞，可以认识新的朋友，交流工作和生活的感受，也可以坐在广场边的长凳上看人来人往。作为生活内容的生产平台和生活事件的舞台，广场应该呈现更多的生活内容。进入广场的人不应该仅仅定义为游客或者闲逛者，在本质上，对于愿意走出室内，进入户外来到广场的人而言，他们应该被定义为广义的生活者。在城市日益被理性、效率所规划、设计和控制的状态下，日常生活本质上已经是一种程序化、模式化和进程式的状态，个体被看成是"物件"在这个程序中来回和反复。

因此，在某种程度上看，愿意进入广场的人是有意愿突破和改变这种日常性、程序化的生活进程表的人，他们把广场看成是能够摆脱生活日常的机会，同时他们进入广场并不只是作为享受者，他们本身也是创造者，重新作为生活者而进行生活内容的创造。列菲伏尔说仪式感、象征性和指涉关系的缺失是现代日常生活的本质困境，如何能够冲出这种生活困境，既需要每个生活个体的努力，也需要整个社会生活系统的支持。我们相信进入广场的这些人是首先希望冲破日常生活困境的人，但是他们显然不能仅仅依靠自己的力量完成对于生活内容的创新。广场作为平台、事件发生地、作为生活场所，也作为城市的缓冲地带，需要以更积极的态度和方式来匹配公众的需求，只有这样广场的价值才得以真实产生，公众也能够在日常、单调和程式化的过程中形成改变的可能性。在中国，曾经有一个非常美丽的词描述了这种关系——"人民广场"。在字面的意义上，它有效地把用户主体和广场进行连接，被广大人民使用，为广大人民生活提供支持的公共生活空间。事实上，它也是由"人民"构建的表述系统的一种具体的表征。"人民广场"，和它目前发生的现实状况相比，这个词组的字面意思充满了更多的理想性。

三、人民的广场

在过去的半个世纪中，"人民"这个词几乎就意味着国家的全部，以及这个国家所建构的上层建筑，包括人民代表大会、人民政治协商会议、人民法院、人民检察院，同时人民的概念塑造了这个国家的国家机器，因此它具有了新的概念，包括人民军队、人民警察、人民公仆，还有面向人民的传播平台和宣传工具人民广播电台、人民日报、人民画报、人民出版社，甚至涉及整个城市，人民邮电、人民商场、人民医院、人民剧院、人民银行等等。"人民广场"是从这个系统延伸出来的一种表述，它在最初构想中也确实是关于创造一座属于人民的城市，人民能够在城市中幸福生活的愿望。

图4　银川人民广场

我们丝毫不怀疑共产党治理的新中国提出以"人民"的立场来建构所有的表述系统时所拥有的情怀、理想和目标。1950年元旦，《人民日报》发表题为《完成胜利，巩固胜利》的元旦社论中指出，1949年是宣告中华人民共和国诞生的一年。在今年我们要解放全部国土，克服经济和财政困难，促使国家转到生产建设轨道上。其中主要任务包括：以一切力量完成人民解放战争；厉行生产节约，号召全体人民，以最大努力恢复生产；进行解放区的土地改革制度，废除封建剥削制度；加强人民大团结，扩大与世界各国人民的联系。知识分子、学者首先用自己的行动了表达了支持，就像常常自称"兄弟"的北大校长马寅初在他 1951 年 6 月的就职典礼上致辞一样："'兄弟'既受政府任命，我就依照政府意旨做事，希望大家互相学习、互相帮助，努力完成我们的任务。"老舍在给朋友的信中再一次说道："对于新中国，有许许多多的事情可以说，总的可以归结一句话：政府好。"

"人民"的立场最大程度地集合了一切有志于共同推动新中国建设的个体。在人民的系统中，大家属于同一阶级，以相同身份工作、奋斗建设国家。所有机构、组织、单位都隶属于人民的管理和控制，因此军队、警察是为民服务的力量；医院、商场、银行、剧场、电台都需要服务于人民，同时我们也相信集中人民的力量可以办大事和解决大问题。人民广场也是在这个立场上形成的一种认识，新中国希望城市有充分的空间和场所是属于人民的，人民可以在广场休闲、唱歌、跳舞，是城市生活最丰富多彩的部分，也是充满交流和沟通的平台。

事实上，从人的角度分析，过去 100 多年来，中国人的所有的努力都是在脱离"臣民"所注释的封建性角色和身份后，如何重新完成人的身份塑造。持续外战和内战使得整个国家处在分裂的状态，每个个体的存在最后在国家复兴的概念下形成统一，并最终形成进行抗日救亡和建设统一国家的"国民"概念，但是这种"国民"性是和如何建设独立的民族国家的过程密切相关，因为这是一种设定绝对条件的身份认证过程。它最后的结果尽管以形成新中国成立和完成民族统一而达成，但是这种"国民性"的发展过分突出民族国家独立的特征，而弱化了国家本质上是由一个个人建构起来的。

"人民"概念是新中国成立以来发展出来的一个描述个体和国家关系的概念，某种程度上是对于国民概念的改造，它弱化了国家和民族的宏大概念，更加强调人的重要性。但是"人民"概念在本质上指向的是个体与个体之间的关系和认同。这个带有强烈意识形态色彩的表述和用词，把每个独立的个体天然的划分为"人民"和"非人民"，而"非人民"就是人民的敌人。由此也反映出这个词的局限性，它天然的带有某种阶级性，它的政治含义要重于它对于公众身份的价值。特别是随着政治体制改革、社会、经济和文化的发展，以及公众在个体价值层面的追求，相对于"人民"概念的认同，"公民"代表更广泛的人的价值和立场而被发展，这个概念突出了人的主体性和人参与政治、社会、经济和文化实践过程中的独立性和主体性。

当然，"国民"、"人民"概念有着其内在的积极价值和合理性，但是受制于特殊时代和制度文化的价值标准使得这两个概念被狭隘化和模式化。在面对不断发展的"人"的身份性、价值性和主体性时，这两个描述系统表现出很强的保守性，甚至是冲突性。因此，整个建构于 20 世纪 50 年代基于"人民"立场的表述系统，以及具体的建设和发展系统，在进入新世纪后开始受到冲击，在面向公众的微观生活、工作实践层面，面向

"人民"的社会功能系统正在遭遇全面的信任危机，"人民医院"并不服务于人民，"人民公路"却对人民征收最多的费用，"人民剧院"被拆除并建设成高档住宅小区和商业中心，以高价出售给少数的有钱人。"人民广场"开始走向两个极端，一些广场被拆除重新规划为商业和住宅用地，过去十年中国城市土地绝大多数都以各种形式最终转化为房地产用地，它的直接结果是政府获得短暂的经济受益，而城市的房价却一再被提高。

四川武胜县，一个距离重庆1小时车程的小县城，城市规划眼花缭乱，公共空间一再被压缩。这个城市有九曲回肠的嘉陵江，也有美丽的天印山。但这个城市没有游泳馆、体育馆、电影院、运动场、老年活动中心和相对适量的公共厕所。在过去12年，有两位县委书记从这里走过，一再调整的广场等公共空间的规划被房地产项目严重挤占。而且，这个2011年财政收入仅4.25亿元的小县城却在最近提出要投资45亿元开发嘉陵江，建迪拜风光。在被媒体质疑后，县委书记毛加庆解释说"政府财政不会出一分钱，由开发商出钱"，"形成一座新城，带动一个产业"。过去十年，深圳、三亚、上海、汕头等地多个项目都提出要打造"东方迪拜"，这是中国城市躁动的典型特征，中国3000个左右县城也随时都在寻找这样的机会。在过去5年里，我们调查了大量的中国县级城市，和至少40多位县级城市要员讨论过城市建设和发展的问题，几乎所有的视角都指向了如何建设大项目，如何规模化发展城市，这种典型的宏大叙事的思考逻辑在武胜县书记的解释中呈现得淋漓尽致。武胜县现在常住人口12万，虽然县城面积已经增加到10平方公里，但是平方公里12000人的密度仍然可以列入最拥挤的城市之列。这个城市曾经在2003年计划，在嘉陵江呈U字形流过武胜县城的地方，在U字形地步的斜坡规划建设一个阶梯广场，并设想阶梯广场底部是商业中心而顶部供市民休闲，甚至最终的规划设计也被当时的政府官员集体表态通过，但是在县委书记孙南离任后，这个计划随即就被搁置，并且即使是前任领导集体通过的协议也没能影响后任县委书记把这块地卖给房地产开放商，现在四座28层高的楼房将这座城市最美的江景死死挡住，同时发生的变化是这个城市的房价从2007年时每平米两三百元到现在涨到了三四千元。

经济原则和行政权力的结合完全控制了城市发展的模式、方向和可能性，而且中国特殊的行政制度使得城市的最高领导者对于城市的所有方面都具有最终的决定权。武胜的过程和结果已经证明，即使行政系统在学理上被描述为是由功能不同的组织互相建构的服务系统，但中国城市化进程的所有决定却往往系于领导一人，整个行政系统执行的不是服务功能，而是权力功能，是对于地方资源的使用和处置的权力功能。毫无疑问，形成目前中国城市发展困境的核心原因是行政管理权力和商业资本合力而对城市形成的绝对控制性。而这从目前中国城市的发展模式和日常运作机制也能看到，城市的权力性和商业资本的优先性成为城市的关键力量，而关于城市系统中最重要的部分人的价值表达，生活与文化系统的建设却不得不让位于前者。事实上，比起这种情况更加恶化的是权力和资本作用下的中国城市提供了一种丑陋的美学趣味和极端功利主义与权力主义的都市文化。在武胜县城，如今正在进行新的"美丽家园"工程，小区楼房被绿色尼龙网和脚手架裹住，工人敲掉外墙瓷砖，重新粉刷成一种色调。县城平坦的主干道又被重新铺一层柏油，路中间前任书记留下的铁树被拔掉换成白绿相间的铁栏杆。这几乎是中国城市化推进的标准样板和模式，过于强大的行政权力，使得城市在所有方面都会受到权力的规划，包括城市的美学形态和公众的生活与文化。

布尔迪尔在《区分：鉴赏判断的社会批判》一书中所证明的观点，"人们在日常消费中的文化实践，从饮食、服饰、身体直至音乐、绘画、文学等的鉴赏趣味，都表现和证明了行动者在社会中所处的位置和等级。"① 而充斥在中国城市中的美学趣味几乎就是由行政领导设定的美学。好大喜功的政治美学趣味损害的不仅仅是中国城市的存在状态和品质，同时也损害了公众独立的、健康的、积极的生活观、文化价值观和美学观的形成。

本质上，"人民"概念的核心是其所表达的"服务性"，即如何为最广大的民众提供服务和支持。但是，在现实的实践语境中，我们目睹了广泛存在于中国城市中的"服务性"的匮乏，无论是交通系统、街区设计和管理、道路规划、公共空间使用、公共服务设施和系统建设等，还是在涉及具体的城市公共服务系统本身，中国各个层面和规模的城市都存在大量的缺陷。因此，即使我们从城市规划、设计和都市日常生活实践的角度看，"人民广场"的概念和表述似乎充分体现了用户为中心的城市立场。但是存在于中国城市的广场并不是服务于公众生活需求的公共空间，政治性广场和商业性广场是最主要的类型。这种类型的广场建设和中国城市诉求的宏大叙事具有极强的对应性。现在几乎任何一个市政大楼前面都是一个巨型广场，它们的核心组成部分为绿地、大面积的石板路、国旗杆、喷泉。比如大连市政府前的广场，广州顺德区政府前的大广场等，看起来让人望而却步和充满恐惧感。某种程度上，福柯曾经批判的"广场作为一种规训体系是对人的主体性的蔑视"在中国城市化浪潮中形成了最大规模的样本。任何要求进入政府大楼的人都需要穿过宽大的水泥广场，通过数量不少的台阶进入代表权力的政府大楼。在整个过程中，行政权力通过广场、高出广场的宽阔的台阶、台阶上规模宏大的政府大楼形成对于从远处走近的公众一种绝对的权力震撼。整个广场系统深刻体现了权力如何对于用户进行规训，在走近政府大楼的过程中，个体被全程监视，并以仰视的姿势行进，保安的盘查和监控系统更加强化整个广场系统的权力性。人民的广场最终在现实的实践语境中成为对于人民进行控制、约束和限制的策略，让人民通过广场来体会权力

---

① ［法］布尔迪厄：《区分：鉴赏判断的社会批判》导言，载罗钢主编：《消费文化读本》，中国社会科学出版社 2003 年版，第 39 页。

的作用和力量，最终的结果不是为人民服务，而是让人民尊重权力和认同权力。

大规模的中国城市化进程，带来了世界上最大、最大规模的广场，但是这些广场几乎都是缺乏用户，或者缺乏"人民"的广场。甚至在它的设计和建造的过程中就从没有把公众的参与看成是重要的功能，"人民"的广场不过是要服从一种更宏大叙事表达的需要，同时也是为了服从权力的表现。只有少量的商业性广场体现了用户至上的本质，但是经济至上的原则使得用户在这个系统被塑造成为纯粹的消费者，一切配合建设和发展的广场系统都只是为了引发和刺激消费。或许，中国城市还没有足够的心态和能力为公众的生活提供开阔的空间，让每个个体能够以生活者的方式纯粹的进入到这些空间。没有权力的蔑视，也没有资本和商业处心积虑的规划、设计和诱导，每个个体都成为生活内容的创造者，也成为他者创造的生活内容的分享者，广场成为一种联系的纽带和平台，是社交中心和也是内容丰富的生活场。

因此，对于公众的日常生活而言，如果大型广场不能提供给公众更多生活实践空间和支持，我们有理由反抗这种好大喜功的、宏大叙事的广场建设，因为它不仅极大地消耗了土地资源，而且对于城市良性的系统运转和空间组织也是有害的。更重要的是在建设这些大尺度的广场过程中，我们城市中大量迷人的、有趣的和充满都市生机的小尺度空间被摧毁。雨果曾经批判19世纪中后期巴黎的城市大改革，因为在变革中曾经的"巴尔扎克的世界一去不复返了"。所谓"巴尔扎克"的世界是指未进行大规模拆除前巴黎的那种曲折多样、零碎但丰富的小街区、小尺度空间构成的城市系统。为了满足宏大叙事的需求，中国城市几乎全面拆除了都市里的小尺度空间，那些代表一座城市最个性的空间部分现在也在大尺度的中国城市化推进过程逐渐消失。对于城市管理者和商业资本而言，消失的不过是一些破旧的区域和空间，因为新的大楼、街道和广场必然要优于这些区域。但是对于生活而言，这可能却是生活在都市中的个体和这个城市关系最密切的部分，它是关于熟悉的、可记忆的、独特的和亲切的生活价值观的表达。

交互体验的缘由、类型及其实质 [①]

杨庆峰 [②] （上海大学社会科学学院）

正如众多哲学概念如辩证、本质、现象等一样，不断渗入到生活世界成为日常人们思考问题的主要框架，交互体验这一概念也开始从哲学领域深入到各个领域中，在设计领域、计算机、教育学等学科中被广泛使用，只是发生了嬗变：从主体间的规定性转为对主体与对象的交互关系上。这种转变需要加以批判反驳，以弄清这种使用的合理性本身。所谓批判即"对一个原则的反驳就是对该原则的发展以及对缺陷的补足，如果这种反驳不因为它只注意了它自己的行动的否定方面没意识它的发展和结果的肯定方面，从而错认了它自己的话"。[③] 所以本文试图从发展与补足方面来考察设计等学科中交互体验概念使用的合理性。

一、从功能到体验：设计领域内的范式转向

从整个设计范式的角度看，20世纪90年代以来设计领域出现了一种现象：反思以往的面向对象的功能范式，而构建面向用户的体验范式。这从不同的领域中表现了出来：

从建筑设计领域看，20世纪以来，建筑设计领域的理论经历了现代主义、文脉主义和现象学运动等转变。现代主义是面向对象的功能，即强调对象的形式（功能）实现。现代设计的表现之一即考虑如何借助现代材料如钢铁、混凝土来实现确保建筑的功能实现。在整个现代主义框架中，建筑本身被抽离出来成为一个功能体。文脉主义（contex-

---

① 本文系国家哲学社会科学基金项目"基于图像技术的体验构成问题研究"（14BZX027）阶段性成果。

② 杨庆峰，1974年生，陕西白水人，现为上海大学哲学系教授，主要研究方向为体验哲学、技术哲学。

③ 黑格尔：《精神现象学》，贺麟译，商务印书馆1997年版，第15页。

tualism）的出现开始反思现代主义自身所存在的问题。这一传统强调了建筑对象与环境之间的关联，就建筑放回到具体的建筑环境中。"阿斯普伦德（Gunnar Asplund，1885—1940）是在弗雷格之后涌现出的文脉主义建筑师的先驱之一。他出生于瑞典。他的设计方法特点是重视建筑与周围的关系。"① 文丘里将文脉概念引入到现代建筑之中，强调"建筑不是自身孤立存在的，应该是与建筑和城市空间之间的整体有关，而且是构成城市空间整体的一部分"。② 尽管如此，这一阶段的文脉主义也是面向对象的理论表征，因为它所强调的环境是与原始建筑相关的自然环境或者建筑环境，这完全可以被看作是更大的建筑对象形式。所以文脉主义并没有从意义构成角度来考量建筑。随着 20 世纪末建筑现象学的出现，更多地建筑师开始从现象学角度考虑建筑的体验结果。比如诺伯格 - 舒尔自(C.Norberg-Schulz)、塞西尔·巴尔蒙德(Cecil Balmond)、凯文·林奇(Kevin Lynch) 等人就是典型代表。他们的设计更强调建筑对象所带给用户的全新体验。

从手机设计领域看，也是如此。20 世纪 50—80 年代早期的手机突出的概念是其可移动性，所以无线成为这一时期手机的主要发展方向，而后来的改进设计思路就是考虑如何减轻手机的重量以及增加功能。所以这一阶段手机设计仅仅只考虑到这一产品自身的功能以及如何实现更好的便携功能，而没有考虑到用户的使用体验。手机设计的真正改变来自苹果，它们开始考虑到用户的体验性。从推出的 iPhone、iPad、iPod 的图标就可见一斑。"苹果将 iPhone 图标处理为圆角矩形，既提高了视认性，又可降低眼睛的疲劳度。……因为在我们看有棱角的图形时，反应时间相对缓慢，则难以充分地传递信息。因此，圆角矩形是最佳选择。这种细致独特的设计战略和产品战略打造了 iPhone 的狂热人气。"③ 日本使用 8 个评价指标来测定产品的设计效果，这 8 个指标分别为清洁感、亲近感、新颖性、设计性、品质感、安心感、效果和商品理解，这些指标中亲近感、安心感很显然是和使用者自身的体验密切相关。

上述例子在设计领域是常见的，它们表明：现代设计活动都是指向对象的，所有的核心问题是如何设计出好的对象。何谓好的对象呢？这与西方的形而上学思维有密切的关联。整个西方形而上学思维中，人们分析问题的思维框架大体上经历了从二元论到三元论的转变。二元论即表现为形式—质料。所谓形式，即非质料的东西，如外形、功能、意义等。对于一个建筑来说，如高度、形状、空间结构等等都是形式方面的东西；所谓质料，即材料。这一框架始自亚里士多德，一直到胡塞尔都是有效的，二元论成为整个西方文化领域分析对象的主导框架影响深远。在这一框架中，对对象的分析要么强调形式（功能）方面，要么强调质料方面（材料）。一直到 19 世纪德国古典时期，二元

---

① ［日］秋元磐：《现代建筑文脉主义》，周博译，大连理工大学出版社 2010 年版，第 22 页。
② ［日］秋元磐：《现代建筑文脉主义》周博译，大连理工大学出版社 2010 年版，第 74 页。
③ ［韩］池尚贤：《唯有 iPhone 设计改变世界》，武传海译，中国工商联合出版社 2011 年版，第 5 页。

论开始受到批判。基于辩证思维出现了以"正—反—合"为主要形式的三元论。在这一框架之下，强调点在上述二元的基础上增加了一个：强调形式与质料的统一。所以，二元论框架中，一个好的对象要么表现为好的形式（功能），要么表现为好的质料。而在三元论框架中，还要考虑到形式与质料的统一。统一涉及意义表达，即形式与对象如何更好地表达对象自身的意义。

借助建筑领域来看，面向对象的功能范式更容易理解。从整个建筑史角度看，建筑中的形式主要与空间的功能实现相关，所有形式的变化都是在表达不同的空间形式。此处的不同可以从属性上加以区分。第一类属性为外形差异。比如圆形建筑与方形建筑在形式上完全不同，而这一不同导致了空间结构的根本差异。第二类属性与人的需求相关，比如人自身有饮食、排泄、休息、会客、工作等需求，根据这些需求，建筑空间被划分为餐厅、厕所、卧室、客厅和书房等空间。所以基于对象功能的现代主义建筑主要是考虑这些空间如何布置及其实现。此外，建筑中的材料变化也体现了一种与对象功能相关的变化。不同领域所采用的材料受到时代科学发展的限制。我们可以把材料分为传统材料，其中以木材、玻璃、混凝土为代表；现代材料，以钢筋、钢材、塑料等为代表。以往的房屋设计很多情况下是采用自然木材。比如海德格尔在黑森林里治学的小木屋成为哲学史上的纪念。另一项材料玻璃，"可以回溯到 5000 多年历史的传统材料。"[1]玻璃自身的性质——透明——被人们赋予了隐喻的意义。"由于玻璃具有传递和过滤光线的内在性质，所以它经常被用来作为诗意的隐喻和精神的象征。玻璃改变光线外表和强化色彩的能力赋予它一种与其他材料不同的艺术价值。"[2]19 世纪末，随着钢铁、玻璃、混凝土等新型材料的出现，这些材料成为建筑设计的主要材料；而到了 20 世纪中期，塑料等材料制品的出现更是丰富了材料世界。20 世纪末期，纳米材料成为各种设计的选择材料之一。如今，在 3D 打印的今天，更是使用最新型材料。所以，在整个面向对象的设计过程中，可以看出，人们在选择好的材料上往往容易受到时代科学及其客观条件的限制，唯有在形式表达上，容易做出新意。但是，面对对象的范式却让设计活动变成了单向的现象。"界面设计只告诉人们如何打扮现有的行为（东西），这就像让匈奴人穿上阿玛尼西装一样。……微软公司在界面设计上投入数百万美元，但是微软的产品还没有得到人们的普遍喜爱。"[3]比如在软件设计中，就是如此。与交互设计相对存在的是程序设计，后者是单向的活动。"当我提到'交互设计'时，我指的是前者，我将不影响最终用户的其余设计都称为'程序设计'。"[4]

---

[1] 维多利亚·巴拉德、贝尔、帕特里克·兰德：《建筑设计的材料表达》，中国电力出版社 2008 年版，第 13 页。

[2] 维多利亚·巴拉德、贝尔、帕特里克·兰德：《建筑设计的材料表达》，中国电力出版社 2008 年版，第 13 页。

[3] 艾兰·库帕：《交互设计之路》，丁全钢译，电子工业出版社 2006 年版，第 21 页。

[4] 艾兰·库帕：《交互设计之路》，丁全钢译，电子工业出版社 2006 年版，第 20 页。

因此，面向对象的设计活动所存在的局限性越来越多的受到关注，人们从不同的角度开始呼吁设计理念的转变：即转向面向用户体验的设计理念。对这样一种转变可以归结为外部因素解释和内部因素解释。所谓外部因素的解释是指从市场角度提出的解释，比如以往注重对象功能与形式的设计产品目前很难满足市场消费者多方面、多层次的体验需求，很难吸引消费者。而为了更好地刺激消费者的消费欲望与消费能力，只有围绕消费者的多重体验才能够扩大产品的市场。所以在利益推动下，设计领域开始从注重产品功能实用性向注重用户体验的转变。这样一种解释基本上是合理的，但是却不是根本的。它还是没有能够有效解释上述转变，而且将上述转变看作是偶然的现象。内部的解释则不同，它认为这种转变是西方文化对于传统二元思维批判反思的必然结果。传统一直强调从"形式—质料"二元框架来分析对象，而 20 世纪中叶以来，西方文化自身从根本上反思着这一传统。从哲学领域的表现看，对对象的分析从强调客观的形式—质料向强调主体体验的转变，在这种批判视野中，对象的意义从来不是客观的实存，而是在主体体验中呈现的结果。所以，设计领域中出现的转向体验的设计不仅仅是设计领域内的现象，而是整体文化转向在设计领域内表现出来，而这一整体特征，在其他领域也是同样成立的。

二、感知：交互体验的类型基础

在多个领域内交互体验成为一个非常时尚的概念，表达着设计领域理念的转变。但是，在这一问题的理解上却存在着诸多有待于澄清的地方。那么，设计领域范式转向的实质如何理解？交互体验将成为整个文章分析的出发点。目前，在设计领域中，对交互体验的理解主要从感知体验出发的，即交互体验是以感官感知和身体体验为基础的。

由于感知体验自身的复杂性，目前感知体验的理解上也表现出传统框架的深远影响。这主要表现为如下特征：

（1）从感知方式上看，感知体验研究形成了五种感知的理论框架。所谓五种感知即视觉、听觉、触觉、嗅觉和味觉。这一框架来自亚里士多德，并且一直影响到 18 世纪，比如在康德那里也可以看到亚里士多德的影响。18 世纪对其他感觉的研究情况出现了较大进展，但是并没有形成大的影响，如眩晕感（Wells，1792）和眼球运动（Wells，1792）、肌肉感（Hamilton，1846）。后来动觉受到了科学家和哲学家的关注，如德国物理学家恩斯特·马赫与哲学家胡塞尔，他们各自从物理学角度与哲学角度对这一感知体验形式进行了解释。这一感知体验，如眼球运动在计算机领域表现出其独特的作用，如眼球追踪系统就是这一技术表现。

（2）从感知类型上看，感知体验研究主要划分了内感知与外感知。康德明确指出了这种划分。"但诸感官又再被划分为外部感官和内部感官（sensus internus）。人的身体在前者是被有形事物所激动，而在后者则被心灵所激动。"① 内感知即意识活动，外感知即与上述五种感知形式。触觉、听觉、视觉客观性较强，而嗅觉与味觉主观性较强。

（3）从主导形式上看，感知体验研究形成了以视觉为主导的感知传统。整个17—19世纪关于视觉问题成为研究的重点问题，如贝克莱就是其中之一。在这段时期，知识的来源自然就与视觉的研究联系在一起，也就出现了美国技术哲学家唐·伊德后来所强调的照相机暗室比喻，通过这一比喻来解释知识的产生。此外，经验研究方法也在这个时期发展起来，诸如对颜色、大小等对象的研究成为主要的问题。19世纪被看作是工具的时代、革命的时代，在知觉研究上取得了明显的进展。如解剖学对视网膜、大脑的研究；还有一些工具都取得了明显成绩。此外，实验性的刺激控制方法也可以被使用。20世纪初实验心理学继续获得发展，哲学上现象学方法取得突破，很多哲学家开始关注感知问题，如胡塞尔、梅洛–庞蒂等，而视觉感知成为主导的形式。

（4）从范式变迁上看，感知体验研究发生了三次范式转换。第一次是感觉与器官对应，每一种感觉都对应每一种器官，如视觉与眼睛、听觉与耳朵、嗅觉与鼻子、味觉与舌头、触觉与皮肤，这一范式主要从古代一直延续到近代；第二次是感觉与大脑区域对应，随着大脑研究的深入，逐渐将感觉与大脑区域对应起来，这主要表现在19世纪左右，甚至黑格尔也受到影响；第三次是感觉与大脑的神经元功能对应，感觉是功能整合的结果，主要表现在20世纪中叶。这三次范式变迁表现为两个特征：①原理的变化，不同时期有着不同的对感知的物理基础的认识；②技术的变化，不同时期有着不同的技术作为支撑。最早的是观察、然后是解剖技术、当前是图像技术，尤其是大脑成像技术更是证实了范式变迁。

所以，基于感知体验的交互体验主要强调不同感知类型与对象的交互类型，也正是在这一基础上，我们就看到了视觉交互、听觉交互、触觉交互这些主导形式在不同领域设计活动中成为出发点，所有的设计目标都是从技术上实现上述交互形式。② 这也能够很好地解释不同领域中对交互体验研究所出现的现象。当然，除了上述感知层面的交互之外，还有其他类型的交互形式，如身体交互、语义交互、社会交互和行为交互等等。这些形式与本文研究关系不大，所以不多赘述。

---

① 康德：《实用人类学》，邓晓芒译，上海世纪集团出版社2005年版，第36页。
② 与现代技术相关交互体验研究（IXR）主要表现在诸多计算机技术、工业设计技术中，英特尔实验室的Genevieve Bell（2010）从如何定义用户的体验与计算平台的角度开拓了这一研究分支。Van Schaik（2012）与Geraldine Burke（2010）更多地探讨了虚拟技术与在线环境条件下的交互体验。Bart J.B Ormel（2012）梳理了设计理论中的交互概念；Casper Harteveld（2011）分析了指向参与体验与社会交互的设计问题。相关理论主要探讨交互体验如何在技术上加以实现。

三、相互作用：交互体验的实质

如果说交互体验以感知形式为其主要感知基础，那么接下来要面对的问题是交互体验是否是一种体验与对象的交互关系。为了更好地描述这一实质，我们可以从两个对象如 A、B 之间的关系出发。在两个对象之间的关系上，通常的表达有两种形式：单向关系和相互关系。单向关系往往涉及 A 对于 B 的决定性作用，如通常的因果关系就是这样一种关系；相互关系则是指 A 和 B 之间的相互作用关系，辩证关系往往更强调相互关系。那么交互关系是否就是人与设计产品之间的关联呢？是否是使用过程中人，产品与人之间的相互作用关系？

顾名思义，交互体验是一种交互式体验，涉及主体与对象两方面因素。所以在一定意义上我们可以说交互体验是主体与对象之间的相互作用关系，而并非是单纯地主体接受对象功能的过程。在传统的面向对象的功能范式中，人与对象之间关系的作用形式是单向的，即从对象指向人。在整个设计活动中，设计者只考虑到对象的功能和质料的实现问题，将使用者完全看作是被动地、只能接受的存在物。这一现象让我们很容易想到知识论传统中洛克的观念，他将人的意识比喻为"白板"，人的知识的形成过程只是被动接受刺激的过程。随着面向用户的体验范式的形成，用户的主动性因素开始受到考虑。所以，相互作用关系成为交互体验的实质。

交互体验是否仅仅停留在感知层面的相互作用呢？第二部分所表达的观点是有一定的条件限制的。在这一观点中，实现途径成为主要的出发点。从实现途径看，感知交互体验最容易实现。所以，交互作用主要表现为视觉、触觉、听觉等方面的信息交互。但是，如果从人的规定性层面看，交互体验就不能仅仅停留在感知层面了，它应该超越感知体验层面。

超越有两种途径，一种是对感知本质的理解上加以超越，即不再将感知理解为感知途径，而是理解为本源性的存在。在胡塞尔和梅洛－庞蒂那里，这一概念从本源角度得到了更多阐述。"胡塞尔写了很多关于感知的研究（包括外感知和内感知），第五与第六研究是起点。他的《物与空间》（1907）一直到消极综合演讲，甚至谈论其感知的现象学理论。"① 胡塞尔的研究主要集中在感知行为的本质、被感知对象和感知意义，感知内容的本质、感知中时间的作用等等问题。在现象学中，感知是其他意识行为，如想象、图像意识的原初基础。其中最基本的感知形式是对空间对象的感知、他们的属性以及与其他对象的关系。这一点在《物与空间》中得到了较多阐述。对梅洛－庞蒂来说，感知

---

① Dermot Moran, Joseph Cohen. *Husserl Dictionary,* Continuum International Publishing Group Ltd.p.237.

得到了不同的理解。"对于梅洛－庞蒂来说，感知被理解为通过身体主体的意义前反思的构成。在知觉现象学中，梅洛－庞蒂把知觉主体理解为活着的身体（lived body）或现象学身体，这与科学所分析的客观身体相反。"① 另外一个途径是从其他形式加以超越，提出感知交互所遮蔽的纬度，如情感交互与主体交互的纬度。

四、情感与主体：当前交互体验理论的内在缺陷

当从主体角度看待交互体验的非对象这一极的时候，需要关注到主体自身的超感知体验部分。其中情感部分与先验自我是两个最为主要的规定性。在这两个规定性中，交互体验形式又表现出情感交互与主体交互两种形式。

情感交互体验是指情感的可理解性、可安慰性。2013 年美国影片 Her 中，主人公西奥多能够爱上操作系统萨曼莎的根本原因是操作系统可以自我进化，通过学习和经验加以进化。这一进化的实质就是能够理解、安慰西奥多，并且给他带来新的感受。从西奥多的角度来说，萨曼莎的出现，让他情感上的需求得到了满足。此外，西奥多是一个情感异常丰富的男子，他现实中的妻子无法满足他的情感生活。所以，在这样的一个情况下，只有通过让物变得智能化才能够实现这个层面的交互体验。而这是当前大多数设计过程的趋向。但是，如果按照这样的逻辑，我们始终停留在使用者这一主体设定基础上，物品只是增加了智能化程度，给人带来了一些新的体验。但是，反过来的问题更需要关注到，即以智能化物品为基础化，这就带来了一系列问题，当智能化物品能够满足使用者的不同需求时，使用者能否满足它们的需求呢？这样一个问题就是哲学中所探讨的交互主体性的问题了。

主体交互是不同形式的主体形式之间出现的交互关联。这对应着哲学传统中的交互主体性问题。这一问题来自两个不同的传统：莱布尼兹的传统与现象学的传统。莱布尼兹认为世界是由单子构成的，每一个单子都是封闭的、没有窗户的实体，即主体。根据这一理论，交互主体即单子存在的状态，交互主体是在先的状态，也只有这样才能够说明交互主体及其交互体验这一问题。但是，莱布尼兹的理论却违背了先验唯心论的某些原则。所以胡塞尔的现象学成为交互主体性解决的第二条路径。胡塞尔的解决是"我在自我之中经验并认识其他人的，他自己在我之中构造出来——统现地镜射出来，并不是作为原本的东西。"② 这意味着"我不仅在我本己的经验中经验我自己，而且在他人经验

---

① Stephen Michelman, 2008. *Historical Dictionary of Existentialism*, The Scarecrow Press, INC, p.255.
② 胡塞尔：《笛卡尔沉思与巴黎演讲录》，张宪译，人民出版社 2008 年版，第 183 页。

的特殊形态中经验他人。"① 所以，胡塞尔的路径是纯粹现象学式的，即他人自我向自我呈现为现象。这两条路径中，莱布尼兹的路径是客观主义的，他将他者看作是先验的在先存在，自身依靠自身而存在；而胡塞尔的路径是自我主义的，强调他者自我是通过自我来经验的。

所以，哲学中的交互主体性主要是解决不同主体之间的存在问题。而相比之下，其他领域中所提出的交互体验更多是用户与对象之间的互动关系。所以，这是完全不同的两码事情。但是，在众多设计中，对象智能化成为实现主体更好地交互体验的一个重要途径。其实对于大多数人来，视觉交互体验、听觉交互、触觉交互体验等等都只是第一个层面上的要求。而情感上的交互才是未来设计领域上所追求的主要特征，而交互体验问题最终的难题的解决还是取决于交互主体性何以可能这一问题的根本解答。

五、意义构建：交互体验的最终目的

在上面四个部分中，先后说明了在设计等领域中出现的一种现象并且解释了其背后的推动因素。设计活动开始注重用户强调用户体验，而这一是面向用户的体验范式变革推动的结果。其次揭示了交互体验的基础与实质。交互体验以感知和身体为物质基础，所以表现为感知交互与身体交互，其实质是感知体验和身体及其对象之间的相互作用。但是，设计等领域中的交互体验理论存在的内在缺陷是忽略了情感交互与主体交互这两种形式，所以需要加以批判。尽管如此，这些论述还忽略了交互体验的未来目的。

可以说，交互体验理论给我们能够带来诸多交互形式及其实现途径。感知交互、身体交互、情感交互与主体交互等多种形式。但是，由于设计领域的内在传统使得交互体验依然服务于对象思维，所以，主要还是围绕诸如"如何让产品更好地为用户接受？如何设计出让用户更为满意的对象？"等以对象为中心的问题。实际上，交互体验理论真正的意义并不在于回答上述问题，而是在于能够让我们完成用户与对象之间的意义构建，让我们将用户看成是以意义为主的存在者。

而在面向用户的的设计范式下，用户更多地被看作是心理式的存在者。所谓心理式的存在者指用户的感知与情感体验都是心理层面的需求，其实质是心理活动。所以，在当前设计领域所出现的注重情感交互的设计活动中，更多地是将情感理解为心理活动，

---

① 胡塞尔：《笛卡尔沉思与巴黎演讲录》，张宪译，人民出版社 2008 年版，第 183 页。

如安全感就是如此。但是，这一范式的问题在于忽略了作为意义存在者的主体。在意义存在者的视域中，体验不再是对现有功能或者质料的体验，而是表现为引导功能表达与质料选择的基础。当从这个角度界定体验的时候，意义的纬度开始出现：体验是引导意义表达、建构意义的体验。我们所有的设计活动都是建构意义的。因此，整个交互体验活动的实质是用交互体验引导设计活动建构出新的意义世界，而不再是让用户出于心理需求来选择产品。

设计中的体验、意义创造和交流：设计人类学与新美学

李清华

哲学家赫伯特·施皮格伯格（Herbert Spiegelberg）在把现象学哲学思潮的发展称为"现象学运动"时，所阐述的理由主要有三个方面："(1) 现象学不是一种静止的哲学，而是一种具有能动要素的动态哲学，它的发展既取决于内部固有的原则，也取决于它遇到的'事物'，它所遇到的领域的结构。(2) 它像一条河流，包含有若干平行的支流，这些支流有关系，但决不是同质的，并且可以以不同的速度运动。(3) 它们有共同的出发点，但并不需要有确定的可预先指出的共同目标，一个运动的各个成分向不同的方向发展，这与运动的性质是完全一致的。"①

从施皮格伯格的这一解释来看，设计现象学毫无疑问也属于"现象学运动"的组成部分，也属于现象学的一条"支流"，它最终也将汇入洋洋大观的现象学"洪流"之中。设计现象学与其他现象学"支流"的区别，仅仅在于它所遇到的"事物"及"领域的结构"的不同，而它们的共同出发点，正如施皮格伯格指出的，就是"主体意识现象"。不但如此，设计现象学在设计学研究领域从萌发到发展再到壮大的整个历程，绝非简单甚至机械地照搬、挪用现象学的理论、思想和方法于设计学研究领域，而是从其萌发伊始，就与现象学面对共同的社会文化语境，甚至面对共同的社会文化问题和困境。因此，设计现象学的存在和发展，有着自身的逻辑链和既深且广的社会文化根基。

一

如前所述，胡塞尔的现象学发端于对人类面对世界时两种截然不同态度的区分，即

---

① 赫伯特·施皮格伯格：《现象学运动》，王炳文、张金言译，商务印书馆 1995 年版，第 35—36 页。

自然的态度和现象学的态度（或称科学的态度）。胡塞尔进行区分的目的正在于实施改造，即改造人类由于自然态度泛滥所造就的实证主义的世界观和工具理性的价值观，因为"只见事实的科学造就了只见事实的人"。在实证主义世界观和工具理性价值观的强有力冲击之下，人类社会生活的各个领域都因为这种无处不在的影响而发生了根本性的变化。在知识领域，自然科学和实验科学的可实证性、可检验性标准成了知识的唯一标准，一切人文、社会科学领域为了实现这一标准而开始了对自身学科的大规模改造。英国著名社会人类学家拉德克利夫·布朗的一句话，生动地呈现了这一改造运动空前的"盛况"："归纳科学已经占领了一个又一个的领域或学科：首先是地球与星座的运动和围绕我们的物理现象；然后是组成这个世界物质的化学联系；再接着是旨在发现生命物体反应一般规律的生物科学；在近百年来，这种归纳方法又被用于人的精神活动。发展到今天，这些方法已被用来对文化或文明的现象、法律、道德、艺术、语言及各种社会制度进行研究。"① 在日常生活领域，工具理性和实用理性成了指导人类生活的主导原则，使得人类审美、宗教、道德等领域的精神生活日益遭受到无可挽回的侵蚀。在生产实践领域，工具理性价值观和实证主义世界观的影响，则表现为对新技术、新材料，对生产效率以及对高额利润的疯狂追逐与狂热崇拜，而人类劳动艺术性和创造性的一面，以及审美体验无限丰富的层面，以及对于人类生活中风俗习惯、道德伦理和宗教信仰等需求的尊重则由于与科学精神和效率原则相抵牾而被贬低到了"冗余"的位置。

这种实证主义的世界观和工具理性的价值观对设计实践也产生了重大而深远的影响。它在设计中的体现，最典型的便是西方19世纪末到20世纪初盛极一时的现代主义设计。

由于对新技术、新材料的狂热与痴迷、对流水线和批量化生产的适应和改造，以及对于高额商业利润的疯狂追逐，在现代主义设计中，"装饰即罪恶"、"最简原则"、"房屋是居住的机器"等口号才开始大行其道，用户体验的多样性、丰富性和复杂性，人类的审美需求、情感需求和精神需求等需求的丰富层面，在很大程度上却被极大地忽略了。

在这些设计思潮和设计流派的影响之下，在建筑设计领域，正如大卫·瑞兹曼所描述的那样，"工业化的建筑方式直接满足住房短缺的现状，以及对基本居住需求的定义"，以至于像"魏森霍夫建筑小区"那样的建筑设计模式，也"经常被视为早期功能型'国际风格'建筑的典范"。② 这种"国际风格"，成为在物质极度匮乏年代，以最低的成本和最高的效率，解决和满足人类基本的居住需求的设计实践，自然有其存在的极

---

① 拉德克利夫·布朗：《社会人类学方法》，夏建中译，华夏出版社2002年版，第6—7页。
② 大卫·瑞兹曼：《现代设计史》，若斓·达昂（Yolanda Am Wang）、李昶译，中国人民大学出版社2013年版，第210—220版。

大合理性。这种在特定历史条件下产生的"国际风格"，显然无暇顾及人类丰富多样且异常复杂的居住和审美体验，以及丰富复杂的风俗习惯、道德伦理和礼仪规范等需求，这自然情有可原。但是当这种思维方式进一步成为常态，甚至进一步强有力地模塑了人类的世界观和价值观，那么问题就应该引起我们的深刻反思了。正如国内学者指出的那样，这种实证主义世界观和工具理性价值观"造成了一批教条式的建筑师，他们缺少独立思考的能力，在解决每一座建筑的时候，不再考虑其环境、场所、文化、社会、地区、地理、气候等独特的存在方式和呈现方式，以及独特的现象和体验"①。这样的设计显然不是以用户体验为中心的设计。

在室内设计领域，也出现了"办公室以及住宅设计中所倡导的标准化，采用弗雷德里克·泰勒的科学管理理论，通过研究生产过程中工人的操作而实现生产力的最大化"，这种标准化的结果，便是"使得家具以及家居产品能够以标准化的尺寸、廉价的成本大批量进行生产"。② 这样的设计很少或根本不考虑人机工程学，很少对人体作出科学的测量，以使设计产品能够很好地带来丰富完美的用户体验，往往以功能而非用户体验作为设计的终极目标和根本出发点。这样的设计所带来的，往往是人与物之间关系的疏离，而非水乳交融和亲密无间。设计物品成为人类主体之外的异己性存在，对主体的生存、自由和精神生活构成了某种操控、压制和训诫。不但如此，设计师、广告商与生产商的合谋，精心编织出了一张无处不在的审美幻象之网，对消费者主体的消费欲望进行某种强有力的刺激和操控，使得消费者沦为自身欲望的奴隶和资本家攫取超额利润的强大工具。于是，人类主体面临着解放与复归的艰巨任务和漫漫征途。这就迫切需要意义世界提供卓有成效的导引和方向。从这一层面上看，在人类的解放和复归征途中，精神生活而非消费，对于人类生存来说具有更为根本的意义。科斯洛夫斯基就指出："文化、哲学与宗教确立人的意义导向，使人不致使自身消失在纯粹的消费活动中。"③ 这无疑是一个极为深刻的洞见。

面对工具理性价值观的泛滥和实证主义世界观对人类生活世界的侵蚀，许多有识之士开始了反思。胡塞尔便是这其中的一个重要代表性人物。胡塞尔是少数几个具有全人类担当的重要哲学家之一。正是怀抱改造人类价值观的远大理想和对人类生存命运及前途的忧虑，他指出了哲学家是"人类父母官"，身上肩负着人类福祉的重大使命。正是从这样的视角出发，他开始了对哲学的现象学改造运动。

---

① 沈克宁：《建筑现象学初议：从胡塞尔和梅罗·庞蒂谈起》，《建筑学报》1998 年 12 月。

② 大卫·瑞兹曼：《现代设计史》，若澜·达昂（Yolanda Am Wang）、李昶译，中国人民大学出版社 2013 年版，第 214 页。

③ 彼得·科斯洛夫斯基：《后现代文化：技术发展的社会文化后果》，毛怡红译，姚燕校，柴方国审校，中央编译出版社 2011 年版，第 120 页。

在设计领域，诸多杰出的设计师和设计学研究者，同样认识到了工具理性价值观的泛滥和实证主义世界观的侵蚀对于人类设计的深刻影响。我们也正是在这个意义上把设计现象学归入现象学运动的重要组成部分。著名建筑设计师沙里宁就"猛烈地抨击那种只关注实用和技术方面考虑的二维的城镇规划观念，提出一种兼顾物质、社会、文化和美学诸因素的三维的概念"①。拉斯姆森则从"体验"的角度，来对建筑中的色彩、空间、日光、尺度和比例、质感等方面进行全方位的细致描述，强调了建筑作为人类生活中不可或缺之居住场所根本的体验特质。② 凯文·林奇(Kevin Lynch) 从道路、边界、区域、节点、标志物等城市意象性元素以及它们之间相互关系的角度入手，来探讨它们在构成城市意象过程中所起到的重要作用，指出城市意象的营造与城市个性、可读性以及意义创造等之间的重要关联，从人类生活世界、人类体验和人文关怀的高度而非简单的功能追求角度，来对城市规划中的重要元素进行描述和解析。③ 凯文·林奇的描述，便是想要指明，城市设计和规划的根本目标和着眼点，正是人类的生活世界，正是人类日常生活中的体验和幸福感，而非简单机械地对人类行为进行操控和规训而追逐所谓的"秩序"、"理性"。从这一层面看，设计现象学与设计人类学不但有着共同的学科诉求和共同的方法论旨趣，而且有着高度一致的奋斗目标。

正是对建筑学中仅仅强调技术和理性，而根本忽略了对居住者体验以及风俗习惯、宗教信仰等意义性要素之尊重的一种反动，建筑人类学才应运而生。有国内学者就指出，"建筑人类学是讨论人之于建筑的身体、行为、习惯及其规则的学问。"④ 美国学者阿摩斯·拉普卜特（Amos Rapoport）较早对设计人类学进行了系统研究，对人类风俗习惯、宗教信仰与居住模式之间的深刻关联进行了深入阐释。这种对于人类居住环境中场景的"非固定特征"的深入探讨，正是在建筑设计中对于人类生活世界中的体验、意义创造和交流的高度尊重。这种尊重正是使得人类实现向生活世界的复归的一次重要努力。

除了建筑设计，在其他的人类设计领域，也有众多的学者展开了人类学的深入探讨，这种探讨也是对于人类生活世界中的体验、意义创造和交流的尊重。比如当前非常活跃的设计民族志，就是把人类学的民族志方法引入设计领域，运用人类学的田野调查作为产品设计中对市场、用户生活方式、风俗习惯、宗教信仰及产品体验展开深入研究、阐释和描述。尽管当前设计民族志的根本出发点，仍停留于设计产品的市场拓展和

---

① 汉诺-沃尔特克鲁夫特：《建筑理论：从维特鲁威到现在》，王贵祥译，中国建筑工业出版社 2005 年版，第 325 页。
② 参见 S.E. 拉斯姆森：《建筑体验》，刘亚芬译，知识产权出版社 2003 年版。
③ 参见凯文·林奇：《城市意象》，方益萍、何晓军译，华夏出版社 2001 年版。
④ 常青：《建筑的人类学视野》，《建筑师》2008 年 12 月。

利润追逐层面，但与工业时代仅仅局限于功能的产品设计相比，毫无疑问是一个史无前例的巨大进步。从这一层面看，设计人类学的探讨和尝试，同样可以纳入广义现象学运动的重要组成部分。

二

随着人类技术水平和生产组织及管理模式的巨大进步和不断发展，人类社会的发展方式和经济增长模式也在持续不断地发生着重大变化。世界经济增长模式在从二十世纪初到现在的短短百年历程中，已经实现了由工业经济到后工业经济（或称服务型经济）再到当下的体验经济的过渡与转变。①

在工业经济时代，发达资本主义国家的生产以机械化、标准化、批量化的流水线生产模式为主，管理则以福特制以及稍后的泰勒制为主要模式。产品设计则主要以功能实现为主导目标和根本出发点，很少或根本不考虑设计产品使用和消费过程中良好、完美的消费者体验。资本家依靠批量化的大规模生产、资源的掠夺性开发和对工人的剥削来实现经济增长和超额利润。在后工业经济时代，资本家开始认识到技术因素与文化因素的结合，在产品设计、生产和消费过程中所能产生的巨大作用和潜力，开始充分利用广告的巨大宣传效应来提升产品的知名度和品牌效应，并积极推动品牌文化和企业文化的培育和塑造。这一经济模式中的资本家依靠品牌文化和消费刺激，并且借助于服务手段，来实现经济增长并获取高额利润。而到了体验经济时代，设计产品使用和消费环节用户的完美体验，成了设计师的产品和服务设计的最终目标和根本出发点，创造高品质的产品用户体验成为经济增长和利润追逐的重要手段。

尽管以上回顾的世界经济发展的三个重要阶段（即工业经济、服务经济和体验经济），其最终动力和根本目标都源自于资本家对于高额利润的追逐。但我们看到，其本身由最初对用户体验的漠不关心和根本忽略，到后来的对用户体验的高度重视和充分尊重，却不能不说是人类设计实践发展过程中一个史无前例的巨大进步。尽管在今天，人类在向体验经济的转型过程中仍然存在着诸多的深层次问题，并且人类生存仍然面临着深重危机，但其巨大的进步意义和价值仍然是不容抹杀的。

如前所述，在当下的体验经济时代，在设计产品的使用和消费环节，消费者的高品质体验得到了高度重视和充分尊重。这种发生于设计产品使用和消费环节的高品质体

---

① 基姆·科恩约瑟夫·派恩二世在《湿经济：从现实到虚拟再到融合》，（王维丹译，机械工业出版社
2013 年版）中就指出："体验已经成为经济的主要产品，让 20 世纪下半叶里风行一时的服务型经济相
形见绌。服务型经济当时取代了工业经济，而工业经济此前替代了农业经济的地位。"

验，其本身始终伴随着一个意义创造和交流的过程。正是在这一意义创造和交流过程中，设计物品的功能才最终得以实现，消费者各个层面的需求也才最终获得满足。毫无疑问，消费者各个层面的需求，涵盖了人类作为一个鲜活的生命个体、文化个体和社会个体，其生活世界中一切丰盈、鲜活的存在层面。

一个显而易见的事实是，在体验经济时代，审美已经渗透进入了人类日常生活和产品设计、消费及使用的所有环节。这便是当下美学热衷讨论的"日常生活审美化"命题的真正内涵。人类生活世界的"碎片化"特征，决定了在体验经济时代，人类的审美行为已经不再像前体验经济时代那样，游离于人类日常实践和生产实践之外，而是经由人类设计产品的创造实践和消费实践，诉诸人类的身体体验，最终融入到了人类日常生活的一切领域，成为一种无时无刻不在发生着的、鲜活生动的人类日常生活行为。

从这一层面来看，体验经济时代的美学，就应该存在于对发生于人类产品设计、消费和使用诸环节的种种纷纷复杂而又鲜活生动的体验所进行的一切深刻反思与描述实践中。因为在体验经济时代，设计已经无处不在，正是它创造了人类美轮美奂而多姿多彩的生活世界。而这种无处不在、纷纷复杂而又鲜活生动的体验，其本身又是一种内涵极其丰富的意义创造和交流行为。正是诉诸这种意义创造和交流行为，人类才最终在生活世界寻找到了自身存在的价值感和意义感。在这种对于价值感和意义感的追寻和丰富体验中，人类才最终追寻到了那丰盈、鲜活的幸福感。由此可见，在这门对于人类设计实践中的体验、意义创造和交流行为进行深层次反思与描述的设计现象学（同时显然也是设计人类学）中，正蕴含着一个美学研究的巨大空间。而这种美学的研究，早已不再是传统美学意义上的"美的沉思"，而是一门新美学，一门真正意义上的生活世界的美学。

显而易见，由于这门新美学研究的是人类生活世界中的鲜活体验，因此它根本不同于前体验经济时代那门对"无目的的合目的性"和"无利害性"的"纯粹"审美体验进行沉思的思辨美学。它是一门典型的生活世界的美学。这门美学就鲜活地存在于我们每天的"日用伦常"之中，发生于我们无时无刻不在进行着的产品设计实践、产品使用和消费行为的每一次鲜活体验中。而我们也正是要在这些鲜活体验中，来展开一种现象学和人类学的描述、阐释和深刻反思。这才是这门新美学的根本任务。

三

从学科名称来看，美学（aesthetics）又名感性学，是专门研究人类感性的学问。美学学科的创立，正是着眼于人类知识的完整性考量。美学之父，德国著名哲学家鲍姆加登在继承沃尔夫把清晰的思想当做理论哲学(即形而上学)的研究对象的思想的基础上，认为在理论哲学所包含的四个部分——本体论、宇宙论、伦理学和心理学——之前，还应该增加一门更在先的科学，即感觉的或朦胧的认识方法。这种认识方法被鲍姆加登称之为"埃斯特惕卡"。鲍姆加登认为，只有这样，人类知识才是完整的。①

尽管美学学科从其创立之初，就为自己确立了对人类感官知觉和认识进行探究的根本任务，但由于西方思想传统中对于人类身体和感官知觉的极端鄙视和不信任，在西方漫长的美学研究实践中以及鲍姆加登创立现代意义上的美学学科之后，尽管在诸如实验美学和审美心理学等分支学科领域，有不少学者开始了鲍姆加登意义上的真正的"感性学"探讨，但它们在西方美学史上却从未占据过主导位置。西方美学的主流仍然是对美的哲学沉思。即便连鲍姆加登自己，也觉得"他的主题是某种有损哲学尊严的东西"②。这样，人类审美一方面离不开感官知觉，但另一方面，在西方思想史传统中，美学又是人类知识的重要部分和领域，因此它又不能依赖甚至不能太信任"混乱的"感官知觉，这便形成了西方美学中一个最为羼杂不清也最为矛盾悖谬的戈尔迪之结。③

西方美学之所以沦为"美的沉思"，其原因除了西方强大的思想史传统影响之外，也与西方近、现代之前，整个的社会文化状况密不可分。在近、现代之前（包括整个漫长的中世纪和中世纪之前的古代社会），艺术和审美从来都只是属于少数贵族的特权，艺术家的艺术创造活动也只有依附于特权阶层的赞助才得以维持。优秀艺术作品往往流入社会少数特权阶层的私人宅邸，成为私人收藏品。在这种语境下，艺术和审美活动与人类的日常生活（至少是广大民众的日常生活）之间，完全是界限分明的两个领域。

随着科技的进步，特别是两次工业革命带来的人类生产和生活方式的根本改变，广大民众物质生活的极大丰富催生了强劲的艺术和审美需求。人类的产品设计也由最初的以功能实现为出发点和根本目标转变为除了关注功能外，还注重产品外观的视觉冲击力及消费和使用过程中的美感体验。与此同时，随着技术的不断进步，艺术品的大规模和机械复制成为可能。艺术与审美不再是少数人的特权，并且更多地伴随着产品设计被渗透进入了人类日常生活的一切领域。这种艺术和审美行为诉诸消费者的体验，通过设计物品的消费和使用环节，成为产品体验不可分割的重要组成部分，与此同时，它们也是人类日常生活体验不可或缺的重要组成部分。

如前所述，从知觉现象学的角度来看，消费者诉诸身体感知，通过设计物品的使用和消费环节所发生的对于设计物品的鲜活体验，其本身正是一个丰富复杂的意义创造和交流过程。如果我们以现象学的眼光来进行审视并展开深刻反思，那么这种意义创造和交流过程中的诸多面相、诸多生动鲜活的层面和意蕴，就能够得以清晰生动地呈现出

---

① 参见鲍桑葵：《美学史》，张今译，商务印书馆 1985 年版，第 244 页。

② 鲍桑葵：《美学史》，张今译，商务印书馆 1985 年版，第 244 页。

③ 参见李清华：《感官经验与美感生成：西方美学的戈尔迪之结》，《理论界》2012 年第 1 期。

来。在这种现象学的反思视野中，这些鲜活体验中，不但有着感官知觉的鲜明印象和生动体验，还有审美的、宗教的、民俗的、道德的、伦理的等等鲜活丰盈的层面，更有着激动人心的种种情感的激荡。可见，对于设计产品使用和消费环节这样一个丰盈、鲜活的生活世界的呈现、阐释和描述，正是设计现象学和设计人类学研究一个得以纵横驰骋的广阔领域。

毫无疑问，人类生存除了感官知觉层面的体验和需求之外，更有着意义创造和交流的精神层面的强烈需求。而且从某种意义上说，意义创造和交流的精神层面的需求，正是人类生存中更为根本的层面。对人类生活世界中这一层面的呈现、阐释和描述，正是现象学和人类学最为得心应手的领域。现象学和人类学的呈现、阐释和描述，正是要把人类从这一为工具理性价值观和实证主义世界观挤压和遮蔽的世界拯救和敞开出来，并通过深刻反思和细致描述，把其鲜活生动的诸多面相诗意地呈现出来，最终为人类生存寻找到一个更为坚实的根基。

从这一角度看，在设计现象学和设计人类学的这种呈现、阐释和描述中，正蕴含着一种新美学研究的巨大可能性空间，而且这门新美学的诞生可以说正恰逢其时。

人类社会在经历了两次工业革命之后，生产力和物质丰裕程度也获得了史无前例的巨大提升。正当人类沉浸于自身成就而欢欣鼓舞之时，我们赖以生存的自然环境也正承受着巨大的压力和危机，人类社会也正面临着自身可持续发展的巨大考验。正是在这样的大背景之下，第三次浪潮席卷而来。为了追逐经济的高增长率和利润的高回报率，发达国家的跨国商业巨头越来越深刻认识到科技和文化软实力在新一轮经济全球竞争中的巨大价值。于是文化和服务型经济逐步替代了工业经济，成为发达国家主要的经济增长点。在文化和服务型经济的发展过程中，艺术和审美正以前所未有的速度和规模渗透进入了产品设计的过程中，并且进而成为设计产品使用和消费环节上发生的用户体验的重要组成部分，它们也因此成为消费刺激和经济增长的最强有力的引擎。也正是在这些要素的巨大推动作用之下，世界经济在当下又开始了由文化和服务型经济向体验经济的转型。体验经济因此成为世界发达经济体当下的主要经济增长点和强大引擎。

尽管一方面我们看到，无论是工业经济、文化和服务型经济还是当下的体验经济，其发展的巨大助推力量仍然是对消费的不断刺激，仍然是对利润的疯狂追逐，只不过刺激的手段和方式作了些变换而已。但是另一方面，我们却不得不承认，这不但是人类经济发展的巨大进步而且还是人类自身发展和完善过程中一次史无前例的巨大进步。人类设计实践从仅仅满足于人类自身生物层面的需要，向满足审美、精神和情感需要的发展；从对审美、精神和情感需求的根本漠视，到对于审美、精神和情感需求的充分尊重甚至顶礼膜拜。这不能不说是人类文明史上一次史无前例的巨大进步。

尽管人类当下的经济增长模式中仍然存在着诸多疯狂的、非理性的因素，而且这种经济增长模式也给人类生存的整个环境带来了前所未有的危机，但人类也正是在对这种危机的应对过程中，开始了对于自身生命中生物性存在之外的更为根本的意义世界的追寻，开始了敞开由工具理性价值观和实证主义世界观给人类生活世界带来的重重遮蔽的巨大努力。人类在对经济增长的追求过程中，越来越多地开始关注到文化和意义世界的重要性，这本身便是一种巨大进步。熟悉设计史的人都知道，这种对于人类生存的价值感和意义感的努力追寻其实伴随着人类设计实践的整个历程，只是从服务经济时代开始直到今天的体验经济时代，这种努力正日趋发展为一种全人类的自觉。因此其复归意义也就更为重大和可贵。科斯洛夫斯基就指出："因为文化必然构成一种与主体的抉择相关联的情境、意义网络。亚里士多德称诗与神话是重大事件在具有重要意义的历史中的融合。文化是个人与社会的历史之网。它使个人抉择的事件融入个人生活的历史中，使生活的历史融入一个充满意义的更广阔的历史中。"① 从某种意义上说，人类当下设计实践中的这种努力，其任务正是要努力修复和重建文化这张人类生存和发展不可或缺的"历史之网"。有了这张"历史之网"，人类对于幸福的追寻也才有了最为坚实的保障。在今天，这种努力和追求也正在诸多领域结出了累累硕果。设计现象学和设计人类学毫无疑问便是这些硕果之一种。从这一层面看，我们完全有理由对人类未来抱持一种乐观的心态。

这样，我们从设计现象学和设计人类学出发，在经历一番艰苦的跋涉之后，正可以抵达那丰盈的原初的生活世界，那同时也是一个丰盈的意义世界，那个世界中正蕴含着一门有着广阔前景的新美学。它正以其美轮美奂的景致，吸引着我们探寻的目光。

---

① 彼得·科斯洛夫斯基：《后现代文化：技术发展的社会文化后果》，毛怡红译，姚燕校，柴方国审校，中央编译出版社 2011 年版，第 68—69 页。

四、设计产业、国家形象与设计文化保护研究

关于中外设计产业竞争力比较研究的思考[①]

邹其昌[②]

一、关于设计产业理论问题及本课题的含义

（一）关于"设计产业"的理论问题："设计产业"是当代设计理论体系建构的有机组成部分

当代设计学体系至少包括设计理论、设计门类（设计实践）、设计产业、设计类型和设计服务等五大方面。

（1）设计学理论（设计基本理论、设计历史学、设计批评学、设计文化学、设计哲学、设计美学、设计传播学、设计伦理学、设计经济学、设计管理学、设计技术学、设计材料学、设计工艺学、设计艺术学、设计心理学、设计思维学、设计生态学、设计考古学、设计人类学、设计社会学、设计教育学、设计政治学、设计性别学、设计民族学、设计地缘学、设计法学、设计战略学、设计产业学、设计方法学等）。

（2）设计门类（产品设计、视觉传达设计、环境设计、数字多媒体设计、动漫设计、游戏设计、会展设计、服饰设计、出版与印刷设计、网络设计、广告设计、包装设计等。其中环境设计包括公共艺术设计、景观设计、氛围设计、家居设计、城市设计等）。

（3）设计产业（传统手工业设计、机器工业设计、高新技术设计、创意文化产业、多媒体设计产业、设计产品与开发、商业设计、网络设计、数字内容产业设计、设计营销、服务设计、微设计等）。

（4）设计形态（传统手工艺设计形态、机械工业设计形态、数字时代设计形态等）。

[①] 本文系上海市本级学科建设项目"中国设计理论与创意文化研究"和上海市教委创新重点项目《营造法式》与建构当代中国设计学理论体系之意义研究"的阶段性成果；原载《创意与设计》2014 年第 4 期。

[②] 邹其昌（1963— ），男，博士，上海大学数码艺术学院艺术学教授、博导，主要从事美学、设计学、传统经典诠释等领域的教学研究。

（5）设计服务（仪态设计、微笑设计、数据库设计、大数据等）。

（二）极力倡导"理论先导、政策跟进、产业繁荣"协同创新发展逻辑

进入后工业时代或新经济革命时代，设计的历史价值越来越显出其重要性。设计产业也就势在必行。设计产业是一个以创意的"投入"而非"产出"为核心价值观的产业集群。当前中国设计产业的正名、建立与发展，需要政府、业界和学界三方面的合力来完成。也就是"理论先导、政策跟进、产业繁荣"的协同发展问题。对于政府来说，应该明确监管和服务设计产业的对口政府职能部门；对于业界来说，应该从行业自律与经营创新等角度积极完成各部门设计产业的整合；对于学界来说，则应该以设计为本体加强产业方面的理论研究力量，同时为未来的设计产业输送专业化的人才。在某种意义上，这也是当代设计研究发展到目前研究阶段时，其主要议题和研究旨趣从"理论先行"落地到"现实关怀"的一种必然的取向和可能的范式。

（三）本课题的本义与关键概念的解说

1. 本课题的应有之义——国家急需、学企跟上

"中外设计产业竞争力的比较研究"的应有之义，至少内含以下核心问题。

第一，从国家层面而言，已经开始关注并重视设计产业竞争力的重大价值，急需相关理论研究成果的论证与举措，以提升中国设计产业竞争力，乃至整个产业竞争力等问题，为中国综合国力的增强服务。很显然，这一课题是国家急需。

第二，从学术理论研究而言，已内在要求学术研究应该积极关注并将设计产业竞争力纳入整个设计理论体系建构之中进行理论探讨，突出设计学科不同于其他艺术学科的本身固有的特殊性质，即"设计产业"是当代设计理论体系建构的核心部分之一。这也是美国等设计理论发达国家所具有的经验，其基本程序是，理论家提出和论证某一设计理论，作为咨询报告提交给政府，政府再作为政策或法规进行推广与实施，从而引导市场，改变人类观念。这也就是"理论先导、政策跟进、产业繁荣"。如"绿色设计"、"为人民的设计"等理论都是如此。中国当代的设计理论研究者就应该向这个方向努力。

第三，从设计行业而言，要求行业应该转型，即由长期以来单打独斗的设计公司转向为整体资源配置、协同创新的产业集群。这就要打破传统"占山为王"的狭隘观念，倡导和实施企业间的合作共存、共发展的新模式，这也是提升设计产业竞争力核心要素。

第四，从设计产业竞争力的实质而言，必须立足全球化背景。也就是中国设计产业竞争力来源于同世界范围内的比较。没有比较，就没有竞争。因此，本课题的核心主题就在于中国与其他国在设计产业竞争力的比较，做到知己知彼，并展开系统深入的理论

研究，为国家、行业、学术理论提供可参考的理论研究成果。

总之，该课题作为国家的重大需求，理论工作者、企业家和理论研究应该责无旁贷地积极响应与参与，为提升中国设计产业竞争力出谋划策。即：国家急需、学企跟上。

2. 关键概念解说

本课题内含的关键性概念，主要有产业竞争力、设计产业竞争力、中外比较研究以及设计产业与相关概念（如文化产业、创意产业）的比较等。

（1）产业竞争力。

从产业经济学的角度来看，产业竞争力是指某一产业或整体产业通过对生产要素和资源的高效配置、整合及转换，稳定持续地生产出比竞争对手更多财富的能力。它体现的是市场竞争中的比较关系，表现在市场中的产品价格、成本、质量、服务、品牌和差异化等方面比竞争对手更强的优势。在经济高度发展、市场和社会分工高度成熟的今天，一个产业能够存在、发展和繁荣的前提在于民生对于该产业一种自然、内在的需求。

（2）设计产业竞争力。

设计的产业化发展，是设计劳动商品化过程与贡献社会化过程的产物。从波特价值链理论的观点来看，设计产业的竞争力由设计产业价值链上诸多相互作用而又密不可分的环节共同构成，这些环节大致包括设计产业的国家政策与法规、设计产业的产业形态与管理、设计产业的品牌与文化资本、设计产业的人才培养与创新体制等，世界各国设计产业的综合竞争力正是这些价值链环节共同作用的结果。

（3）中外比较研究。

纵观世界各国设计产业化和设计产业竞争力提升的发展道路，它既是出于新的世界经济竞争环境下国内产业结构调整的客观需要，又是出于新时代国家发展战略和国家整体实力提升的主观需要。因此对于设计产业竞争力的研究应该对设计产业价值链上的各个环节进行一种综合考量，而这种考量往往能够在与世界各国设计产业价值链上相同环节的深度比较中获得一种明晰、深刻的认识，从而更有利于寻求到提升中国设计产业自身竞争力的有效路径。

（4）设计产业、创意产业与文化产业。

当前，许多学者把设计产业等同于创意产业、文化产业，或者把设计产业看作是创意产业或文化产业的组成部分，这是不准确的。创意产业和文化产业的提法尽管有助于提升公众对于创意、文化和设计等要素在提升产品品质和附加值方面所发挥的重要作用的认识，并且对于提升设计师在公众心目中的地位起到一定作用，但创意产业和文化产业概念本身内涵的模糊性和外延的无所不包，使得它们在理论分析中很难做到逻辑严密，在实践层面更是缺乏切实有效的可操作性。相比较而言，设计产业这一概念，则对概念的内涵和外延都做了明确的界定，指的是设计实践和设计师劳动、服务的产业化运作模式。尽管这一产业化运作模式在大量的第三世界国家（包括中国）还远远谈不上成熟，但它作为设计的一种未来发展趋势，近年来正得以蓬勃发展，而且它对于国家产业结构的调整和优化，对于提升国家产业的核心竞争力也发挥着越来越重要的作用。

二、关于中外设计产业竞争力比较研究的意义与现状问题

（一）本课题提出的现实背景

1. 国际和国内背景

在全球化时代，经济发展被推上了世界市场这一共同的竞技舞台，产业之间竞争因此不可避免。伴随着第三次浪潮的出现，世界经济正面临着新一轮的产业结构调整。在这个充满机遇同时也充满挑战的全新竞争环境中，设计在国家战略和经济发展中扮演着越来越重要的角色，设计的产业化发展正是这一趋势的集中体现。面对全新的国际经济环境，中国设计产业化的高效推进和设计产业竞争力的迅速提升，都将决定着中国能否在新一轮的产业结构调整和经济的全球竞争中占据领先位置，从而最终实现中华民族的伟大复兴。

2. 从设计到设计产业的转型

从全球范围来看，设计产业是市场经济高度发达和社会分工高度成熟的产物，是第三次产业革命以来，一个伴随着世界各国产业结构调整、优化以及市场全球扩张过程而萌发、生长和逐步发展壮大的产业，它本身便是经济全球化和市场竞争的产物。设计实践本身的基础性质和服务性质，决定了设计的产业化发展，其所带来的绝非仅仅是设计产业自身丰厚的经济回报，它还将推动国民经济中的其他产业顺利实现产业结构优化和调整，从而最终实现经济的快速增长和国家整体实力的迅速提升。设计的产业化发展，正顺应了世界经济的这一发展潮流和发展需要。例如，苹果不只是设计，更是一种整合化的设计产业，也是一种整合式营销模式。与此同时，设计的产业化发展也表明了设计产业在国家产业结构调整、全球市场竞争和国家整体实力提升过程中所处的核心位置。从这一角度来看，提出中外设计产业竞争力比较研究的课题，其意义和价值就绝非仅仅局限于学术领域，也绝非仅仅是关乎设计产业自身的发展问题，而更是关乎中国国家经济发展的未来战略问题，关乎中国在未来世界秩序中的地位问题，同时也是关乎中华民族能否真正实现伟大复兴的问题。

（二）本课题研究所涉及的几个问题层面

本课题将围绕着设计产业竞争力的几个核心构成要素，结合具体案例，在世界范围内对设计产业竞争力进行深入、系统的梳理和比较研究，努力揭示中国设计产业竞争力提升过程中面临的诸多问题，从而为我国设计产业和国家发展战略服务。鉴于此，本课题研究所涉及的几个核心问题层面，表述如下：

1. 设计产业自身运作规律的研究

毫无疑问，中外设计产业竞争力的比较研究应该建立在对设计产业自身的运作特点、状况和规律的深入研究基础之上。这其中就包括设计的产业形态与管理、营销与市场、品牌与创新等。要求我们在世界范围的横向比较基础上，全面、系统地对设计产业自身的市场化运作特定和规律展开梳理和深入研究。

2. 设计产业的外部环境与政府管理的研究

对国家层面的对设计产业进行宏观管理的政策、法律和法规的系统比较与研究，这一政府作为的层面致力于营造一种有利于设计产业健康、有序和高效发展的外部环境。它是设计产业得以健康成长的外部环境。

3. 设计产业人才培养与创新体制的研究

在中外比较的基础上，展开对设计产业人才培养与创新体制的深入研究，联系我国当前设计教育存在的深层次问题，并努力探寻解决问题的方案。

4. 设计产业竞争力评价系统的研究与建构

要对某个国家或某一地区的某一具体设计产业竞争力状况作出客观、公正的评价，就离不开一套成熟、客观同时又具有可操作性的评估体系。本课题研究的最终成果之一，便是要在对设计产业竞争力核心构成要素在世界范围内展开横向比较的基础上，建构一整套较为客观、成熟的评估体系。

（三）本课题国内外研究状况梳理

根据本课题的综合性质、特点及内容，关注与本课题的密切关联的知识及理论体系，对国内外的研究状况进行梳理。

1. 设计产业与设计产业竞争力方面的研究

（1）国内方面。

首先，值得关注的是近年来国内出现的一些研究设计产业的论著。

著作有《艺术设计创意产业研究》、《从设计到产业：刘小康的 CMYK 创意学》、《设计服务业新兴市场与产业升级》、《设计研究：设计产业与设计之都》等。其中，由李砚祖主编的《设计研究：设计产业与设计之都》是一本研究设计产业热点和前沿问题的作品，集中反映了中国设计学界设计产业方面的研究成果。该书解析了中国设计发展进程中遭遇的种种问题，得到了较为广泛的关注。论文有祝帅《中国当代设计产业定位的三个层面》（《设计学论坛》第二辑）等。

其次，是对设计产业竞争力的研究。

海军2007年发表于《设计艺术》杂志的《中国设计产业竞争力研究》一文，从设计竞争力问题提出的背景、设计竞争力与经济竞争力之间的关系和设计产业的发展策略等方面，对设计产业竞争力的核心问题进行了讨论。

石晨旭和祝帅的文化部文化艺术科学研究项目"中外平面设计产业竞争力比较研究"，对平面设计产业的中外竞争力进行全面系统的比较研究，分别从平面设计的经济学内涵、平面设计产业竞争力的构成要素、中国平面设计所面临的问题和中国平面设计的研究路径与方法等方面，展开对平面设计竞争力的中外比较研究。

王明旨的《以艺术设计的创造力增强我国文化产业竞争力》一文则认为，设计创新作为文化创意产业的核心组成部分，在全球化的国际竞争过程中扮演着非常重要的角色，并进一步提出把设计教育作为创意中国的重要驱动力来加以规划的设想。

田少煦、孙海峰发表于《深圳大学学报（人文社会科学版）》2010年第3期的《创意设计的发展走向与核心竞争力》一文则认为，创意设计具有精神文化和物质文化双重属性，它既是文化创意产业的重要组成部分，又是工业产品、人居环境、营商、沟通等中间服务环节，更是工业产业创新的重要来源；文化创意语境下的设计业应该是"两种文化"紧密结合的产物，它的工具性和本体性形成了现代城市文化中设计的两种形态；创意设计把创意与创新作为自己的立足之本，建立由设计实践与设计理论共同构筑的设计生态系统，在深入挖掘中华民族优秀文化精神内核的基础上，实现高新技术与文化创意的深度融合，培育鲜明特色的城市文化，促进产业的转型和优化升级，从而铸造创意设计的核心竞争力。

总体来看，尽管我国对于中外设计产业的发展状况了解较早，但是研究起步较晚，对西方设计产业相关理论的把握也较晚，基础较为薄弱，因此当前的研究对于设计产业理论和设计产业竞争力来说仅仅是一个开端，有很多空白还需要填充。

（2）国外方面。

相比较而言，国外对设计产业的理论研究十分深入，涉及的领域和范畴也较为广阔，形成了广博的研究成果。

首先，对设计与国家整体竞争力关系问题的探讨。

在《2002年世界经济论坛》报告中，新西兰经济研究所发布的《全球竞争力报告：设计指标》，为一个国家的整体竞争力和设计的有效利用两者之间提供了非常清晰、明确的直线性的关系。

其次，注重设计产业基本理论研究，研究成果趋于系统化。

如美国的 *Design issue* 和英国的 *Journal of Design History* 是在设计界影响力最大的期刊，其中刊载的部分文字涵盖了设计产业的发展与未来的方向的相关内容，并且研究得较为深入。日本田中一光的《设计的觉醒》以日本的设计产业作为出发点，谈论设计的现状及未来发展。还有诺曼的 *The Design of Everyday Thing*、Nigel Cross 的 *Designerly Ways of Knowing*、Victor Margolin 和 George Richard Buchanan 合编的 *The Idea of Design* 等也对设计产业的相关问题进行了探讨。

最后，新兴数字设计产业的研究成为热点，成果颇丰。如 Hilary Collins 的"Creative Research"一文，对创意产业的研究背景和研究环境进行了概述，然后详细分析了该领域研究所需的步骤。文章还向大家介绍了一系列的哲学设想，认为设计师可以根据这些设想来选择一种或多种研究方法。除此之外，它还详细阐述和检验了收集和分析不同数据所需的方法和程序。Bob Bates 的 *Game Design* 是最好的游戏设计的书籍之一，书中介绍了最新的相关科技和模型，并且采访了 12 位世界顶级的游戏设计师，提供了大量丰富的相关资源。日本、韩国也都有数量丰富的关于数字媒体设计的作品出现。

2. 产业竞争力的研究状况

对竞争力关注始于 20 世纪 70 年代的全球化浪潮，其研究最初也表现为对国际竞争力的研究，即宏观层面的国家竞争力。国内外学者主要从产业经济学和管理学的角度对产业竞争力进行研究，内容集中于以下几个方面：

（1）产业竞争力的内涵研究。

对于产业竞争力的内涵，国内外学者也从不同角度予以诠释。这些学者有美国的迈克尔·波特，中国的金碚、张超、陈红儿、陈刚和裴长洪等。综合这些学者的观点，产业竞争力的内涵可以归纳为以下几个方面：

第一，产业竞争力涉及区域或国家之间的经济关系，具有比较优势的含义。

第二，产业竞争力不是指单个企业的竞争力。企业内部、相关及辅助产业、政府环境及国际形势等，都对产业竞争力产生影响。

第三，产业竞争力体现在产业所提供产品或服务在市场上的份额，国际市场份额是衡量竞争力强弱的主要指标。

（2）产业竞争力的基础理论研究，有以下几种较为典型的研究理论：

第一，比较优势理论。

比较优势理论是由英国古典经济学家李嘉图在亚当·斯密的绝对优势理论基础上提出的，他认为生产技术的差异是产品相对价格差异的原因，只要各国间存在生产技术上的相对差异，就会出现生产成本和产品相对价格的差异，从而都拥有比较优势。20 世纪初，赫克歇尔和俄林发展了比较优势论，提出要素禀赋论（H-O 模型），认为比较优势源于各国要素禀赋的差异，要素禀赋是贸易产生的基础，决定了贸易的类型。随后新要素理论引入熟练劳动、技术、研究与开发等新要素，进一步发展了要素禀赋论。比较优势理论还包括动态比较优势理论，由弗农于 1966 年提出，也称产品生命周期论，他把新产品在研发、生产和销售等不同阶段上要素密集度的变化、不同经济发展水平国家的相对优势和跨国公司的商务活动有机结合在一起，分析了技术变化与比较优势之间的相关关系，说明在产品生命周期的不同阶段，要素密集度有所不同，从而使比较利益动态化。

第二，国家竞争优势理论。

1990 年波特提出著名的"国家钻石"理论，为产业竞争力研究提供了一个较完善的分析框架。波特认为一国的竞争优势主要包括：生产条件、需求条件、相关与辅助产业、企业的策略、结构与竞争、政府和机遇，依次经过要素推动、投资推动、创新推动、财富推动等四个发展阶段。波特进一步指出一国的兴旺发达主要取决于该国在国际市场上的竞争优势，且这种竞争优势的形成关键是国内主导产业是否具有竞争优势，而主导产业的竞争优势又是源于企业创新所提高的生产效率。

第三，比较优势和竞争优势双重理论。

金碚认为，各国产业在世界经济体系中的地位是由各种因素决定的。从国际分工来看，比较优势具有决定性作用；从产业竞争的角度看，竞争优势又起决定作用。并且比较优势与竞争优势相互联系相互影响，比较优势是形成竞争优势的基础，比较优势发挥可以转化为竞争优势；反过来竞争优势会强化比较优势，具有竞争优势的产业对外部生产要素有较强的吸引力。

（3）产业竞争力的实证研究。

有关产业竞争力测度研究国内外学者主要从两个方面进行：一个是指标测度即利用单个相关指标或者指标体系测定产业竞争力；另一个是计量分析即通过计量模型检验各相关因素对产业竞争力的影响程度。

首先，产业竞争力指标测度研究。

它又包括单一指标测度法、多因素法、生产率法和进出口数据法。单一指标测度法是根据竞争力的来源、实质、表现和结果，对产业竞争力依次划分为环境、生产率、市场份额和利润等四个层次，选取一个或者多个指标进行单一层次或多个层次的比较，测度产业竞争力概况。多因素法是运用产业环境指标衡量竞争力。生产率法则通过生产率指标衡量产业竞争力的大小。进出口数据法是通过市场份额来衡量竞争力的大小。其主要评价指标包括显示性比较优势指数（RCA）、净出口指数（TC）、国际市场占有率（MS）、产业内贸易指数（IIT）、出口产品质量指数、进出口价格比，出口优势变差指数和显示性竞争优势指数等 8 个指标。

其次，指标体系测度法。

这一测度方法先选取若干指标组成指标体系，然后确定各指标的权重，来综合评价产业竞争力。权重确定的方法一般有层次分析法（AHP）、特尔菲法、客观赋权法、主成分分析法、均方差法等。

最后，产业竞争力计量分析研究。

迈克尔·波特1990年提出了产业国际竞争力的"钻石理论"，认为产业国际竞争力是由要素条件、需求条件、相关与辅助产业、企业策略、结构和竞争四个主要因素以及政府和机遇两个次要因素共同决定的。J.Dunning1993年对"钻石理论"进行补充完善，加入了"跨国公司商业活动"因素，形成了"Porter-Dunning"模型。目前的研究工作大多是证明"Porter-Dunning"模型所涉及的七大因素和支撑指标的决定作用。J.Fagerberg1995年采用16个OECD国家1965—1987年的统计数据拟合对数线性回归模型，对波特"钻石"中的"需求条件"因子，特别是其中的国内成熟的消费者对于产业竞争力的决定作用进行了实证检验，证明这一因子对于产业国际竞争力具有很强的正向影响。D.Kim和B.Marion 1997年用美国食品制造业1967—1987年的数据建立计量经济学模型，证明了波特关于国内市场结构与竞争强度对于产业国际竞争力的决定作用，产业集中度对净出口份额的反向作用。A.Xepapadeas和A.Zeeuw1999年则用理论模型推导的方式证明了波特关于政府环境政策对竞争力的正向影响，并对其进行了补充和修正。Lourdes Moreno 1997年采用西班牙14个制造业分支产业1978—1989年的数据，建立Panel Data对数线性回归模型，出口需求的价格弹性在部门间有很大差异，非价格因素对产业国际竞争力起显著作用，特别是技术进步和广告对出口额的提升作用显著。近年来，国内学者也利用计量模型，测度各相关因素对我国产业竞争力的影响程度。

3. 文化产业方面的研究

全球市场经济的潮流推动了文化活动的市场化、产业化，从而开启了文化产业理论研究。

（1）国内研究状况。

首先，国内最初的研究从文化经济入手。

2006年张玉国编写的《文化产业与政策导论》，针对文化产业不同于一般产业的文化和意识形态敏感性，着重探讨了文化产业政策对文化产业发展的重要影响。

其次，在内容方面则对设计产业中的电影、数字、印刷等都有所涉及。

欧阳有权的《文化产业概论》一书中在"文化产业分论"部分，分别论述了纸质传媒业、广播影视业、网络文化业、广告业、动漫业、休闲文化产业、艺术、体育及其他产业等产业门类，逐一辨析了它们业态特征、经营管理方式和发展对策等。严三九和王虎编著的《文化产业创意与策划》，主要对文化产业类型——纸质传媒、影视、网络、动漫、广告、休闲、会展等七类文化产业的创意和策划进行细致深入的分析和介绍。

这些研究对我国文化艺术事业在社会发展中的地位、社会主义文化生产的目的、文化产品的属性、文化生产的社会效益和经济效益，以及在文化艺术产品的生产、分配、交换和消费、文化经济政策等方面进行了初步的探析，为文化的产业化发展奠定了学理性基础。

（2）国外研究状况。

国外对于文化产业的研究较为深入，研究成果也较为丰富。大部分学者致力于把文化研究和经济研究结合起来，创立一门有着自身独特话语系统和分析框架的文化经济学。

代表性著作如戴维·斯罗斯比（David Throsby）的《经济学与文化》，对文化的经济学语境、文化资本与可持续发展、经济发展中的文化、创意经济学、文化产业以及国家的文化政策等方面进行了深入探讨；大卫·赫斯蒙德夫（David Hesmondhalgh）的《文化产业》，对文化产业的概念界定、发展与变迁、研究方法、文化产业的评估、所有权和组织以及融合与国际化的第四次浪潮对于文化产业发展的重要影响等方面的内容进行了探讨；艾伦·J.斯科特（Allen J.Scott）的《城市文化经济学》一书则对城市文化经济的重要产业、发展轨迹、其内部规律等内容展开研究。

（四）对本课题已有相关成果的评析

尽管目前国内外对于设计产业竞争力以及相关问题的研究文献非常丰富，涉及范围较为广阔，研究也具有相当的深度，但仍然存在诸多问题，这主要表现在以下几个方面：

1. 对设计产业和设计产业竞争力的研究还很薄弱

设计产业是伴随着新经济革命而出现的一个新兴产业，也是一个有着广阔发展前景的朝阳产业，正因为是新兴事物，人们对它的理解仍停留于一个较为粗浅的水平。同时，世界各国由于自身禀赋和国情的重大差异，因此设计的产业化水平也存在着巨大差异，中国设计的产业化也尚处于起步阶段，无论是市场、人才、政策法规还是管理都远不成熟，因此对设计产业自身内部的生产组织、运作方式、市场状况和管理模式等仍然缺乏全面深入的研究。而当前的国内外研究主要从区域经济学、产业经济学和管理学的角度，来对国家、地区和产业的竞争力构成要素、竞争力评价体系和竞争力提升路径及手段等进行研究；或者笼统地对文化创意产业在国家、地区和城市发展战略和产业结构中的重要位置进行研究，只是把设计作为文化创意产业的组成部分而顺便加以提及；或者把艺术设计作为提升国家、地区和产业核心竞争力的一个重要元素，对其重要性和作用进行研究；即便是把设计本身当作产业来对其竞争力来进行研究，也只是停留于设计产业对于国家、地区和城市经济竞争力、创新能力以及在产业集群中的重要作用来进行研究，并未对设计产业本身的竞争力问题进行深入细致地研究。这些都有待于我们设计理论工作者进一步探讨。

2. 产业竞争力的理论基础研究还较为薄弱

目前，国内外研究主要集中于比较优势和竞争优势理论，无论是建立在生产要素（相对价格和生产率差异）基础上的静态比较优势，还是基于技术、规模方面的动态比较优势，其理论基础大都建立在古典经济学研究成果的基础之上，对现代经济学的最新研究成果很少触碰，因此它们对于产业竞争力优势的解释力都相当有限，产业竞争力的理论基础研究有待进一步发展。现代经济学突飞猛进的发展，已经扩展到经济问题的几乎所有领域。这些领域涵盖了公司内部组织结构的设计、经济政策的形成与政治利益集团的关系、经济发展与政治制度演变的关系、社会资本（social capital）对经济行为的作用和影响、收入分配如何影响效率和公平等。我们迫切需要在设计产业竞争力研究中引入现代经济学研究的理论和思想，来推进研究的深入发展。

3. 产业竞争力的实证研究不够客观

这主要表现在产业竞争力测度指标体系的研究和建构方面。由于设计产业本身的基础性和服务性特征，以及它与其他产业之间的相互交叉和相互渗透关系，设计产业竞争力测度指标体系的建构和研究就存在着比其他产业更加复杂和艰巨的任务。这就表明我们在设计产业竞争力的测度指标体系建构和研究过程中，不能生硬地照搬其他产业的竞争力测度指标体系，而要根据设计产业的自身特点，在对设计产业竞争力价值链上诸多环节进行深入研究的基础上，设计出既符合设计产业自身特点，又具有切实可操作性的指标体系。

（五）本课题研究的价值

本课题研究的价值主要表现在以下三个方面：

1. 理论价值

本课题的研究将进一步推动产业经济学、区域经济学、文化经济学和管理学的学科研究和学科发展，丰富研究成果和研究思想。为设计产业的系统研究建立起一个初步的分析框架、研究范式，并发展出一套较为成熟的话语体系。另外，本课题也将在广泛借鉴现有产业竞争力评估体系建构和研究成果的基础上，结合对设计产业本体全面深入的研究和中国设计产业自身的发展状况，建立一套客观、完善而又具备可操作性的较为成熟的设计产业竞争力评价体系。

更重要的是，本课题研究与深入直接为中国当代设计理论体系的建构提供重要的理论研究支撑，更加突出设计学理论体系有别于传统美术学的独特性质，即"理论先导、政策跟进、产业繁荣"，为设计学科的发展将带来积极的推动作用并产生重要的理论意义和历史价值。

2. 实践价值

在深入比较的基础上展开细致梳理和深入研究，以期对中国设计产业自身的发展状况、存在问题等进行全方位地系统梳理、诊断和把握，从而对中国设计产业自身的健康发展和国家发展战略的制定提供切实有用的信息和重要的参考性意见和建议。

3. 社会价值

立足"国家急需、学企跟进"理念，积极开展设计产业竞争力研究、推广与传播社会活动，为中国当代整个设计产业的可持续发展培育社会环境。具体表现有，积极引导和普及设计产业观念，是设计在整个社会中重塑国家形象特质。为国家相关政策与法规的制定提供积极的咨询服务，为中国综合国力的提升出谋划策。

总之，本选题由于立足于设计产业自身的特点和中国设计产业的当下发展现状，又广泛吸收和借鉴了产业经济学、区域经济学、文化经济学和管理学关于产业竞争力的思想、理论和研究方法，并且建立在对国内外成熟发展经验和广泛研究成果的深层次比较和深入把握基础之上，因此与过去的设计产业竞争力研究相比将取得较为重要的突破，将具有较高的学术价值和较强的现实运用价值，将具有较高的社会意义。

三、关于中外设计产业竞争力比较研究的基本思路问题

（一）"PMBTA"理论研究模型：

《中外设计产业竞争力的比较研究》将建构独立的"PMBTA"五要素研究模型，即P（Policy 政策）、M（Morphology 形态）、B（Brand 品牌）、T（Talent 人才）、A（Assessment 评估），从而形成"中外设计产业竞争力国家政策与法规的比较研究"、"中外设计产业竞争力产业形态与管理的比较研究"、"中外设计产业竞争力品牌与国家形象的比较研究"、"中外设计产业竞争力人才与创新体制的比较研究"、"中外设计产业竞争力评估体系与发展战略的比较研究"五个子课题和研究方向。

"PMBTA"理论研究模型，实际上就构成"一个本体、五大系统"逻辑互动结构。因此，本模型的建构与应用将系统展开五大要素（PMBTA）在整个设计产业竞争力中权重、比值等量化分析与研究，为政府、企业制定相关政策与法规提供具体的科学根据。

（二）总体问题：

总体问题就是国家急需，学企跟进。具体而言，本课题通过对于中外设计产业竞争

力的比较研究，为提高中国设计产业的竞争力提供理论依据和相关的政策策略，具体有如下几点：

(1) 本体研究：研究设计产业竞争力的构成要素及其内在规律。

(2) 社会价值：分析设计产业竞争力在国家经济社会体系中的作用和价值。

(3) 中外比较：比较研究中外设计产业竞争力的差异以及形成差异的原因。

(4) 科学评估：探索设计产业竞争力的评价维度与评估体系。

(5) 决策依据：系统构建制定设计产业政策的理论依据。

(三) 研究对象及主要内容：一个本体、五大核心

本课题将"中外设计产业竞争力的比较研究"作为总体研究对象，并将其解构为五大核心问题进行逐一系统研究。总体对象是"一个本体"即中外设计产业竞争力的比较研究；具体对象是"五大核心"即国家政策与法规、产业形态与管理、品牌与国家形象、人才与创新体制、评估体系与发展战略等五大方面。因此本课题的主要研究内容将以创建"PMBTA"理论研究模型的导向，系统展开这五大核心问题的深入考察与研究。

1. 政策 (Policy)

政策是设计产业竞争力的宏观维度。讨论全球设计产业发达地区和国家的设计政策影响力，设计政策的制定、执行和发展，设计政策和其他产业支撑政策的比较研究，通过和中国设计产业政策现状的比较研究，对于设计政策和设计产业发展进行评价，也对中国设计产业发展的政策路径提供有效的参考、建议和策略。

2. 形态 (Morphology)

形态是设计产业内部机制管理模式维度。通过对不同国家和地区设计产业发展的形态、规模和运行机制的类比研究，讨论设计产业的生态环境、系统和支撑设计产业良性发展运行的机制。对现行中国设计产业的形态、发展环境和机制进行分析和评价，同时形成积极有效的建议和策略。

3. 品牌 (Brand)

品牌是设计产业的终端，也是核心价值结构。对国内外设计产业中品牌的形成及现状进行比较研究，分析全球品牌的文化差异和经济价值，探讨在设计产业中如何运用品牌的特征与认知度逐步塑造设计的国家形象。

4. 人才 (Talent)

人才是设计产业创新发展的生力军。重点聚焦设计产业中人才的构成状况，人才对于设计产业价值的贡献能力，人才的发展和成长环境，以及设计人才竞争力和设计产业竞争力的关系等核心命题的研究。

5. 评估 （Assessment）

评估是设计产业竞争力的价值呈现。基于设计产业对于整体国家、地区经济社会发展的贡献，对于设计产业竞争力在经济和社会发展体系中的作用进行科学评价，并建构有效而全面的评估体系，为设计产业的重大决策提供清晰的理论依据。

（四）总体研究框架

本课题将立足于实证调研，首次系统而科学地构建设计产业竞争力的理论体系，并具体分析中国设计产业中存在问题，最终提出解决问题的方案与目标。因此本课题的研究框架具体如下：

（1）分析现状：系统研究中外设计产业中政策与法规、形态与管理、品牌与国家形象、人才与创新体制以及现有评估体系与发展战略的现状及成因。

（2）构建理论：分析设计产业中各要素的相互逻辑关系，以及各要素对于产业竞争力的推动作用。全面而系统地构建设计产业竞争力的理论体系。

（3）揭示问题：基于上述的研究分析，通过中外设计产业竞争力的比较，研究和归纳影响和制约中国设计产业竞争力提升的问题。

（4）提出方案：基于上述的问题分析，结合中国国情和发展目标构建具有可操作性的中国设计产业竞争力的评估体系和发展战略。

（五）子课题构成

根据本课题的性质和内在逻辑要求，为了更好地展开本课题的研究，提炼出了最能体现本课题的五个核心问题进行研究，由此形成本课题研究的五个子课题（PMBTA 理论研究模式）：

（1）中外设计产业竞争力国家政策与法规的比较研究。

（2）中外设计产业竞争力产业形态与管理的比较研究。

（3）中外设计产业竞争力品牌与国家形象的比较研究。

（4）中外设计产业竞争力人才与创新体制的比较研究。

（5）中外设计产业竞争力评估体系与发展战略的比较研究。

（六）本课题研究的预期目标

1. 总体预期目标

本课题将通过中国和国外设计产业发达的代表性国家和地区的比较研究，分析中国设计产业形态、机制、价值和竞争力，建立评价模型，特别对于设计产业在国家经济社会体系中作用和价值进行综合评价，并对中国设计产业进一步发展的路径以及国家设计产业发展战略的制定与实施提供建议和策略支持。

本课题将建构独立的"PMBTA"五要素研究模型，即 P（Policy 政策）、M（Morphology 形态）、B（Brand 品牌）、T（Talent 人才）、A（Assessment 评估），为中国设计产业的健康发展服务。并将此模型加以应用与推广。

核心目标：造就中国当代设计产业"理论先导、政策跟进、产业繁荣"协同、创新、发展的逻辑建构模式。

2. 学术理论的预期目标

（1）首次系统、全面地分析中外设计产业竞争力，重点探讨如何提升我国的设计产业竞争力，以及如何通过提升设计产业竞争力从而最终推动经济发展和社会的进步。

（2）构建适合中国现阶段发展状况的设计产业竞争力发展战略，该战略将包含设计人才培育战略、设计品牌创新战略、设计文化国家形象塑造战略等子系统。

（3）构建多维度的设计产业竞争力综合评估体系，为将来我国设计产业的重大决策提供定性和定量参考依据。

（4）构建"PMBTA"理论研究模型，为中国整个产业竞争力的深入研究服务。

（5）建构和完善当代设计理论体系结构，即理论＋实践＋产业三位一体理论体系。

（6）筹建"中外设计产业竞争力研究中心"。

3. 学科建设发展的预期目标

（1）吸收经济学、管理学、法学、传播学、哲学等多学科的知识和研究方法，使设计学科体系更加完善和系统化，逐步建构"理论先导、政策跟进、产业繁荣"有效体系。

（2）积极运用实证研究、数理计算及验证等研究方法，使设计学理论研究逐步从经验主义迈向实证主义和科学主义。

（3）结合我国的国情科学而系统地构建设计产业竞争力评估体系以及发展战略，使设计学理论的研究成果更加具有可操作性，在当代社会主义建设中更加具有实用价值。

（4）增设"设计产业"研究方向。

4. 资料文献发现利用的预期目标

（1）与中外设计产业竞争力相关的政策和法规的收集、翻译、整理和比较研究。

（2）围绕对于中外设计产业竞争力做出巨大贡献的人才，进行相关资料的收集、翻译、整理和比较研究。

（3）围绕中外设计产业中成就卓著或具有特色的设计企业，进行实地调研，并搜集与企业相关的数据和文献资料进行翻译、整理和比较研究。

（4）构建"中外设计产业竞争力比较数据库"或智库。

（七）总体思路

本课题将依据"国家急需、学企跟进"原则，积极探索"理论先导、政策跟进、产业繁荣"协同创新发展逻辑方式。

本课题将通过中国和国外设计产业发达的代表性国家和地区的比较研究，分析中国设计产业形态、机制、价值和竞争力，建立评价模型，特别对于设计产业在国家经济社会体系中作用和价值进行综合评价，并对中国设计产业进一步发展的路径以及国家设计产业发展战略的制定与实施提供建议和策略支持。

本课题将建构独立的"PMBTA"五要素研究模型，即 P（Policy 政策）、M（Morphology 形态）、B（Brand 品牌）、T（Talent 人才）、A（Assessment 评估），为中国设计产业的健康发展服务。

第一，根据产业经济学理论，将设计产业竞争力分析和经济学密切地结合起来。运用产业经济学的模型理论，结合中外设计产业具体的市场运作案例，运用世界各国和各研究机构相关的统计数据，来对设计产业竞争力中的诸多重大问题展开深入细致的实证研究。

第二，根据设计产业和文化产业相关理论，来对设计产业竞争力构成要素、评价体系和提升路径中的"软"指标进行深入细致又有强大说服力的分析，并与实证研究有机结合起来，构建起一套相对完整的设计产业经济学、设计管理学较为完整的学科体系和话语系统。

第三，从设计产业的几个关键要素展开比较，即对设计产业的政策、人才、评估等方面进行比较论证，探求这些我国和外国在设计产业竞争上的共同性与差异性。

第四，本文在借鉴国外设计产业经验的基础上，提出了我国发展设计产业的战略定位和政策建议。

（八）研究视角

本次课题主要从以下两个视角来进行突破性研究，这也是具有创新意识的设计学研究新视角，包括"全球化视角"和"新经济革命视角"。

1."全球化"视角

（1）第三次工业革命背景下中国设计产业竞争力的挑战与机遇。

第三次工业革命是指以数字化制造及新能源、新材料的应用为代表的一个崭新时代。一是直接从事生产的劳动力数量快速下降，劳动力成本占总成本的比例会越来越小。二是个性化、定制化的生产，要求生产者要贴近消费者与消费市场。第三次工业革命对中国工业的负面影响目前来看还很有限。但中长期的影响，不能掉以轻心，如果现在不加以规划应对，当数字化制造技术、成本发生质的变化时，对中国的冲击将非常厉害。这次课题以独特的研究视角，观察中国设计产业竞争力的挑战和机遇。这样的视角有利于提高我国自主创新的能力，改变长期以来"世界工厂"的称号，因此采用全球化背景的研究方法，有利于更加全面和系统的研究我国以及外国设计竞争力的发展及相互关系。

（2）"全球化"趋势下设计竞争力的体现。

本次课题在通过全球化背景下，设计产业竞争力的对比研究，可以发现商品的设计和销售也正在不断地"全球化"。因此"全球化"趋势下商品流通和消费，但它不仅仅是一个经济学的课题，更是一个设计学的研究课题，因为消费文化本身对于国家和民族的文化认同以及价值观产生了深刻的影响。

2. 新经济革命的视角对设计的冲击

新经济革命对设计产业的冲击已略见端倪。以往是强调设计产业的规模化，而目前更趋于个性化、民族化特征的小型的定制化，批量化生产与订制设计的转换成为了未来设计产业特征的一个发展趋势。

本课题通过对设计产业在国家产业结构中的地位、作用以及发挥作用的方式进行比较研究，结合现有产业经济学和管理学的研究理论、思想和方法，努力揭示设计产业自身的特点，并在中外比较的基础上，努力揭示设计产业的竞争力构成要素。

在此基础上，在对中外现有的产业竞争力评价体系进行全面比较、理解和把握的基础上，结合设计产业的自身特点，发展出一套设计产业自身的竞争力评价体系。有了这些研究，再立足于设计产业发展的实践层面，通过中外发展案例的具体比较，来对设计产业竞争力的提升路径和未来发展趋势进行系统研究和把握。

（九）研究路径

本次课题按照经济学和设计学的综合研究路径，可以从三个方面探索：

第一，以模式为研究路径。以中外设计产业竞争力的产业模式作为线索进行综合型研究。

第二，以观点分野作为研究路径。这样可以从研究方法和研究视野的不同，梳理中外设计竞争力比较的发展脉络。

第三，以分层梳理作为研究路径。通过中外设计产业竞争力的政策与法规比较研究、形态与管理比较研究、品牌与国家形象比较研究、人才与创新体制比较研究和评估体系与发展战略比较研究。该路径的研究内容具有很强的包容性。该路径能将综合路径中涉及的具体内容归入自身研究领域之中。

（十）具体研究方法

科学的研究方法是获得研究成果的基本途径和工具，正确运用各种研究方法是获得研究成果的重要前提。为了更为清晰、明晰地展现国外设计产业发展的现状、特点，分析中外设计产业竞争力，归结经验教训，本文采取了多种研究方法。

1. 比较分析法

对设计产业的中外政策、品牌、案例、模式、评价机制等要素进行比较研究，比较研究法是最基础的方法，也是最常用的一种方法。此方法可以运用于五个子课题中，借助于比较方法，本文对国外设计产业的业态、功能、运行机制、竞争力、产业政策等内容进行分类比较。在具体的研究过程中，有基于整体的国家与国家之间的比较，也有局部的行业与行业之间的比较。

2. 文献研究法

文献研究是科学研究的基础，本文查阅了国内外设计产业、创意产业的相关文献，并结合前人对设计产业的研究成果，对文献资料进行整理、归纳、分析。

3. 定性分析和定量分析

本课题对设计产业的研究努力做到定性分析和定量分析的统一，既要利用定性分析研究各国设计产业竞争力的性质、定位、功能和作用，又努力进行大量的统计分析，以期得出更准确、科学的结论。

4. 规范分析与实证分析法

规范分析与实证分析是经济学研究的两种基本方法。规范分析解决"应该怎样"的问题，而实证分析解决"是什么"的问题。国外设计产业发展是一种普遍的文化现象，通过各国的分析、论证可以揭示设计产业之间的一些普遍性联系和规律。本文在研究国外设计产业问题时，一方面努力进行严密的、系统的规范分析，另一方面又对国外设计产业的现状、运行机制、功能作用、产业政策进行实证分析。

5. 系统研究方法

系统方法是运用系统论原理来研究与处理问题的方法。虽然与其他行业紧密相关，但设计产业本身也可以看作是一个相对独立的文化系统和产业系统，可以用系统论的方法来研究。本文将设计产业运作过程看作一个由多种因素组成的复杂的动态系统，在研究视野上力图从整体上、宏观上把握国外设计产业发展的整体面貌。

张桂英扎染的题材与技术特征 [①]

陈剑　李佩琼　谭鹏敏 [②]

一、张桂英的扎染历程

　　扎染是湘西凤凰传统苗族村寨普遍流传的手工技艺之一，1941 年出生的张桂英（图1）自小受其熟谙此道的外婆熏陶，在耳濡目染外婆扎染布料用于家人穿着或贴补家用的过程中，张桂英逐渐掌握了扎染技艺的绝大部分工艺程序和要领。1959 年张桂英进入职业技校学习汽车修理技术，直至 1964 年进入凤凰县民族工艺美术厂之间的几年时间里，张桂英分别在税务所、农业局、造纸厂等不同的机构和领域有过短暂的工作经历。凤凰县民族工艺美术厂是当时专门研究民间工艺产品、为少数民族服务的单位。在这里，张桂英先后接触了打花带、织头帕、纺线、织锦等工作，直到

图 1　张桂英近影

单位发掘到她特长的扎染技艺，并任命其进入新产品研究室。新的工作岗位激发了张桂英极高的工作热情，加之她本身扎实肯干，颇具天赋，很快就成了当地小有名气的扎染

① 本文系"教育部人文社会科学研究青年基金项目"（13YJC760006）成果之一。

② 陈剑，湖南师范大学工程与设计学院讲师，硕士生导师；李佩琼，湖南师范大学美术学硕士研究生；谭鹏敏，湖南师范大学设计学硕士研究生。

匠，通过她的继承与创新，发展了凤凰民间扎染技艺，并形成了自己的特色。

1991年，从凤凰县民族工艺美术厂退休的张桂英不仅没有因此停止创作，反而在扎染作品的创新研发上倾注了更多的精力。工艺美术厂的工作磨砺和市场经济的推动，使得她创作的作品逐渐在业界崭露头角。1993年，扎染作品在北京展出，其中《四季有余》、《苗娃娃》在《中国青年报》刊登。1995年，扎染作品在十二届中国工艺美术年会上展出，受到张仃等老先生的一致赞扬。1996年，作品《九龙图》、《老鼠娶亲》等在《人民日报·海外版》刊登，同年被联合国科教文组织、中国民间文艺家协会联合授予"中国民间工艺美术家"称号。1999年，作品《鹿鹤同春》在第二届世界华人艺术大奖评选活动中荣获国际荣誉金奖，同时被颁发了"世界杰出华人艺术家"证书。

1997年年底，张桂英在凤凰古城东正街29号门面售卖自己的扎染作品。1998年在东正街28号正式挂牌"张桂英针扎印花店"（图2），主营自己的扎染作品，同时兼营扎染服饰、头帕等传统苗族生活品。随着传统扎染市场的萎缩，张桂英针扎印花店勉强维持到2013年底才正式停止营业。目前张桂英的扎染作品只在凤凰古城东正街74—2号"傅记银号"有极少量的展示，其本人也回归传统家庭作坊的生产方式。

图2 "张桂英针扎印花店"店招

二、张桂英扎染的题材特征

（一）吉祥题材和苗族民俗风情的创作

张桂英在常年浸淫扎染艺术的过程中，通过对传统扎染的深入掌握和灵活运用，不仅全面系统地继承了传统扎染的表现题材，在对苗族民俗风情的表现上也独辟蹊径，取得了令人刮目相看的艺术成就。

对吉祥的追求是中华民族共有的文化心理之一，尤其是经过明清民间艺术的发展，达到了"图必有意，意必吉祥"的程度，苗族传统纹样中，既有体现苗族文化属性的蝴蝶、牛角、枫树等图案，也有龙凤、牡丹、鸳鸯、莲荷等彰显其吸收汉文化精髓的图案。张桂英熟谙吉祥题材的作品，也是其作品中获奖、发表最多的题材。《莲生贵子》（图3）以"莲花"谐音"连"，表达传统社会对子嗣繁衍的渴望。张桂英的这幅作品扎制了一个站立于盛开的莲花之上的孩童，孩童双手向两侧自然伸开，在形体塑造上颇有传统剪纸中"抓髻娃娃"的意象。莲花两侧围绕着"多籽"的葫芦、石榴等图案，呼应了民间生育繁殖崇拜的主题，莲花座下的聚宝盆，则表现对财富的追求。作品《老鼠娶亲》（图4）取材于湖南流传的民间故事，并吸收滩头年画对该题材的取舍和改造，以更加适合扎染表现的技法对画面细节进行了再创造。队伍后侧张举的"囍"字纹是汉文化的图案，老鼠身上的"狗脚花"则是地道的苗族传统扎染图案，体现了张桂英扎染作品中苗汉文化相互融合的倾向。取自于吉祥题材的扎染作品还有《腹中有喜》、《鸳鸯戏荷》、《麒麟送子》等，其中有如《鹿鹤同春》等以动物为主体的，有如《荷花女》等以人物为主体的，也有如《百花争艳》等以植物为主体的和《腹中有喜》等以文字为主体的，往往以一物衬一物，画面饱满，相映成趣。

图3 莲生贵子

图4 老鼠娶亲

湘西是苗族传统的世居地区之一，在长期的发展中形成了具有民族特色的生活方式和民俗风情，生长于斯的张桂英热爱自己的民族，在她的扎染作品中，也创造性地表现了多种多样与苗族传统生活息息相关的情景。苗族是一个爱美的民族，包括刺绣、织锦、打花带等在内的女红工艺是苗族最典型的传统工艺种类。苗族人民喜欢把花带滚在衣袖边上作为装饰，打花带又称"打花"，是深受群众喜爱的传统手工艺品。张桂英的扎染作品《打花带》（图5）形象概括地表现了苗族传统"打花带"的场景。在画面的中下位置，一位苗族女子坐于圆凳之旁专心致志的在打花带，花带底边吊着的铜钱从桌子边上垂下来；在画面的上部是一只翱翔的凤鸟，其他空余部分加以花样点缀，画面显得尤为生动饱满。从构图上看，人物与凤鸟的位置关系，与湖南出土2000年前的《龙凤仕女图》倒也有几分神似，是作者有意为之还是湖湘传统艺术基因的积淀，我们不得而知。

张桂英扎染作品中，关于苗族民俗风情的还有《赶集》、《包苗帕》、《背背篓》、《吊脚楼》、《苗娃娃起步》等。另有一些如《放风筝》、《过家家》、《耍狮子》、《牧童放牛》等，则表现了苗族与

图5 打花带

其他民族所共有的生活场景，其中的苗民作为主角身着华丽的苗族服饰。这些苗族传统的生活场景从张桂英的巧手中创作出来，体现了对生活的热爱和对扎染技艺的情有独钟。

（二）传统题材和现代艺术作品的再造

张桂英扎染作品的另一大宗题材是对传统美术作品的再造，还包括与现代艺术家合作或对艺术家作品的再创造。这一类题材的作品既保留了原作的神韵，张桂英独特的扎染艺术风格又使之具有了独特韵味。

由于张桂英没有受过系统的现代美术教育，其对传统艺术作品的再造主要是以临摹为主，在这一过程中，艺术作品的原有元素被重新调整，成为适合扎染技艺的表现对

图6 采桑图

图7 汉代画像砖拓片

象。从这个角度上来说，张桂英对传统题材的再造反映出她对扎染表现技法的驾驭能力。《采桑图》（图6）是张桂英根据汉代画像砖（图7）图像进行创造的扎染作品。从扎染作品中，我们可以看到不论是人物位置还是构图，都临摹自画像砖，但在细节上，张桂英对原图中的人物及动物都进行了进一步的概括，有利于扎染效果的呈现。另外，由于扎制针法中针缝线条过小易导致针扎效果弱化等技术要求，原画背景的三条细直线扎染作品中完全省略。张桂英的传统题材系列创作中，还有《狩猎图》、《古铜马》、《耕耘图》等来自汉画像的扎染作品，也有一系列如《反弹琵琶》、《飞天》等参考临摹敦煌壁画的扎染作品，这些扎染作品在保留了原图像中的主体造型的同时，均做出了细节上的调整和创新，使之具有张桂英强烈的个人特色。

凤凰是当代著名画家黄永玉的故乡，黄永玉也多次回到凤凰古城并与民间艺人交流从艺体会，包括张桂英在内的凤凰民间艺人几乎都受到他的影响。早在凤凰县民族工艺美术厂工作期间，张桂英便开始以黄永玉绘画作品作为扎染创作的底稿，扎染《羊》（图8）是她以黄永玉的小品画系列中《吉羊》（图9）为底稿加工改造而完成的一幅扎染。在原画图像造型的基础上，张桂英不仅通过改变其用线方法以更好地适合扎制技艺的发挥，还通过增添花、鸟、草等其他形象，使画面构图更加饱满，谙合了民间艺术"求全"的造型法则。

图8 羊　　　　　　　　　　　　　图9 黄永玉《吉羊》小品画

此外，张桂英还通过参考剪纸、年画、蜡染等其他民间美术形式的造型和题材表现特征，更加广泛地吸收了民间美术共同的精华，使其作品与其他扎染艺人的作品相比有着较为清晰的区分度。扎染作品《美人鱼》是参考民间剪纸所创作的，《门神》是参考民间年画创作的。在临摹这些作品原本图像的同时，由于各种工艺制作属性和表现特征的不同，张桂英都会进行适当调整，力求表现出最具扎染艺术独特魅力的最佳效果。

三、张桂英扎染的技术特征

（一）扎制技术

1.扎制材料

扎染需要先在面料上进行草稿绘制，再以不同的针法对草稿进行修正和扎制。张桂英的扎染一般以纯棉布、绵绸为面料，又以纯棉布为主。

画稿是扎制过程的第一步，需要将草图绘制在扎染面料上。最开始，张桂英以铅笔、炭笔进行绘制，但是铅笔线条偏细，导致扎制时看不清，炭笔草稿在加工过程中又易脏且不易洗。在不断的画稿及与他人的交流过程中，张桂英尝试了以毛笔或水彩笔蘸红色食品颜料的方法，进一步发现这样画出的线条清晰，食品颜料强烈的水溶性又能方便起稿时的修改和扎制完成后的脱色处理。这也是张桂英扎染画稿目前继续沿用的方法。

确定线稿之后，需要用针线对线稿进行针扎及捆扎。张桂英扎染的用针一般以普通的绣花针替代，用线则根据需要选用棉线或纤维线。用棉线扎制，染料能渗透进线里，染制完成后，线经过的地方已被染色；用纤维线扎制，染料不能渗透进线里，染制完成后，线经过的地方没被染色。在对线稿进行扎制时，张桂英会根据自己对图案及画面的理解，按照需求选择棉线或者纤维线。

2.扎制针法

凤凰扎染的技法主要包括针扎和捆扎。传统针法以平针为主，张桂英擅长"一平针"、"二平针"、"三平针"、"四平针"、"桂花针"、"篱笆针"等针法，每种针法配合不

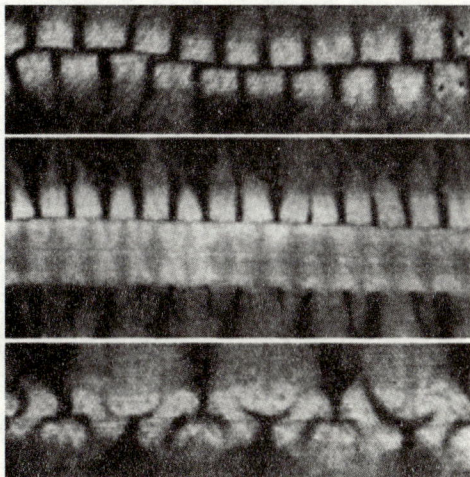

图10　二平针、三平针、桂花针不同的艺术效果

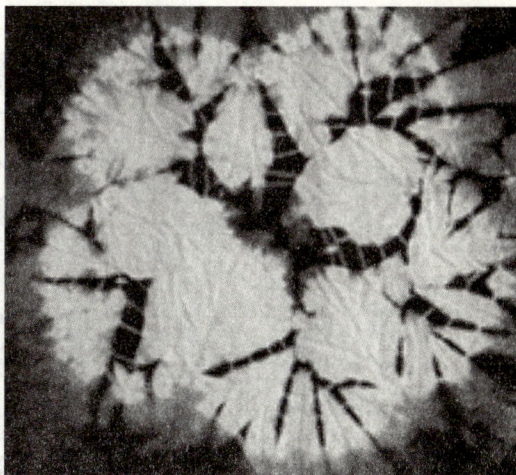

图11　梅花

同的图案结构，经过染制呈现出不同的艺术效果（图10）。在按照线稿进行扎制时，还需要在画线位置调整出适当的针脚距离扎线，张桂英扎线时一般根据自己的经验判断针脚距离。除针扎外，有捆扎的"点点花"，以及针扎与捆扎结合的"梅花"（图11）等图案在张桂英扎染中也时常出现。

图 12　十六瓣菊花

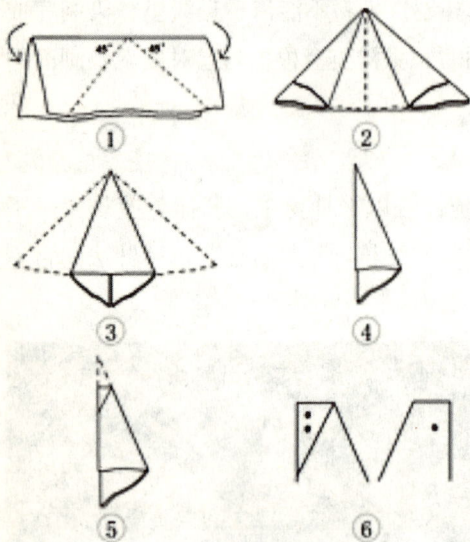

图 13　十六瓣菊花的扎制过程

扎完主体图案之后，张桂英还需要对扎染作品补充大量的点缀花纹。苗族传统日用品扎染的图案较为单一，多为服饰、头帕、被面、包袱布等需要扎花点缀的面料上扎以"狗脚花"，又称"蝴蝶花"。除此之外，另有针扎菊花。针扎"菊花"普遍表现为八瓣花，张桂英通过实验，在扎染作品中呈现出十六瓣花（图12）的表现方式，其扎制方法和过程如下（图13）：

①将布对折，再从对折边呈45度角往内对折；②将折过的布往外折，使得边线与上一步的折线重合；③以上一步的折线为起点，将布往后折，使折过去的两条边线重合；④以垂直线为中心轴，将布向左或向右对折；⑤把尖角往下折，折的长短根据菊花花瓣的长短确定；⑥从下折的三角形上入两针，穿过布后抽紧打结，将两个结点固定在一起。

值得一提的是，张桂英在进行扎制技法训练和创新实验时，会在同一块面料上将若干种不同的针法和捆法同时表现不同的对象，她称之为"试针法"。通过实验，张桂英对扎制技法的掌握和理解更加深刻，在凤凰传统扎制技法的基础上又有了新的发展，并形成一套有个人特色的扎制技法。当地传统扎染多为蓝底白花，张桂英独特的针法使其作品中出现了灰底白花，如《打花带》、《采桑图》等画面中大面积灰色的出现，区别传统扎染黑白灰全部依赖形象线条表现，而将其扩展为灰色色块，进一步拓展了扎染表现具象形象的空间。

（二）染制技术

1. 染制材料

张桂英扎染的染色剂多以当地种植的蓝靛发酵过滤而成，并在调制染液时加入适量的石灰或者草木灰。近年来，由于当地蓝靛种植的缩水，张桂英在调制染料时一般以土靛蓝粉末为主，并增加适量的烧碱、保险粉进行染料的调制，使之在染制时能够比较彻底地渗入面料并使色彩得以均匀地化开。

2. 染制方法

在正式染制扎制好的成品之前，张桂英一般要通过小样对染料调制的合理性进行试验和对比，小样的实验完全按照成品的面料质地、厚度进行。为了检验染液中配料的调制程度，要用手直接将小样放到染液里面，隔一定的时间对小样进行搅动，当染液配比合理时，颜色便会均匀的附着在面料上并有一定的光泽度，且手上的染料也能以肥皂水轻易洗去。倘若面料颜色较浅且缺乏光泽、手上的染料不易清洗，则说明配料的比例还需要重新调整。

张桂英作坊染缸里的染液已使用多年，而且需要在扎制作品达到一定数量之后才进行染制。染制时需要将面料全部搅进染缸浸染，达到一定时间之后需要将其打捞沥干，并使其自然氧化。刚出染缸的面料呈绿色，一段时间之后面料开始由绿色变成蓝色，待绿色全部氧化成蓝色之后再投入染缸重复同样的染制过程，直至颜色稳定为蓝色，这一过程称之为"冷染"。根据对张桂英染制作品过程的观察，其作品平均需要投入染缸三到四次。面料在染缸中浸染时间的长短，取决于天气、湿度、气温、水温等外部因素，也取决于面料本身的材质。在完成所有浸染工序之后，需要将染好的面料投入温热的肥皂水中缓慢拖过，能使其色彩更加稳定。

结　语

凤凰传统扎染工艺扎根民间，与刺绣、银饰等苗族传统民族工艺一道，承载着苗族同胞的共同记忆。张桂英的扎染在继承传统、为苗族同胞服务的同时，将苗族同胞的日常活动、生活态度、理想追求等融于扎染画面上；在继承和保存着这一手工技艺的前提下，还对其进行了图案及技法上的创新。现年73岁高龄的张桂英还在坚持创作，用她的话说"不走就落伍了"。由于她对凤凰扎染技艺矢志不渝的坚守，更由于其作品具有强烈的个性特征，加之题材广泛、种类繁多，是凤凰扎染技艺的代表性传承人之一。

新旧秩序交替之际的中国品牌发展趋势研究

张晓刚（巢湖学院艺术与创意产业研究中心）

经济学家早就预言，21 世纪是品牌的世纪。在全球产业链的分工和转移过程中，我国多数企业经历了从 OEM（贴牌生产）——ODM（原创设计制造）——OBM（原创品牌管理）这几个发展阶段。而区分这几个阶段的标志就在于设计与品牌由彼此分离到浑然一体。国际著名工业设计公司 IDEO 在所从事业务的自我介绍中，排在第一位的是营销策划、第二位的是品牌设计，而工业设计的传统主业却排在了最后一位。这种变化发人深省，反映了工业设计为适应新的经济社会语境而做出的战略调整：从产品形式属性的设计到产业链的设计。设计创意必然和处于产业链高端的品牌策划和营销无缝衔接，并主动为之提供服务。这也就是 IDEO 业务模式中所谓的"设计商务模式、产品、服务和体验，呈现企业发展的新方向并提升品牌"的真实含义。在 IDEO 看来，"有效的品牌胜过标识、广告、营销活动、社会化媒体传播。诚然，图像和信息是重要，但今天品牌的真正力量在于和随时而变的消费者之间建立起充满活力和有意义的联系。最成功的品牌始于同人们持续不断的沟通——通过引人注目的融合使产品、服务、体验、空间和数字交互技术无缝连接——激起消费者对品牌的好奇心、尝试、爱和忠诚。"① 可以说，在企业的价值链条上，品牌是设计创意"物态化"、产业化并最终为消费者接受认可，从而顺利实现生产和服务增值的最为醒目的标识和刻板印象。现代品牌活动已将设计纳入到自身的系统之内：设计的终极目标是塑造强势品牌，而品牌本身亦离不开设计的强有力支持，企业必须"将自我'标签化'，加强表现自我象征。"②

在品牌经济大行其道的今天，关于品牌的定义不胜枚举，最具权威性的还是美国市场营销协会（AMA）的定义，品牌（brand）是一个"名称、专有名词、标记、符号，

---

① 参见 IDEO 网站对品牌的介绍，http://www.ideo.com/expertise/brand/#popup。
② ［日］原田进：《设计品牌》，黄克炜译，江苏美术出版社 2009 年版，第 7 页。

或设计，或是上述元素的组合，用于识别一个销售商或销售商群体的商品与服务，并且使它们与其竞争者的商品与服务区别开来"。① 虽然品牌主要是工商管理学中的专业用语，但在一切皆可品牌化的今天，品牌的内涵得到了丰富，其外延亦大大地拓展了：小到个人（如姚明），中到一个组织（如中国红十字会、中国足协）和区域（如长三角、珠三角、京津冀），大至整个国家，都可以品牌化，以使其与竞争者差异化。"这些差异可以在功能性、理性或有形性方面——与该品牌的产品性能有关，也可以体现在象征性、情感性或无形性方面——与该品牌所代表的更为抽象的含义有关。"② 因此，本文所探讨的中国品牌将是一个广义的品牌概念，其不单指中国的企业品牌（虽然这构成了中国品牌的核心内容），而是涵盖国家品牌、区域品牌、行业品牌等中国企业品牌所面临的错综复杂的上位品牌生态系统。如果放在全球化语境中来考察，中国品牌的这四个层面是环环相扣、紧密相连的，存在一荣俱荣，一损俱损的关系。毕竟，中国品牌作为一个整体性的系统化概念，在形象认知上消费者是不可能清晰地将其中某一个层面（如产业层面）单独拎出做出全面研判，而是基于刻板印象以偏概全，断然做出定论的。

中国品牌作为全球品牌中的重要一员，不可脱离全球化的政治经济科技乃至文化语境独自发展。这已为改革开放后的中国品牌实践所验证。而在当下全球新旧秩序交替转换的混沌之际，中国经济的强力崛起，外交上纵横捭阖、游刃有余地主动出击，加以军事硬实力的适度展示，都预示着一个中国品牌发展战略机遇期的到来。

从国际政治关系角度言，一方面以美国为首的欧美发达国家自 2008 年遭遇金融危机元气大伤后，尚未在经济萎靡的泥潭中走出，其对全球资源的掌控力正在减弱，时有力不从心之感；另一方面，以中国为代表的新兴国家走上前台，经济发展动力强劲，成为拉动全球经济复苏的"火车头"，有力地改变了原有的世界政治经济格局。从国内形势看，以习近平为总书记的新一届中央领导集体对原有政治经济体制的全面改革正在全面深化，改革趋进深水区必然会触动相关利益集团、行业部门的奶酪，将权力关进制度的笼子里亦将对中国法治化、民主化进程产生重要的推动作用，一个以中国梦为精神指引的中华民族伟大复兴之路正在开启。而从技术创新角度言，美国未来学家杰里米·里夫金（Ieremy Rifkin）预言，以移动互联网、新材料和新能源技术三者合一为代表的"第三次工业革命"浪潮正扑面而来③，传统企业不得不面对这一全新挑战，柯达、诺基亚、摩托罗拉等曾经的产业巨头的轰然坍塌或被收购宣告了"不变革，毋宁死"的颠扑不破

① ［美］凯文·莱恩·凯勒：《战略品牌管理》，卢泰宏、吴水龙译，中国人民大学出版社 2009 年版。第 3—4 页。

② ［美］菲利普·科特勒、凯文·莱恩·凯勒：《营销管理（第 14 版·全球版）》，中国人民大学出版社 2012 年版，第 266 页。

③ 参见［美］杰里米·里夫金：《第三次工业浪潮》，中信出版社 2012 年版，第 31 页。

的真理，而 facebook、twitter 包括国内阿里巴巴、腾讯、百度、华为等互联网产业新经济巨头的崛起则预示着全球产业新秩序的重构正在进行。应该说，全球范围内的政治与经济秩序重组、新旧势力之间的博弈与交替为中国品牌发展提供了广阔的施展空间，赢得了前所未有的机遇。

一、"中国梦"：在披荆斩棘中阔步前行

世界品牌实验室主席、诺贝尔经济学奖得主罗伯特·蒙代尔（Robert Mundell）教授认为，"一个国家的整体品牌形象作为一种战略性竞争资源，越来越受到各国政治和商业首脑的重视。如美国、法国、德国等国的跨国公司在全球营销过程中，往往能享受到因品牌所带来的溢价。"① 显然，当前中国企业并没有从国家品牌中享受到这种溢价，甚至反受"中国制造"所带来的低端、廉价、粗糙等恶劣的品牌联想困扰。而在国家品牌层面上，"中国创造"固然是我们要努力转型的目标之一，但从更广泛的意义上说，国家品牌还是一个政治、经济、军事、文化资源的综合体。从这个角度来看，毫无疑问，在当今及以后相当长的一段时期内，习近平总书记于 2012 年末提出的"中国梦"将是最能代表中国国家品牌形象以及消费者认知的关键词。习总书记说得好，中国梦是民族的梦，也是每个中国人的梦。生活在我们伟大祖国和伟大时代的中国人民，共同享有人生出彩的机会。有梦想，有机会，有奋斗，一切美好的东西都能够创造出来。概括来说，中国梦的内涵就是国家富强、民族振兴、人民幸福。

中国梦的三重内涵，涵盖了国家、民族、个人各个层面，寓意深远，内涵丰富，但实现起来并不容易，至少要面临国内外形势的双重挑战，在治国理政、党建吏治、公共安全和应对复杂的国际周边局势等人民重大关切问题上要有披荆斩棘、一往无前的勇气和决心，方能有所作为。

（一）全面深化改革夯实根基

在治国理政方面，中共将通过全面深化改革来推动各项事业的发展。党的十八届三中全会以来，习近平总书记相继担任了中央全面深化改革领导小组组长、中央国家安全委员会主席和中央网络安全和信息化领导小组组长 3 个新职务。外界从中解读出，3 个机构的设立，以及由习近平本人担任"一把手"，或显示出中国接下来的战略重点和治

---

① 世界品牌实验室：《2013 年世界品牌 500 强排行榜揭晓》，http://www.worldbrandlab.com/world/2013/news. html。

国思路。

党的十八大召开前夕，社会上基本形成共识：改革进入深水区。民众对"深水区"的理解是，你好我也好的改革越来越少，接下来的改革，将不会让所有人都满意。甚至有些改革，普通民众自己都会产生分歧。房价高企、经济下行压力增大、持续的雾霾困扰……问题种种，民众都期待中央能通过改革，给出一个满意的答案。习近平在很多场合提到，中国改革已进入攻坚期和深水区，需要解决的问题格外艰巨，都是难啃的硬骨头。

这是一个艰难的命题。习近平说，这个时候需要一鼓作气，畏葸不前不仅不能前进，而且可能前功尽弃。2012 年 11 月，党的十八大提出了改革新蓝图。2013 年 11 月，十八届三中全会则给出了"施工方案"。方案中，提出了 300 多项改革举措，涉及政治、经济、文化等领域，被外界称为 30 年来最大规模的改革。2013 年 12 月 30 日成立的"中央全面深化改革领导小组"就是协调各部门关系、统一部署、推进改革的专门机构。

推动如此庞大的改革计划，习近平一直强调法治思维。此前，改革常常被理解为突破法律。现在，情况改变了。习近平要求，凡是重大改革要于法有据，需要修改法律的，先修改法律，先破后立，有序进行。

2014 年 1—2 月间，中央国家安全委员会和中央网络安全和信息化领导小组相继亮相。这两个机构，是世界主要国家的"标配"，被视为中国的安全观念全面升级的体现。分析认为，两个机构的实际价值，是为全面深化改革提供强有力的外部保障，反映了中国最高领导层下了很大决心，用全方位、立体化的安全来促进中国的改革。

（二）严惩腐败，标本兼治

在党建吏治方面，中央正用反腐和整顿风气，为正在进行的深水区改革凝聚民心，排除障碍。2013 年的反腐行动赢得了举世瞩目的成就。有学者统计，2013 年查处的省部级以上官员相当于过去 25 年平均数的 5.25 倍。[①] 薄熙来、徐才厚、周永康等一批"大老虎"的相继落马，对中石油、央视等资源和媒体垄断部门动刀则昭示了中央绝不养痈遗患的坚强决心。

习近平把新一届党中央的反腐思路，概括为"苍蝇、老虎一起打"。日益累加的反腐名单和严惩垄断行业和部门腐败，让民众越来越感受到以习近平为总书记的党中央的反腐决心和诚意。与此同时，一系列制度建设已经开始。比如，"八项规定"和"反四风"。制度化的中央巡视，渐成常态。分析人士认为，中央正在用反腐和整顿风气，为

---

① 王红茹、董显苹、黄斌：《2014 年反腐：老虎继续打　打虎者也要被监督》，《中国经济周刊》2014 年第 9 期。

正在进行的深水区改革凝聚民心，排除障碍。

随着官员的纷纷落马，人们在拍手称快的同时，也在思考：如何进一步铲除"老虎"、"苍蝇"滋生的土壤？中纪委书记王岐山曾做出这样的判断："当前，滋生腐败的土壤依然存在，反腐败形势依然严峻复杂。"而其提出的反腐败工作主要任务第一条就是要"加强反腐败体制机制创新和制度保障"，其中包括"推进党的纪律检查体制机制改革和创新"、"改革和完善纪检监察派驻机构"、"改进中央和省区市巡视制度"等。这才是真正意义上的治本之举。而轰轰烈烈的反腐风暴中所揪出的大大小小的贪官庸官，作为震慑性的治标行为，是为治本赢得时间。

在具体操作层面，中纪委、监察部内设 27 个职能部门，与原来相比增加了两个负责案件工作的纪检监察室。10 个纪检监察室的职能分工明确，4 个室负责中央国家机关和国有大型企业的纪检监察，6 个室分别负责华北、东北、华东、中南、西南、西北等地方的纪检监察。随着中央惩治腐败力度的不断增大，"不敢腐"的惩戒机制、"不能腐"的防范机制、"不易腐"的保障机制将加快形成。

（三）暴恐预警机制有望健全

反暴恐是一个世界性课题，中国不可能置身事外。反暴恐工作是一项综合性工程，亟待从以下几个方面加强。

第一，提高情报工作水平。建设、完善一个有相当社会覆盖面和很强信息消化能力的情报网，是反暴恐最重要的环节。暴恐分子的行动原则是以尽可能少的人制造尽可能大的杀伤，以形成社会恐慌。没有情报特别是行动性情报，政府只能处于被动防御地位。

第二，专业反恐队伍与人民战争相结合。世界各国反恐都离不开专业队伍，但我国还有一个特殊优势，就是群防群治的传统。专业队伍、人民战争，加上现代技术手段的支撑，建立起一个反恐的天罗地网，让暴恐分子无路可逃。

第三，建立全民性的思想工作和宣传教育体系。暴恐势力往往打着民族、宗教旗号，蛊惑性特别强。意识形态领域斗争特别要加强反宗教极端主义教育，向群众讲清楚什么样是正常的宗教生活，什么样是宗教极端主义。与宗教极端主义斗争，要重视发挥爱国宗教人士的作用，让信教群众在他们指引下过正常宗教生活，压缩宗教极端主义的潜在市场。要努力创造一个社会环境，使年轻人不仅在学校里，而且在学校外；不仅在学龄阶段而且在九年义务教育之后，仍然有经常接受现代科学文化教育的机会，从源头上堵住宗教极端主义。

第四，加强国际反恐合作。暴力恐怖主义已经呈现跨地域、跨国界的特点，成为人类共同的敌人，因此反暴恐斗争也必须是国际性的。我国已经同西部周边国家建立起良好的反恐合作关系，有必要继续巩固和加强；与美国等西方国家也要深化合作，同时对其搞"双重标准"予以揭露和抵制。

（四）坚定不移地"经略海洋"

中国有 1.8 万公里的海岸线，海洋资源极为丰富。"经略海洋是国家海洋发展战略的重要举措，能否成功地经略海洋已成为影响国家盛衰强弱的关键因素。"[1] 然而，中国走向海洋的和平崛起之路却并不平坦。近年来事端频发的南海仍将是"多事之秋、多事之海"。特别是伴随着美国"亚太再平衡"战略的深入实施，美国加大力度介入南海争议，由幕后走到前台，域外势力竞相插手南海事务。有关争议当事国和利益攸关国互动频繁，南海问题未来发展演变将更加复杂。

首先，南海争议的表现形式由主张争议逐渐演变为实际管辖争议。特别是某些争端国通过"以武谋海、军占民随、法理造势"等多种方式，强化对所占岛礁和附近海域的实际管辖，加大资源开发力度，将可能导致南海冲突事件频发。此外，由于域外大国的介入，南沙争端已由争端方之间涉及岛礁和海域管辖权的争议，演变为争端方和利益攸关方围绕地缘政治竞争、自然资源及航道控制等利益博弈的复杂争议，日益面临着扩大化、多边化和国际化的态势。

习近平主席对主权争端的表态是"不惹事、不怕事"，李克强总理对南海争端的表态是"以直报怨"。中国对包括半月礁在内的南沙群岛及其附近岛屿宣示主权，划定"红线"，不是为了彰显实力、恐吓邻国，而是为了防止各方误判，维护地区和平稳定。中国坚持"两手对两手"：一方面表明加强与其他南海声索国合作的意愿，为解决南海争议营造良好氛围；另一方面对个别国家的一再挑衅，则不会忍气吞声。国家主权和领土完整属于国家的核心利益；任何外国不要指望中国会拿核心利益做交易，不要指望中国会吞下损害国家主权、安全、发展利益的苦果。战略上，中国有足够定力；战术上，中国也有足够手段。[2]

在国内，中国共产党通过作风建设为国家未来发展夯实基础。在国际，中国致力于争取和平国际环境，坚定不移地"经略海洋"，捍卫国家权益。统筹国内国际两个大局，是实现"两个一百年"奋斗目标、实现中华民族伟大复兴"中国梦"的重要保障。

---

[1]　参见马尧：《国家海洋战略的制度准备》，《东方早报》2013 年 6 月 24 日。

[2]　参见苏晓晖：《菲律宾别指望中国会吞苦果》，《人民日报海外版》2014 年 5 月 13 日。

二、区域品牌格局酝酿大变化

近年来，我国围绕着经济转型和打造中国经济升级版推出了一系列重大举措，对调整优化区域品牌发展格局产生了良好的促进作用，原有的区域品牌分布不平衡状况有了很大改观，甚至会迎来大转机。

（一）区域经济规划频现新亮点

这首先得益于我国陆续出台的一系列区域规划和区域政策文件的导向效应。随着区域政策体系不断完善，内容更加深化、细化和实化，使宏观政策更加明确地体现区域指向，取得了显著成效。

区域规划的一个重大探索就是建立上海自贸区，其在体制上起着先行先试的重要任务。国内外对在上海自贸区扩大服务业的开放、建立外资准入前国民待遇和负面清单的管理模式，深化金融领域开放等方面的试点工作都给予了足够的重视。可以预期，上海自贸区的改革将按照中央的要求、按照经济发展的规律在向前推进，进一步深化、完善和拓展相关试点任务，尽快形成可复制、可推广的经验。但自贸区毕竟是个试验区，先要看试验的成效，还要把握试验的路径，并在此基础上进行推广，要视情况而定，对于有必要设立的也要给予充分论证，从实际出发，根据需要，把握一定的原则。

从自贸区、经济带、协同发展等冠以各种名称的区域规划来看，区域政策的密集出台和区域经济迅猛发展成为近年来我国经济社会发展的突出亮点。这些区域规划在经济结构转型期表现出五大亮点：一是更加注重促进东中西部、沿海和内地的联动发展，加快缩小区域发展的差距；二是更加注重沿大江大河和陆路交通干线的引领发展，积极培育新的区域经济带和增长极；三是更加注重促进区域一体化的发展和协同发展，促进资源要素的自由流动和高效配置；四是更加注重推进国内与国际的合作发展；五是更加注重促进区域可持续发展，进一步提高国土空间开发的科学性。

可以预见，在这些新区域经济规划的引领下，我国经济社会将愈加呈现科学、均衡、协调发展，区域品牌布局会更加合理。

（二）"西快东慢"与"北上西进"的空间格局逐渐形成

经过多年实践，我国区域经济发展差距不断缩小，经济增长点趋于多极化。在我国区域经济格局中，东部经济增速放缓，已形成了"西快东慢"的发展格局。根据北京社科院课题组发布的《中国区域经济发展报告》，2013 年 1—11 月，东部地区总体经济形势依然见好，海洋经济已成为新增长点，对经济的贡献率稳步上升。中部承接产业转移，主要经济指标增速放缓，但仍保持在较快的增长区间。在政府政策支持下，西部地区以投资拉动经济增长态势迅猛，连续 7 年经济增速居东中西三大区域之首。随着国家区域开发建设重点转移，东部地区经济增长逐渐放缓，而中、西、北部的增长速度逐渐提升，经济重心出现由南向北、由东向西转移的态势，经济增长点出现多极化趋势。①

针对区域经济发展趋势，可以预计，在新一轮中央政策扶持下，中西部地区将形成对东部地区产业转移的有力承接，工业发展的空间格局形成"北上西进"的新趋势，中国的整体经济布局正在由过去各种经济要素和工业活动高度向东部地区集聚的趋势，逐步转变由东部沿海地区向中西部和东北地区转移扩散的趋势。通过产业重新定位，中西部和东北地区将形成新的经济增长极，产业结构特色凸显，合理的产业分工体系逐步形成，中国区域经济发展已经进入一个重要"转折"期。

（三）区域发展和转型呈现新活力

与上述区域经济和品牌分布空间格局变化相对应的是，我国区域发展和转型也将出现新的活力：一是地方推进改革的积极性高涨。改革是经济发展的最大红利，当前我国经济体制改革已进入以要素改革为主的又一关键时期，许多地方正在积极要求成为各种改革的试点地区。二是地方正以新型城镇化为抓手促进经济结构转型升级。我国工业化、城镇化仍处于快速发展时期，推进新型城镇化进程是扩大内需的最大潜力，各地都在积极探索新型城镇化的各种有效途径和模式。三是地方以科技创新为主要途径，寻求经济增长点和增长极的思路正在形成共识。科技创新是转变我国经济发展方式的最大推动力，各地都在强化科技创新的力度，为稳定和提升地区经济发展活力创造条件。

此外，各种区域合作模式正在走向深入。在地带合作层次上，东部在率先实现现代化的共同目标指引下，依托具有世界先进水平的现代高速铁路体系建设，在沿海三大核心经济圈的基础上，正在加速实现整个地带经济一体化进程，建设成为具有世界意义的超级城镇群绵延带；中部地带在成为未来 20 年我国工业化、城镇化主战场的共同目标指引下，将更多地承担起在生产要素空间合理配置上合作的重任，以加速这个人口最多、人均 GDP 最低、发展条件基本一致地带的崛起步伐，成为整体解决我国区域经济协调发展的关键地区；西部地带将在国家不断加大扶持力度和进一步搞好生态环境建设的基础上，加快优势资源跨地带和区域的合作开发，探索资源开发和生态保护兼顾的新型区域开发模式。在"7 + 1"大综合经济协作区层次上，跨省区之间的重大基础设施建设合作将继续取得进展，合作意愿越来越强，合作方式也将不断创新。在大约 77 个

---

① 参见《我国区域经济形成"西快东慢"发展格局》，http://www.chinairn.com/news/20140611/111247573. shtml。

城镇群合作层次上，将会在解决区域性产业合作、市场一体化以及生态环境共治方面取得合作成果。①

（四）"一带一路"建设开创新局面

千百年来，丝绸之路承载的和平合作、开放包容、互学互鉴、互利共赢精神薪火相传。2013 年习近平主席相继提出的建设丝绸之路经济带和 21 世纪海上丝绸之路两大倡议，赋予了古老的丝绸之路以崭新的时代内涵。国务院发展研究中心欧亚所俄罗斯外交政策研究室主任万成才提出，"一带一路"的内涵归纳起来，包括以下五个方面：一是打造沿线 40 余个国家的命运共同体；二是平等互利，合作共赢；三是坚持"三不"：不干涉沿线国家内政，不谋求地区事务主导权，不经营势力范围；四是"四共"：共商、共建、共享、共荣；五是"五通"：与沿线国家政策沟通、道路联通、贸易畅通、货币流通、人心相通。②

丝绸之路经济带东端连接着中国和东北亚，西端连接着欧洲。这是一项造福沿途30 亿人民的大事业，是一条体现古丝绸之路精神的和平、友谊、合作、发展的纽带。可以以点带面，从线到片，逐步形成区域大合作，最终将形成包括欧亚地区、欧洲地区、南亚地区在内的新型跨区域一体化。对此，东南亚、南亚、中亚、中东、欧洲等地区许多国家和俄罗斯都表示欢迎和支持"一带一路"合作倡议，并愿参与建设进程。可以说，"一带一路"建设是国内事务，更是国际事务，准确把握"一带一路"精神，按国际规则办事，将国内国际有机结合起来，不仅对国内沿线区域品牌打造有利，更对提升中国在国际上的领导者品牌形象产生深远影响。

三、转型与创新成企业品牌间竞争的法宝

从企业品牌发展面临的宏观环境看，政府换届效应和打造中国经济升级版产生许多新的要求与机会：走新型工业化道路，要求进一步加大研发和技术改造力度；启动新型城镇化战略，将有力扩大内需，消化过剩的产能；农业现代化，要求进一步加大土地集约经济规模，实施新一轮农业机械化和规模化，走在农业现代化和新农村建设条件下的、以中小城市和小城镇为主的农村城镇化之路；进一步加快信息化步伐，将促进智慧城镇、智慧家庭、智慧区域和智慧国家的建设需求；突出生态文明建设，要求高度重视

---

① 以上参见刘勇、李仙：《我国区域经济发展格局与未来趋势》，《中国经济时报》2014 年 2 月 25 日。

② 参见新华网：《专家学者：准确领会"一带一路"内涵　通过合作谋共赢》，http://news.xinhuanet.com/fortune/2014-06/21/c_1111248766.htm.

解决我国北方和中部地区大面积、长时期雾霾天气的环境影响，切实解决严重的水体污染和土地重金属污染问题；加快政府机构、审批制度、预算体制和垄断行业等一系列制度改革，将有效释放改革红利，保证增长速度并促进增长效率和质量的提高。这些都将有利于我国企业品牌的健康发展和结构升级。

（一）市场化改革是企业变大为强的必由之路

据有关机构预测，到2015年，世界500强企业中国与美国可能要相当。但是中国企业与美国500强的差距不小，赶上世界先进企业的发展步伐，要走的路还很长。而市场化改革是中国大企业变大为强的必由之路。

第一，提高资源整合能力，加快技术创新步伐，提高国际竞争力是核心。从盈利模式看，中国进入世界500强上榜公司最多的是资源性企业，主要靠国家政策扶持和资源市场垄断来获取高额利润。资源具有不可复制性，靠此获得的利润属于透支性利润，难以长久。

第二，加快市场竞争，调整产业结构，建设真正的全球公司是关键。中国进入世界500强的大都是垄断行业的企业，依赖政府力量的惯性作用还在持续，而世界一流企业的壮大主要靠市场打造。优秀的全球性企业有52%的收入来自本土以外的国家，反观中国企业，即使作为吸金能力最强的工商银行，其境外收入也仅占总收入的3.49%，而不少资源性企业及垄断企业的国际化程度则更低。这在根本上也制约了我国企业品牌的国际知名度提升，使之难以成为真正的世界著名品牌。

第三，加快转型升级，提高管理水平是基础。我国不少500强企业的业绩不尽如人意，甚至像钢铁、电力、远洋运输企业出现大幅亏损。这也预示着关注和发展"新经济"是我国企业做大做强的出路。美国经济率先从工业基础型转变为高科技型经济，美国企业在世界500强中即使近年来数量上有所减少，但仍占据着世界领先地位。其转型升级的思路值得我国学习和借鉴。

第四，加快民营经济发展是强大动力。美国大公司不会遇到来自中国的强大竞争者的行业是：食品饮料、电子及电子设备、食品服务、信息技术服务、半导体、烟草、计算机软件、建筑和农业机械、家庭及个人用品、互联网服务、管道运输、商业航空、娱乐、食品生产、制药、食品和药品零售、保健及其他。显然，这些行业主要来自竞争性民营企业，中国民营企业发展将成为我国参与国际竞争的新动力。而近年来，上述领域也确实诞生了一批勃勃生机的民营品牌，如苏宁、华为、联想、阿里巴巴、腾讯、百度等。民营品牌的强势崛起将代表着我国品牌发展的未来。而加强企业深层文化和价值理念建设则可为它们增添强劲的动力。

（二）第三次工业革命为中国制造业转型升级带来机遇

在第三次工业革命浪潮中，中国制造业应当努力实现由低附加值向高附加值、由低技术密集向高技术密集、由粗放发展向精益制造、由大规模生产向大规模定制的全面战略转型，显著提升中国在全球制造业分工中的位置。为了实现这一转变，要坚持内外并重、技贸并举，既要吸收外部创新资源和创新成果，又要坚持自主创新，充分利用自身的创新资源；既要重视技术创新的引领，又要重视市场需求的拉动。

首先，第三次工业革命的到来将进一步加深二、三产业融合发展的趋势。信息技术向工业、服务业全面嵌入，以及制造技术的颠覆性创新将打破传统的产品生产流程，制造业和服务业不仅在产业链上纵向融合，产业链本身也将重组，产品从设计、生产到销售的各个环节都需要实现二、三产业的深入融合。同时，二、三产业在地域上将呈现聚集的趋势，中国城市人口多、消费需求旺盛，将有助于未来不同层次二、三产业融合发展中心的持续形成。

其次，与前两次工业革命不同，第三次工业革命不仅会引起工业领域的重大变革，还会影响到服务业领域，催生新的服务业部门，二、三产业融合也将产生众多新的业态。未来工厂的生产环节将需要极少的一线工人参与，大部分就业集中在研发、设计、采购、营销等制造业相关服务业。例如，3D打印机技术和产业发展将促进上游新材料、激光焊接装备行业和中游的数控机床、工业机器人行业，以及下游的智能软件、工业设计行业的培育和发展。

再次，有利于加快传统产业的创新驱动和转型发展。一方面，新技术、新工艺将大量应用于传统行业，大幅提升传统产业的技术含量和生产效率，激活传统产业改造升级的内生动力。另一方面，一些传统产业将转型升级为使用新技术、采用新生产方式、满足新市场需求的新产业。例如，传统机床行业与信息技术、激光焊接技术的融合将升级为数控机床行业、工业机器人行业，传统汽车工业与新能源技术的融合将升级为新能源汽车行业，传统化工行业与生物技术、电子技术的融合将升级为新材料行业。

最后，有利于缓解日益趋紧的要素约束。第三次工业革命将催生一大批围绕信息技术、新制造技术、新材料技术的新兴制造业，这些产业虽然属于工业中的制造业，但要素投入量和要素结构却非常适合城市的资源供给特征。这些行业以设计、技术、创意的输出为主，不需要大规模的制造过程，普通劳动成本占比低，对土地和空间的需求少，属于劳动集约型和土地集约型行业；产品价值和特征由技术和个性化决定，属于人才密集型和技术密集型行业；在要素投入中，智力投入比重高，产品大多是实物与服务的结合，实物生产部分模块化、标准化程度高，对资源能源消耗小，排放也少，属于资源集约型和环境友好型的行业；制造过程大量应用信息技术，生产组织更加科学，不需要长距离运输和大面积仓储，属于物流节约型行业。这些新兴产业的发展和壮大也有助于中国制造业突破日益趋紧的要素约束。[1]

（三）壮大企业品牌需要四大创新驱动

当前，我国企业品牌正处于转型升级的关键时期，要建设现代工业品牌强国，成功应对新工业革命的挑战，必须要有四大创新来驱动和支撑。

一是观念创新。我国在改革开放30多年以来工业增长迅速，成就显著，但是付出的代价也极大。不仅仅是环境的代价，更多的还要看到观念、行为方式、企业家精神方面付出的代价。现在我们发展经济的观念是求大求快，规模要大，事情要快，工业体系没有向上的创新力，实行的是以模仿、跟随为主的平推式工业化，工业技术积累较少，也没有建立起现代的先进的工业文明。如果观念不创新，第三次工业革命对我们更多的是挑战而不是机遇。

二是制度创新。在我国工业发展低成本优势面临挑战的情况下，只有通过制度创新，才能提升我国工业在新一轮国际竞争中的有利地位。政府应及时进行转型，积极转变政府角色，不断优化政府职能，推进政府自身改革努力，真正发挥市场在资源配置中的基础性作用。应深化科技体制改革，整合现有科研资源，形成工业共性技术的国家研究开发体系。应加强战略谋划和顶层设计，推进工业化品牌强国进程。

三是科技创新。科技创新是中国工业能否真正"后来居上"的关键因素。必须坚持技术创新，坚持把科技进步和创新作为加快转变经济发展方式的重要支撑。不断加强对新技术和新能源研发的扶持力度，积极推动新技术和新能源的广泛应用。应突破支撑制造业"数字化"的关键技术，为第三次工业革命做好技术准备。应不断加快推进两化深度融合，把信息化与工业化深度融合作为加快走新型工业化道路的重要途径，通过自主创新力争在战略性新兴产业关键技术领域取得突破，抢占未来产业发展的制高点。

四是教育创新。第三次工业革命是新技术的竞争，而本质上更是人才的竞争。新的工业革命技术需要大批的创新型人才。而当前我国的教育体制和方式难以适应这样的需求。大力推进教育创新是当务之急，只有我们的教育体系能够解答"钱学森之问"、能够培养出一批能够适应即将到来的第三次工业革命的创新型人才，我国建设工业化品牌强国的梦想才能变为现实。

（四）微时代企业品牌营销策略亟待创新

随着新一轮科技和产业革命加快演进，特别是以互联网为核心的信息技术广泛应

---

[1]　以上参见中国社会科学院工业经济研究所课题组：《第三次工业革命与中国制造业的应对战略》，《学习与探索》2012年第9期。

用，拥有差异化和高品质的品牌优势日益成为企业赢得市场竞争的关键。世界每一分每一秒都在发生着巨大的变化，商业更是如此。微营销时代的来临，传统品牌营销方式与建设方式都将面临巨大的冲击，时代要求我国企业必须与时俱进，顺势而上，紧跟时代的步伐，前瞻性地审视品牌建设工作，才能保证本土品牌国际化进程更加顺畅、快速。当前，企业的营销手段正在碎片化，产品的铺货渠道也越发不再有原来的味道，传统形式下的代理商、中间商被弱化，不断兴起的新渠道方式越发被企业重视，从大众最熟悉的淘宝 c 店、天猫旗舰店到京东一号店的分销再到现在微信电商、微博电商等基于社交形态的电商闭环的形成，传统的渠道在无形中被打散，被弱化，产品的接触面不再是厂家、代理商、广告商、卖家的四连壁，而是成为一种 360 度的曝光面、接触面、成交码的圆壁环。在微时代，企业除了做好产品这一核心要素外，还要有正确的品牌营销管理和服务意识，消费者留在社交网络上的每一处关于产品、品牌的感受，都是对企业最有价值的品牌循环求证来源，值得企业仔细甄别、考量。

企业如何在微时代进行精准的社会化营销，方法非常重要。一是准确定位，根据企业特征和职能属性确定与社会化媒体的定位。二是设计社交体验，将现有消费者和潜在粉丝转化，并合理利用意见领袖的宣传功能。三是对话与互动，合理设计社会化媒体内容和互动活动，做好全员动员和层级管理。四是效果评估与资源优化，根据效果数据监测与评估，合理利用资源。

四、移动互联网品牌浪潮涌动

美国科技史家迈克尔·塞勒（Michael Saylor）在《移动浪潮》一书中为我们展现了一个未来移动世界的全景画面，认为移动技术和社交网络的合力将在未来 10 年提升全球 50% 国内生产总值。它们的影响力将不断增强，并将最终改变商业、工业以及整个经济。[①] 这绝非耸人听闻，移动互联网作为掀起第三次工业革命浪潮的资讯和技术支撑平台，在相当长时期将执时代之牛耳，推动自身品牌和其他产业品牌的快速发展。"移动为王"的时代正在到来。

（一）大型应用强者愈强，移动互联网市场进入平台竞争阶段

中国有着庞大的移动互联网市场。据工信部公布的通信业数据，2014 年 1 月份我国移动互联网用户总数达到 8.38 亿户，在移动电话用户中的渗透率达到 67.8%；移动

---

① ［美］迈克尔·塞勒：《移动浪潮》，邹滔译，中信出版社 2013 年版。

互联网接入流量 1.33 亿 G，同比增长 46.9%，户均移动互联网接入流量达到 165.1M，其中手机上网流量占比提升至 80.8%，月户均手机上网流量达到 139.3M。①

在移动应用领域，"强者愈强"的马太效应加剧。据艾瑞咨询发布的报告，中国智能手机用户在各类应用程序的使用选择上有越来越清晰的倾向性，即时通讯和上网浏览是中国移动终端用户最大的需求，即时通讯和浏览器这两个类型的应用在智能用户当中使用频率最高。而从使用频率来看，微信、QQ 是网民使用最多的即时通讯工具，UC 浏览器成为用户最常使用的手机浏览器，国内市场份额超过 65%。

这些大型应用推广能力和渠道资源愈发强大，能够通过预装等渠道有力的拓展新用户，并和对手拉开距离，形成竞争壁垒。根据最新数据，微信全球用户突破 6 亿；而 UC 浏览器全球用户则超过 5 亿，安卓平台用户超过 3 亿。随着微信、UC 浏览器等用户规模庞大的应用占领智能手机终端，未来更可能作为平台，整合越来越多的小 App 的功能，从而整合为航空母舰式的超级 App，构建一个基于超级 App 平台的开发者生态。中国移动互联网的市场争夺已不限于产品层面，进入平台竞争阶段。

以社交类应用平台为例，腾讯旗下的微信异军突起就是强者愈强的典范。下图反映了微信从新浪微博和其他社交网站所抢夺的强大市场份额。

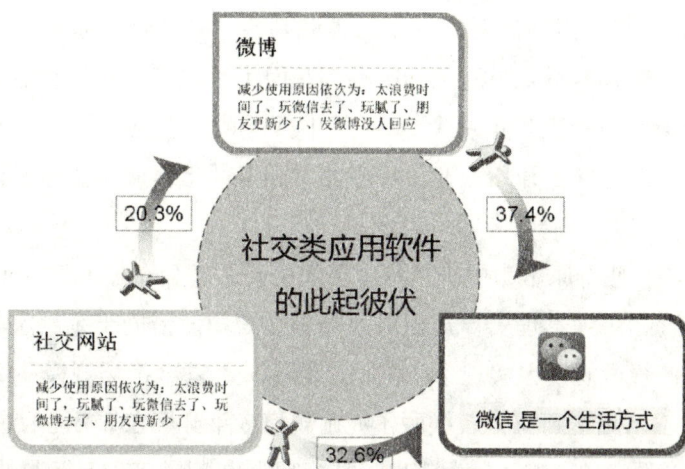

微博
减少使用原因依次为：太浪费时间了、玩微信去了、玩腻了、朋友更新少了、发微博没人回应

20.3%

37.4%

社交类应用软件的此起彼伏

社交网站
减少使用原因依次为：太浪费时间了、玩腻了、玩微信去了、玩微博去了、朋友更新少了

微信 是一个生活方式

32.6%

（图片根据 CNNIC 修改整理）

创新的功能和极致的用户体验是微信成功的两大杀手锏。移动互联网时代，应用社交化已不可逆转，微信因此衍生的独特创新性足以稳定住自己在用户心目中的地位。从

---

① 参见工信部网站：《移动互联网用户数达 8.38 亿》，http://www.chinairn.com/news/20140313/163426113.html.

使用功能来说，微信可以发送语音留言、照片以及媒体信息，仅仅占用上网流量，不会收取其他任何费用。从微信 1.0 到 5.2，每一步创新和改变都奠定了它如今的成功。以微信 5.0 为例，最大的一个变化便是上线了传言已久的游戏中心，5.0 首先发布了两款轻度休闲游戏，一款是《经典飞机大战》，另一款叫做《天天爱消除》，后者在 5.0 发布后极短的时间内就冲上了苹果 App Store 排行榜第一的位置。

微信作为时下最热门的社交信息平台，不仅仅是一个聊天软件，也是移动端的一大入口，正在演变成为一个大型商业交易平台，其对营销行业带来的颠覆性变化开始显现。微信商城的开发也随之兴起，它是基于微信而研发的一款社会化电子商务系统，消费者只要通过微信平台，就可以实现商品查询、选购、体验、互动、订购与支付的线上线下一体化服务模式。

（二）互联网金融倒逼利率市场化

从某种意义上说，互联网金融是依托移动互联网平台技术的新兴金融服务业态。我国互联网金融近年呈现加速发展势头，从阿里小贷的成功到众筹模式的兴起，再到余额宝的大热，互联网金融创新对传统金融的冲击成为时下热门话题。应该说，传统金融与互联网金融（包括互联网金融品牌之间）的正面交锋才刚刚开始。

2013 年 6 月 13 日，由阿里巴巴集团与天弘基金合力打造的余额宝——增利宝货币基金正式上线。这款本不起眼的金融产品却在面市后以其高年化收益率在金融界引起轩然大波。据天弘增利宝货币基金 2014 年中报，其基金规模已达到 5741.60 亿元，客户数超亿人。余额宝从零开始，在 1 年多的时间里就迅速成为全球规模最大的货币基金。

余额宝的成功，使得原本为中小型基金公司的天弘基金在过去的一年中异军突起，实现弯道超车，成为中国管理资产规模最大的基金公司。借助于余额宝的成功，中国公募基金业的资产管理规模也实现了一次不小的突破。基金市场规模从 2.45 万亿元增长到 3.43 万亿元，增幅达到 40%，摆脱了此前规模多年徘徊在 2 万亿元左右的窘境。

不仅如此，余额宝的影响还远远超出了基金行业的范围。2013 年 11 月 1 日，17 家基金公司集体在淘宝理财平台上销售基金，百度百发、和讯理财客、搜狐抢钱节、苏宁易购以及腾讯等众多互联网平台都开始了在线理财的试水。"宝类基金"的出现以及规模的迅速扩张，让传统银行业寝食难安，工行、平安、广发、交行等，均推出银行版"余额宝"理财产品，打响活期存款客户争夺战。业内普遍认为，由于余额宝类的货币基金产品的收益率远超出银行的活期存款，大量的居民活期储蓄正在从传统的商业银行流向上述"宝类基金"。

从更宏观的层面来看，余额宝更是引领了一场具有颠覆性的互联网金融革命。虽然早在余额宝之前，就有一些互联网金融产品推出，第三方支付行业更是早已比较成熟。但从效应而言，余额宝绝对是互联网金融真正火爆的开端。余额宝的横空出世，让金融行业和互联网企业都"眼红"，货币基金、P2P、众筹等互联网金融新兴业态层出不穷，呈现出多元化发展趋势。另外，移动互联网金融也随着"黄金时代"加足马力。外界普遍认为，正是余额宝的"鲶鱼效应"，使得互联网金融如火如荼，真正开始改变人们的生活。

余额宝的出现，一方面满足了居民日益增长的资产配置需求，对现有的投资产品是一个很好的补充，不仅提高了理财收益，降低了理财门槛，更唤醒了公众的理财意识；另一方面，余额宝使得银行不得不进一步加强其自身的资产负债管理和流动性管理，加强产品创新和服务创新，为真正到来的利率市场化进行预演。

互联网金融在中国目前还处在初始状态，标准意义上的功能链完整的互联网金融还处在破壳之中。余额宝的出现对于打破银行支付垄断、引入竞争机制具有重要意义，但其资金源头仍从属于商业银行的存贷款，显然是个约束。余额宝的核心贡献在于确立了余额资金的财富化，确立了市场化利率的大致刻度，有利于推动利率市场化进程。

（三）O2O 向更多产业扩散

据中国电子商务研究中心发布的《2013 年度中国电子商务市场数据监测报告》，2013 年中国电子商务市场交易规模达 10.2 万亿，同比 2012 年的 8.5 万亿，增长 29.9%。而仅 2013 年天猫"11·11"购物狂欢节这一天支付宝成交额就达 350.19 亿元，刷新 2012 年"双 11"创下的 191 亿元的纪录。电商们的狂欢无疑吸引了在困境中挣扎的传统商家的目光。随着家电服装等一些行业进入发展成熟期，使得参与者进入门槛降低，令大量行业内企业出现生产过剩、库存积压严重、广告费用提升等情况，李宁等中国运动服装品牌的大规模关闭门店事件就是上述问题的集中爆发。面对微薄的利润收入乃至入不敷出，企业必须急需寻找新的利润增长点。O2O（"Online To Offline"的简写，即"线上到线下结合的产业经济的互联网化"）模式成为这些企业的必然选择。

在这种背景下，可以预期，O2O 会向更多产业扩散，不仅仅是金融业，而且零售业的电商化，或者说纯电商的 O2O，加上传统业的电商化也会促成在零售业里面竞争和合作共存的生态环境。这会促进电商或者互联网的商务应用能够得到良性的可持续的发展，探索电子商务一种新的空间和一个领域。为此中国互联网协会专门成立了互联网商务应用工作委员会，目的是为传统零售业和电子商务企业搭建一个平台，促进其交流合作，在竞争中合作，在交流中寻找新的创新模式。

与此同时，工业和互联网的融合创新，可以使我国以制造业为主的工业形成一个新的态势，使我国的工业更加深入地利用互联网，特别是物联网在工业当中应用更加深入和广泛，促进工业全产业链，全信息链的信息共享和协同集成，创新整个工业产业各种要素的优化配置，生产制造和产业组织方式创新，使我国工业生产能够走向网络化、智能化、服务化，即迈向先进制造业，高技术工业新台阶。虽然这一目标不可能一蹴而就，但2013年工信部在行动计划框架下已部署了10个工业云的试点城市，开始做工业和互联网的融合，使中国制造业基于互联网云的服务，来提升自己的研发、设计、加工、销售、管理等全产业链支撑。其成果必将有所体现。

（四）大数据产业进入实质性阶段

众所周知，大数据是新一代通信技术的代表，是继互联网、云计算、移动互联网之后发展的又一个新热点。当前，全球大数据产业日趋活跃，各国政府也逐渐认识到大数据在推动技术发展、改善公共服务等方面的重大前景，纷纷布局、推动发展。诚如英国"大数据时代的预言家"维克托·迈尔－舍恩伯格（Viktor Mayer-Schönberger）所言："大数据开启了一次重大的时代转型，就像望远镜让我们能够感受宇宙，显微镜让我们能够观测微生物一样，大数据在改变人类生活与思考基本方式同时，早已在推动人类管理准则的重新思考。"①

如果说早前两年我国的大数据产业更多停留在概念上的讨论，现在大数据的价值意识已经有了很大的增强，大数据的技术创新也有一定的进展和突破。大数据分析的应用已经在扩展，从互联网企业扩展到很多领域，这些都会促进大数据产业整个生态链的逐步形成，而其中最关键的一个环节就是使现在的数据能够流动起来，能够交换起来，从而推动大数据产业进入实质性阶段。

随着我国大数据发展的宏观产业环境的不断完善，大数据产业链正在加速形成。当前一是要做好大数据发展的顶层设计，明确我国大数据发展的战略目标和战略重点，统筹谋划大数据应用、关键技术研发与制定法律法规。二是要加快大数据典型应用的推广，树立一批典型性、示范性应用，坚持政府引导、创新引领、应用驱动、企业主体、有序开放、安全规范的原则，来加快大数据产业的发展。三是要支持大数据关键技术产品的研发和产业化，重点完善大数据基础设施、大数据平台的建设，推动核心技术应用模式、商业模式协同创新和发展。四是全产业发展、全局统筹规划发展大数据，防范泄露风险，加强隐私保护，并建立相关法律法规保障大数据安全发展。从公务员弃用洋品牌到改用国产加密手机已可看出大数据时代信息安全的重要性。

---

① 维克托·迈尔－舍恩伯格、肯尼思·库克耶：《大数据时代：生活、工作与思维的大变革》，盛杨燕、周涛译，浙江人民出版社2013年版，第1页。

五、文化品牌市场化转型势成必然

新世纪以来，文化品牌始终是中国品牌发展中的一道靓丽风景线，预计其精彩仍将继续，但在面向市场化的实践转型过程中也是一个大浪淘沙的过程，文化市场细分行业和众多文化品牌的分化不可避免。

（一）数字文化产业独领风骚

有专家预计，2014 年至 2016 年年底整个文化产业中数字文化产业市场价值占70% ；传统媒体，包括新闻出版和电视、广播占 10% ；艺术品和工艺美术品占 10% ；演出和旅游等娱乐体验活动占 10%，形成 7:1:1:1 的格局。①

数字文化产业分两个部分：一个是跟互联网和移动互联网有关的数字文化产业；另一个是数字影视和一些数字化体验相关的部分。尤其是以互联网为平台的文化产业，正在向移动化发展，且打破了传统文化平台的边界，对实体零售带来巨大的冲击。像腾讯、百度、阿里巴巴等互联网公司都是典型的文化企业，其主营业务除了游戏、广告，还大肆收购很多文化企业，形成了很大的平台。这些平台公司不仅做数字文化产业，如网络文学、游戏、广告等，还做网络零售、金融等各种各样的服务，形成同质化大型平台集团。大型互联网平台公司进军文化产业，发展数字文化产业是一个必然趋势。而中国移动主营业务收入有三分之一是数字文化产业，宽带服务的 60% 是服务与数字文化产业。中国三大运营商在某种意义上已经变成了传媒集团，他们要么提供数字文化产业的服务，要么以数字文化产业作为主要收入的来源。这说明数字文化产业已经无孔不入，跟我们的日常生活产生了无缝对接，影响十分深远。

（二）传统媒体受到冲击，艺术品投资遭遇瓶颈

由于传统媒体受到互联网平台的巨大冲击，所以今后传统媒体的主要出路就是生产品牌化的内容，也就是别人不可替代的内容，包括电视的黄金栏目、大型的选秀和娱乐栏目、电视剧也是将来电视台竞争生存主要的空间。而图书和报纸的转型则更为艰难，因为其无法用互联网思维实现业务的扩展。互联网第一思维要有海量的内容，有巨大的规模，有无边界的平台，这会给传统媒体带来很大的冲击。

前些年相当火爆的艺术品投资市场也会遭遇瓶颈。因为艺术品投资中有一部分跟礼品密切关联，随着中央"八项规定"及反对"四风"的逐一落实和深入，市场需求出现

---

① 参见陈少峰：《2014 文化产业 8 个发展趋势》，http://shijue.me/show_text/53210d9b8ddf8713e900007b。

大幅下滑。未来的艺术品产业会呈现出两大趋势：一是品牌化，不管是艺术家还是经纪机构，还是收藏家，都要靠品牌化运营来赢得市场。二是由中国艺术品拍卖市场真正转向中国艺术品投资市场。比如在艺术金融方面，很多银行已经在探索艺术品或者收藏品抵押贷款的问题，以此盘活存量，进一步推动投资，而不仅仅只是收藏，只进不出。

（三）产融结合推动文化与科技深度融合，文化公共平台日益完善

2013 年资本市场火爆的 TMT（Technology，Media，Telecom，即科技、媒体和通信的三者融合）行情说明了产融结合的巨大潜力。产融结合是企业中产业部门与金融部门通过一定的关系相互连接、贯通，实现产业资本和金融资本的相互转化。有效的产融结合可以对资本合理配置，将对今后的文化产业发展与文化品牌的打造产生极为重要的影响。这一点无论从文化科技型企业如腾讯、百度、新浪微博、阿里巴巴，还是从影视传媒类企业华谊兄弟、光线传媒、乐视网等的高速成长中都可以看出端倪。产融结合对文化企业最大的作用就是"左手做企业，右手做资金的融通"，实现企业的裂变式增长。

随着中国文化消费和投资的增加，文化公共平台的搭建与完善日益重要。从政府管理的角度，需要对文化产业的政策环境和投资环境加以调整和完善。例如在"文化立市"战略下，深圳文化创意产业以年均近 25% 的速度发展，在 2013 年中国城市创意指数榜单中，深圳创意指数增幅位居全国第一。深圳在 2004 年首创"文博会"品牌，已成为名副其实的"中国文化产业第一展"，推动了中国文化产品和服务"走出去"。从专业平台的搭建角度，版权产业已经成为文化产业的核心与终极经营手段，北京产权交易所、上海文化产权交易所、深圳文化产权交易所、成都文化产权交易所等一系列专业性产权交易所的出现，为保护知识产权与民族文化创造提供保障。①

（四）优胜劣汰、强者恒强成行业定律

虽然文化企业的品牌化过程存在着巨大机会，但优胜劣汰、强者恒强的市场规律将显示巨大威力。有一批文化企业会倒闭，像依赖政府资源的企业和一些传统文化企业会倒闭。比如随着中央多道"限奢令"下达，曾经财大气粗的国有演出院团彻底歇菜，失去了政府的大订单，让有些院团甚至损失了 90% 的生意。中国演出市场要想真正繁荣，还要学习电影产业，做到让观众自愿掏腰包，做到像电影产业一样产业化，有自己的院线、有自己的特色，这才是王道。

从文化产业发展趋势看，数字化、科技化指明了方向。传统文化企业发展必须先转

---

① 参见中国行业研究网：《2014 年我国文化产业发展趋势分析》，http://www.chinairn.com/news/20140121/17361667.html。

变思维方式，然后再探索业务，再探索商业模式，不能固守传统的商业模式。随着我国文化产业开始全面市场化，真正的企业主体地位确立，商业模式能否跟得上时代的发展最为重要。企业市场化的实践转型，不断市场化，善于利用市场的手段，包括资本运作、并购、能够选择合理的商业模式等这种公司会越来越强大，有望诞生中国的推特、脸谱之类的数字化时代宠儿。2013 年以来发生的一些大型文化并购案例，不乏腾讯、百度、搜狐等数字文化产业龙头公司的身影。它们通过不断并购，业务领域拓展越来越宽，而一些小微文化企业如果不能适应市场的变化，则濒临倒闭，难逃被收购的命运。

法国社会学者弗雷德里克·马特尔（Frédéric Martel）曾预言："中国将要生产自己的内容产品并将之传播到世界各地，而且她有这样的能力。"① 中国有着悠久的文化传统，并正在致力于中国文化走出去的战略。一旦中国文化品牌市场化转型成功，其所激发出来的无限创意潜能必将释放出巨大能量，让世界见证中国文化软实力的无穷魅力。

---

① ［法］弗雷德里克·马特尔（Frédéric Martel）：《主流：谁将打赢全球文化战争》，刘成富等译，商务印书馆 2012 年版，第 379 页。

国家公园管理模式研究综述与评介 [①]

周武忠　徐媛媛　周之澄（上海交通大学媒体与设计学院）

党的十八届三中全会明确提出要"建立国家公园体制"，这为我国各类世界遗产、风景名胜区、自然保护区等现有资源的整合梳理和管理框架的变革重构提供新的契机和思路，也有助于上述区域消除无序、低效的管理弊端，积极融合进入世界国家公园体系。2014年8月9日，国务院关于促进旅游业改革发展的若干意见（国发〔2014〕31号）明确提出"稳步推进建立国家公园体制，实现对国家自然和文化遗产地更有效的保护和利用"。并将其列为《重点任务分工及进度安排表》的第1项，要求"2015年底前取得阶段性成果"。充分表明了党和国家对我国国家公园建设的高度重视。在国家公园的建立和运营方面，各国学者和实践操作人员孜孜不倦地思考和审视如何均衡和协调国家公园的保护和利用问题，思想态度经历了不同时期的更迭和改变：人们进一步升级强调仅仅作为封存土地的保护理念（Angela S. Ildos, 2009），旨在通过充分的、有建设性的人类智慧和努力将这些具备生物多样性和特异性的区域留存下来，并能造福于当代人类和后代子孙。对于如何塑造国家公园保护和利用的良性循环，确保公益性资源能够不断传承和开发，落脚点即是通过构建健全、科学、适配的国家公园管理模式才能得以实现。

一、国内国家公园管理模式研究现状

据CNKI数据库统计，国内关于国家公园的研究起始于20世纪80年代初，早期集中于对美国、澳大利亚、日本等地区国家公园的自然资源保护经验的介绍性说明；1987年夏义民发表的《美国国家公园管理的新趋势》首次将研究焦点集中于国家公园的管理

① 基金项目：住房与城乡建设部委托课题"国外国家公园法律法规与标准体系梳理研究"的部分成果。

议题上，此后至 2002 年，国内的研究文献数量呈现零散、波动的趋势。2003 年进入此领域研究的第一个快速增长期，不同学者从立法执法、规划体系、管理体制等方面对美国的国家公园实例进行剖析（杨锐，2003；费宝仓，2003）；2003 年至 2007 年，相关研究的数量增速放缓，研究案例扩展至加拿大、非洲、新西兰等地区；2008 年成为国家公园研究的第二个快速增长期，自此至今，文献数量逐年攀升；重点探究我国建立国家公园的管理对策和国外的经验启示。

上述研究成果主要发表在《中国园林》、《旅游学刊》、《人文地理》、《生态经济》等期刊，此领域的代表学者（如杨锐、张晓、张海霞等）皆在国家公园管理问题下进行了多项纵向跟踪研究：杨锐侧重于国家公园体系的发展历程和趋势，张晓主要关注国家公园的管理体制和经营权问题，张海霞则从旅游规制角度研究国家公园的旅游发展价值。

（一）国家公园管理模式的理论分析视角

现有研究中已有学者对国家公园管理的理论做过梳理（兰思仁，2004；张金泉，2006；张海霞，2010；程绍文，2013）。其中，张金泉（2006）对人与自然关系的理论、可持续发展观以及生态经济学理论在国家公园管理的应用进行归纳和提炼。程绍文（2013）的研究视角与张金泉相似，分别从人地关系理论、可持续发展理论和公共管理理论三个方面进行研究。张海霞（2010）则从三个层面寻求国家公园的理论支撑：在建构层面，从福利经济学角度解读公民游憩权；在运营层面，从制度经济学角度讨论国家公园运营的公共治理依据；在维系层面，从资源经济学角度迎合了政治伦理取向。比较而言，张金泉和程绍文等人的研究从人地关系、经济、发展等方面较全面总结相关领域的理论，但缺乏内在的逻辑性；而张海霞的研究框架清晰，但仅是从规制角度去剖析理论。因此，本研究立足于国家公园的管理模式，尝试将上述的研究逻辑整合起来，从人地关系、政府规制、生态经济和系统发展四大视角对现有国家公园的管理模式理论基础进行梳理，一方面旨在增强视角的内在逻辑性，另一方面希冀兼顾理论研究的全面性和连贯性。

表 1 国家公园的管理模式理论分析视角梳理

分析视角	基础理论举例	来源
人地关系视角	生态服务理论、协同演化理论	程绍文（2013）、罗金华（2013）
政府规制视角	政府干预理论、管治理论、善治理论	黄向（2008）、张海霞（2010）、程绍文（2013）
生态经济视角	生态经济平衡理论、生态经济效益理论、休闲经济学理论	兰思仁（2004）、张金泉（2006）、
系统发展视角	系统理论、可持续发展理论	罗金华（2013）、张海霞（2010）、程绍文（2013）

从人地关系视角来看，国家公园管理模式的有效性评判标准在于能够兼顾生态地理环境维系和人类游憩需求，促进和协调人与自然的和谐发展关系，生态服务理论从生态系统为人类提供生命支撑的功能角度出发，强调国家公园侧重保护生态系统的完整性和

维护生物的多样性，最终为人类提供环境服务，人类的自然游憩和旅游也建立在原生的自然生态环境基础上。而根据协同演化理论的观点，国家公园的构建和运营体现了自然资源系统和社会系统之间的适应性演化的互动过程。从政府规制视角来看，政府的政治权威制度能够弥补市场失灵、提高资源配置效率，而市场化机制和政府公共服务职能冲突的结构性矛盾成为讨论热点。为防止"公地悲剧"（Tragedy of the Commons）的发生，政府只有通过制定和实施相应法律政策，进行科学的规制设计并实践合理的管理体系，因此政府职责在国家公园这种公共资源的管理决策中起至关重要的作用。从生态经济视角来看，国家公园的有效管理可以实现其经济效益反哺自身的保护体系。国家公园作为生态经济复合体，存在生态系统与经济系统的物质、能量和信息交换。生态经济理论为国家公园的建设和管理提供了以生态环境过程和旅游经济过程的协调为准则的发展思路。从系统发展视角来看，将国家公园的管理模式研究放置于更加宏观和长远的情境之下，系统理论为国家公园的管理模式提供"整体、关联、等级结构、动态平衡、时序"的系统思考方法；可持续发展理论建立在人类资源的延续伦理之上，建立为现代人类和后代子孙提供完整生态资源的管理模式。

在梳理相关文献时，对国家公园管理的研究探讨关键词有"管理模式"、"管理机制"、"管理体系"、"管理制度"、"治理体系"等，各种概念存在滥用、混同的使用现状。王蕾等（2013）对文化与自然遗产地的管理体制、管理机制和管理体系概念进行鉴别，指出管理体制仅指"静态"内容，如权力划分和职能配置，管理机制又称运行机制，属于"动态内容"，管理体系则是一整套配合的关系模式。张海霞阐释管理（management）和治理（governance）的区分：管理强调行为的内容；治理是公共行政领域的概念，侧重权利的架构。本研究采用管理的广义概念，将不同国家公园的利益相关者全部纳入管理模式框架下讨论。归纳而言，现有研究对管理模式的分析维度如表2。

表2　国家公园的管理模式分析维度梳理

来源	国家公园管理模式分析维度
杨锐（2001）	立法、规划、管理
费宝仓（2003）	组织管理、法治和资金来源
张海霞（2010）	资源与环境管理、游客管理、游憩保障系统管理
田世政等（2011）	管理理念、管理体制、资金机制、经营机制
陈英瑾（2011）	管理目标、管理文本、管理机构、管理理念、资金来源、与当地农民关系
王蕾等（2013）	管理体制、管理强度、资金机制

（二）国家公园管理模式的发展演变历程

从全球视野来说，国家公园的保护管理首先从思想认识上产生了转变：保护对象从视觉景观保护走向生物多样性保护，保护方法由消极保护走向积极保护，保护力量由一方参与走向多方参与，国家公园的空间结构由散点状、岛屿式走向网络化（杨锐，

2003)。根据 2005 年编译的《保护区管理规划指南》(Thomas, L.; Middleton, J., 2005)，国家公园的发展思路从独立发展转变为作为国家、地区和国际体系的一部分而规划管理；管理方法已从只考虑短期效益的反应式管理过渡到从长远利益出发的适应式管理，原先的管理应用只从纯技术角度出发，现在会同时考虑政治因素。从区域聚焦来说，杨锐（2001，2003）和朱璇（2008）皆以国家公园发源地——美国为例，按照纵向时间轴提炼美国国家公园运动和国家公园系统的发展历程和规划体系，其管理模式亦随着各个时期不断更迭演化。发展历程分为六个阶段：萌芽阶段即国家公园开始建立，国会内政部对国家公园和国家纪念地进行管辖，但没有具体负责的组织，同时这一阶段面临着实用主义的推动和破坏；成型阶段的标志是国家公园局的建立，管理对象以西部公园为主；发展阶段是指国家公园系统的东扩以及开辟大众游憩地区；停滞与再发展时期是第二次世界大战期间对国家公园资源开采的抵制和战后国家公园的设施更新；第五阶段国家公园系统的类型得到扩展，开始注重文化历史保护意识；第六阶段是教育拓展和合作阶段。美国国家公园的规划体系划也经历了三个阶段：以旅游设施建设和视觉景观为主要对象的物质形态规划阶段（20 世纪 30—60 年代），以资源管理为规划对象并引进公众参与机制的综合行动计划阶段（20 世纪 70—80 年代），注重规划层次性和分层目标的决策体系阶段（20 世纪 90 年代以后）。

在国家公园管理模式不断演变的背景下，关于国家公园的管理技术工具也在更新和发展着，多位学者就此方面积极引进和讨论西方的研究成果（杨锐，2003；袁南果，2005；李晓莉，2010）。在国家公园的规划研究方面，讨论较多的技术工具有：可接受改变的极限（LAC）、游客影响管理模型（VIM）、游客体验与资源保护模型（VERP）、游客活动管理程序模式（VAMP）、游憩机会谱模型（ROS）、最优化旅游管理模型（TOMM）。杨锐（2003）集中于对各技术模型进行理论溯源、内在逻辑和使用步骤的分析；袁南果（2005）在环境条件、具体方法以及所需资源的可获得性方面对这些技术工具进行逐一比较分析；李晓莉（2010）以 LAC、ROS 和 VERP 三种技术为例，分析其在美国休闲土地管理中的应用理念、设置要素和标准、管理过程。

（三）国家公园管理模式的区域经验借鉴

对于单个国别的国家公园经验讨论，主要集中在欧美，如美国、澳大利亚、加拿大等一些国家公园建设历史较长的地区，其中对于美国的文献研究数量最多，研究视角最全面（柳尚华，1999；孟宪民，2007；刘玉芝，2011；朱华晟，2013；等等），对美国国家公园的发展历程、规划体系、管理经验等皆有讨论，选取的具体案例有 Yellow Stone 国家公园、Yosemite 国家公园。其次是对加拿大国家公园的研究，如刘鸿雁（2001）对加拿大国家公园的行政、立法、资源、游憩、社区居民的管理进行分析，并以 Banff 国家公园为例罗列总结其现如今面临的问题和威胁；申世广等（2001）重点讨论的是加拿大国家公园的两大政策——确认政策和管理政策以及具体的实施办法；黄向（2008）则将管治理论引入国家公园研究，讨论 PAC（国家公园咨询委员会）共管国家公园这一模式的效果；澳大利亚的研究集中于当地保护地的管理系统和保护体制（刘莹菲，2003；李永乐等，2007；温占强等，2009）。亚洲区域讨论较多的有日本、韩国、中国台湾等案例，在东方，日本最先建立自己的国家公园体系。谷光灿等（2013）认为日本在国家公园的管理制度上大量模仿了美国和加拿大，被称为"美国国家公园巡逻者（Park Ranger）"，并以日本自然保护运动的发祥地——尾濑国立公园为例分析保护及管理现状；陈耀华等（2013）对台湾国家公园的永续经营的发展过程和实施经验进行研析。

在多国国家公园的对比研究中，张海霞（2010）根据治理主体的不同将国家公园治理分为政府治理（如拉丁美洲和加勒比地区）、联合治理（如澳大利亚、加拿大等）、私人治理（如约旦）和社区治理（如马来西亚、玻利维亚、印度等）四种类型；张骁鸣（2009）根据其行政管理体系特点划分为以美国、巴西、南非为代表的中央集权型，德国、澳大利亚为代表的地方自治型以及英国、加拿大为代表的综合型管理模式。除了对管理模式的类别总结研究外，不少学者对于国家公园管理实践中的具体问题进行了专题研究，如王永生（2010）就国外国家公园的经费来源和使用做了详细说明；周武忠（2014）对国外国家公园的法律法规进行系统的梳理，总结法律法规的体系特点。

在中外国家公园的对比研究中，主要以中美和中英的研究居多。就中美比较而言，李景奇等（1999）就建立标准、管理机构、规划设计机构、人事管理、经费来源、利用和保护方面对美国国家公园系统与中国的风景名胜区进行阐述；费宝仓（2003）选取的研究角度为组织管理、法治和资金来源；李如生（2005）选取的比较视角是资源保护、规划与建设管理、特许经营管理和讲解教育；张晓（2006）集中讨论美国的国家公园特许经营的经验以及中国风景名胜区采用企业化管理的现实和弊端，讨论中国引入特许经营模式的可能性。就中英比较而言，程绍文等（2013）以中国九寨沟国家级风景名胜区和英国 New Forest 国家公园为例，对这两个国家公园的旅游规划管治背景、现状和内容体系进行比较分析，并构建国家公园旅游可持续性评价指标体系。

二、国外国家公园管理模式的应用梳理

绿色运动的兴起以及对景观园艺的关注所引发的"原野观光"使得国家公园自新大陆国家辐射至欧美及亚非拉地区，在全球呈现快速蔓延态势。纷纷建立的国家公园在后续开发和经营上相互借鉴成功案例的管理实践，不断变更和尝试新型管理方法，以应对

各自出现的弊端和症结，从而提高管理的有效性。本研究选取其中较为典型、具有特色的国家公园应用管理经验，以此为据梳理、凝练成为四类国家公园的管理模式，并按照从构建动力、实施路径和推进阻力三个维度出发的分析框架对各类管理模式进行剖析，从而为我国国家公园的运作寻找到可借鉴的管理模式提供思路与启示。

（一）以树立国家认同为核心的中央政府管理模式

中央政府管理模式起源于国家公园的鼻祖——美国，自 1872 年美国建立世界上第一个国家公园——Yellow Stone 国家公园后，关于景观和遗产的保护和实用主义力量此消彼长、争论不断，国家公园系统伴随国家公园管理局领军人物的不断更迭历经了从诞生、发展到成熟的演进全过程（朱璇，2008），但国家公园在发展和变化中自始至终坚持以中央政府为内核的垂直管理模式，因此美国成为此种管理模式的典型代表。

1. 中央政府管理模式的构建动力

此种管理模式的构建动力在于国家公园是国家为民众树立国家自信和民族认同的重要载体。与欧洲丰富的历史文化相比，美国缺少历史名胜古迹，亦没有长久流传的古老文化，因此美国人在自然原野之中成功找寻到营造本国形象的线索。如李政亮（2009）所说，在现代民族国家的形成过程中，风景成为建构"想象共同体"文化政治的重要媒介。美洲政治家借用欧洲在 18 世纪兴起的"原野欣赏和荒野景观崇拜"的思想和实践经验，将国家公园政策的理论和实践进行艺术化再造（王永生，2004），正是这一国家层面的政治目标决定了美国采用中央政府集权的模式管理国家公园，旨在为美国民众树立完整、统一的国家认同。

2. 中央政府管理模式的实施路径

政府的规制力量是国家公园成长和发展的基本动力，此管理模式以中央政府为主导，国家的政府机构享有决策权威，承担责任和义务，一般通过强制措施抑制不稳定因素，以指令或咨询形式指定管理决策（张海霞，2010）。

在立法结构方面，美国的法律体系结构自上而下包括五层：包括宪法、成文法、习惯法、行政命令和部门法规（杨锐，2003），成文法是根据立法机构的意愿制定的宣布要求或禁止某一行为的法令，是国家层面上的立法。国家公园最重要的《国家公园基本法》（1916 年）属于这一层次，明确规定了国家公园管理局的职责。《授权法》伴随国家公园体系的剧烈扩大于 1970 年诞生，每个国家公园单体均具有自己的授权立法文件，如《黄石公园法》。这些文件有两种来源，一是国会成文法，二是美国总统令，即表明国会和总统在授权划定国家公园界域的权限。另外三项成文法（《原野法》、《原生自然与风景河流法》、《国家风景与历史游路法》）以各自的立法对象为基准，其中部分涉及国家公园管理局的管理职责。根据《国家公园基本法》规定，中央政府内政部负责公布国家公园管理操作的规则，并授权国家公园管理局制定具体的部门规章，这些规章对所有国家公园单体强制执行。上述法律和部门规章均具有法律效力，任何美国公民都可对国家公园管理局的错误或不作为行动提起诉讼。

在权力配置方面，中央政府管理模式下的国家公园所有权、管理权和经营权界限清楚，划分明晰，其中所有权和管理权高度集中。美国地广人稀，国家公园土地所有权结构较为单一：国家公园的土地大部分为联邦所有，属于全民的共有遗产资源；对于国家公园内的非联邦土地，公园管理局规定足已支付公园保护的最低利息。国会对国家公园的资源拥有绝对权威的处置权（张晓，1999）。在管理权方面，美国国家公园实行内政部国家管理、地区管理局和单个国家公园管理局的垂直领导体系，内政部下设的国家公园管理局扮演公共服务角色，代表国会直接管理国家公园内的资源，国家公园体系所在州及地方政府不具备行政执行权，任何个人或机构的参与管理必须获得国家公园局的许可（朱华晟等，2013）。中央政府管理模式的经营权呈现市场化态势，管理权和经营权分开，国家公园管理局不参与公园内的经营事务，以公开招标方式征求公园内餐饮、住宿等服务设施的经营者，将经营权推向更高效、有活力的市场。

在经营营管理方面，美国国家公园的规划设计均由位于 Colorado 的丹佛服务中心完成（王维正，2000），此中心集结专业人员和规划设计与遗产保护专家，确保各国家公园的规划设计风格的整体性和协同性；此模式下的国家公园管理人员由国家公园局统一调配，公园系统设立的培训中心为在园区工作的人员提供详细的课程培训和严格考核机制，颁发资格证书并规定证书的时效性；其国家公园构建的政治目的和公益性决定了其经费来源大多依赖国会拨款，少量国家公园低廉的门票收入只作为提高参观者环保意识的管理手段，其特许经营收入基本作为国家公园的运营补偿（钟赛香等，2007）。

3. 中央政府管理模式的推进阻力

中央政府管理模式的强执行力与高效性不言而喻，然而此种模式在推进过程中仍遇到了一些来自国家公园体系内外的阻碍，总结来说主要有来自体系内部的组织结构阻力、资源配置阻力以及来自体系外部的社群利益阻力。组织结构阻力主要是指中央集权式的管理结构在实施环节存在许多强制执行行为，而各国家公园的资源类型多样，这种硬性的组织结构的灵活程度较弱，无法及时快速地应对管理中涌现的新问题；资源配置阻力主要是指由国家公园管理局统一管理的公园体系庞大、国家公园单体数量繁多，国家管理局启动的"公园志愿者计划"（Volunteers in Parks Program）弥补了一部分资源压力，但管理部门在人员调度和资金配置方面仍面临较大压力，有限资源如何高效配置成为此管理模式推进的一大难题；社群利益阻力主要是指国家公园地区内和邻域的原住民和社区居民群体利益意识的形成导致国家在集中构建和发展国家公园的同时必须权衡和考虑这些人群的利益补偿。

（二）以自然游憩娱乐为驱动的协作共治共管模式

协作共治共管模式是指国家公园的管理以多个利益相关者为主导力量，共同分担决策权力和责任义务，包括政府、社区、非政府组织的相互合作。相较中央政府管理模式，这种模式一方面修正传统政府主导的自然保护实践对社区的偏见，可以在一定程度上有效化解国家公园及周边"缓冲带"社区居民的权属和利益冲突，提高其经济社会福利；另一方面，信息公开、利益分享的机制使得多方管理力量可以有效制衡彼此，管理模式并不遵循严格的规则，多方在互相监督下更能够发挥灵活的能动性。英国由于数千年的人类开发，绝大部分土地被分块切割划归私人所有，自然景观呈现破碎化状态，因此英国无法像美国那样将大片国有的、未开垦的土地划入国家公园内（王维正，2000），这些土地兼是自然保护地和当地居民的生活场所，因此协作共治共管模式成为英国大部分国家公园的选择。

1. 协作共治共管模式的构建动力

英国的国家公园的构建和供应是以民众自下而上的游憩娱乐需求为导向的，但英国的国家公园是在经历了政府、公共利益群体、当地居民以及有游憩需求的民众之间近百年的相互博弈和对抗中诞生的。公园产生的思想源泉可以追溯到 19 世纪早期，不断有人倡导广大民众进入开敞广阔的乡村地区进行游憩娱乐活动，到 20 世纪早期，英国民众的自然游憩和娱乐需求开始迅速增长，但对于建立国家公园的诉求并未得到政府回应，因此大批民众涌入乡村进行抗议；多个非政府组织（如休闲活动联合会、英格兰乡村保护委员会、青年旅社协会）为维护国家利益并保护乡村地区，联合成立国家公园代表委员会，联合游说和敦促政府有所作为。在多方压力下，英国政府拟订建立国家公园，为民众提供游憩场所，此举却又屡次招致国家公园划归区域内生活工作的居民强烈反对，国家公园的建立工作困难重重、历经波折。最终政府通过立法成功设立国家公园，与此同时催促出以自然游憩娱乐为驱动的协作共治共管模式的生成，此种共同规划、协议和咨询的管理模式能够尊重和考虑多方意见，较适配于英国国家公园内的自然土地和人文环境。

2. 协作共治共管模式的实施路径

协作共治共管模式重视利益相关者的参与、互动和共识达成，遵循约束、协调和控制的管治特征，致力于将国家公园运作成为现代社会实现人与自然和谐共处、友好共融的"生态空间"。这一模式的实施思想是坚持民主平等原则，兼顾的参与主体主要有政府部门、当地居民和非政府组织（NGO），这三者对于国家公园的管理均具有决策参与的作用，而参与决策的平台则是公园管理局（National Park Authorities）。与中央政府管理模式不同的是，此模式下的每一个国家公园都会建立自己独立的公园管理局，为多个利益相关机构和群体提供交流和协作的平台，其负责人员构成包括国家任命的秘书长、公园所在地方当局任命的成员以及教区提名的秘书长（王应临等，2013），且所有人员构成比例亦有明确规定：1/4 到 1/3 由国家委派，略多于半数由地区官员组成，1/4 由地区代表组成（陈英瑾，2011），以保证各方参与人数的比例。由公园管理局拟订的管理规划必须经过公众咨询阶段，当地居民和非政府组织皆能在此阶段对管理规划提出否定或修改意见。除集结多方力量参与决策外，各利益相关者在国家公园的管理责任方面各有侧重。

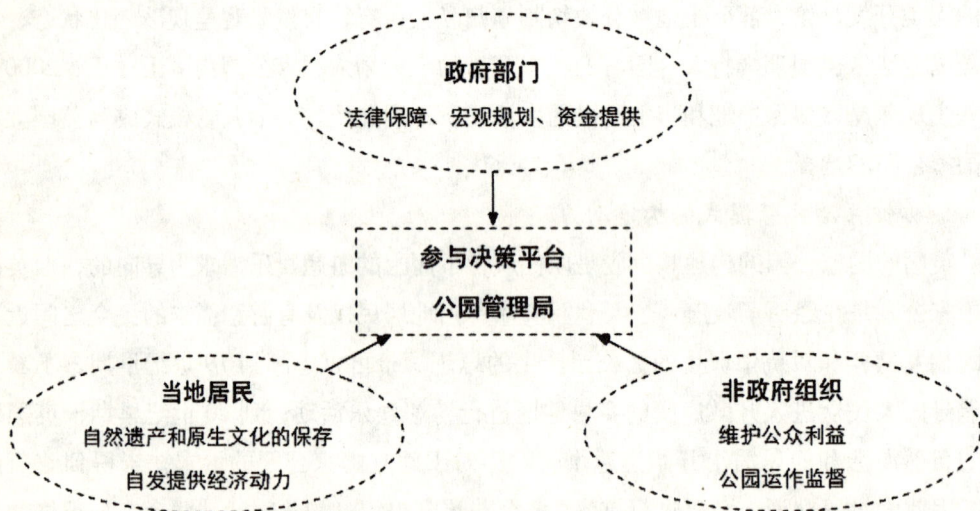

图 1　协作共治共管模式的参与主体图示

政府部门在管理中承担法律保障、宏观规划、资金提供的作用。政府注重在法律和管理政策的制定上采取与即时体系和政策相切合的调整战略，并非大刀阔斧地进行改革或推进全新策略，以增加公众的可接受度。在法律保障方面，1949 年政府颁布的《国家公园与乡村进入法》是国家公园成立的重要契机，1995 年的《环境法》将国家公园设立的目标明确为保护自然生态乡村景观以及为公众提供娱乐。宏观规划层面上，国家环境、食品和乡村事务部（DEFRA）对联合王国内所有国家公园总体进行管理，而英格兰自然署、威尔士乡村委员会和苏格兰自然遗产部负责其国土范围的国家公园划定和监管（王应临等，2013）。公园运作的资金费用由政府提供 75%（王维正，2000）。

当地居民在管理中承担保存自然遗产和原生文化、自发提供经济动力的作用。英国的国家公园内农场占据相当大的面积，且大多为当地农户私人所有，国家鼓励这些农户继续保留这种原生传统的共牧农场文化，一方面保证自然生态环境的存续，巩固环境承载力；另一方面为乡村旅游提供经济动力：向公众开放的农场步行道、为城市居民提供手工作坊体验以及特色农产品的供应皆可以为当地农户带来良好的经济收益，为社区发展注入活力。

非政府组织在管理中承担维护公众利益、运作监督的作用。非政府组织代表公众利益向政府部门争取资源和权限，在公众咨询阶段从环境或游客等角度出发考虑利益的分配问题，使得管理规划更能符合多方要求。同时在国家公园的管理运作过程中实时进行监督，能够有效规避一方独立决策导致的不良管理影响。

3. 协作共治共管模式的推进阻力

协作共治共管模式的推进阻力主要是其较低的管理效率。由于这种模式注重程序民主与效果公平，在规划和政策制定时需要历经协议、讨论、公众咨询等多个阶段，因此在推进时会遭遇集体行动的困境，导致决策制定进程缓慢。同时，由于国家公园内所有权大多为当地农户所有，因此在实行管理时必须采用柔和的调整协商战略，这大大增加了管理目标推进的不确定性，如若利益的矛盾无法顺利解决，则无法利用强制手段硬性采纳管理措施。

（三）以自然保护运动为发端的属地自治管理模式

属地自治管理模式是指中央政府将对国家公园的管治权限下放给各地区或各领地的属地管理部门，中央政府主要扮演对外沟通交流及内部引导协调的角色，属地管理部门对当地国家公园的立法、规划、决策和执行有自主权和决定权。此种模式的代表国家是具有丰富自然禀赋的大洋洲明珠——澳大利亚，然而澳大利亚的国家公园采用属地自治管理模式并非是受国际分权化改革浪潮的影响和作用，其自国家公园刚建立时即一直采用的这种模式是与其行政体制和立法结构息息相关的。

1. 属地自治管理模式的构建动力

澳大利亚是全球继美国建立 Yellow Stone 国家公园后第二个拥有自己国家公园的国家，于 1879 年在悉尼郊区建立 Royal 国家公园。澳大利亚受自然环境保护思潮影响，其建立国家公园的目的和宗旨即是保护自然，注重维持生物的多样性，防止资源紧张、环境破坏威胁自然和人类的持续发展。澳大利亚的属地自治管理模式正是在此宗旨搭建的框架和前提下衍生和发展的，各属地的国家公园管理方法可以各不相同，但必须统一遵循这一原则。

而采用这种分散式管理模式的核心构建动力在于澳大利亚本身的行政体制：澳大利亚属于英联邦国家，国家自 1901 年将原先各自独立的英国殖民区联合成为新南威尔士、昆士兰、南澳、西澳、维多利亚、塔斯马尼亚 6 个州，各州设立拥有自治能力的州政府，有独立的立法和执法权力且土地所有权属各州所有，除领海、部分海外领地和特别地区之外，联邦政府对各州土地并无直接管辖权（陈琳，2007）；而对于当时没有被殖民区管辖的地方则划分为联邦政府直接管辖的领地——北领地和首都领地，领地可自行立法，但必须由联邦政府授权。由此可见，澳大利亚采用属地自治的国家公园管理模式是与其行政体制相切合和匹配的。

2. 属地自治管理模式的实施路径

澳大利亚国家公园属地自治管理模式的实施路径为：以自然保护为核心目标和最高宗旨，各州因地制宜实行多样化管理，同时积极为国家公园的持续运营和营销管理提供多项保障措施和创新经验。

在秉承国家公园创设的核心宗旨下，澳大利亚大量价值独特的景观得到保护。联邦政府在环境部（前身分为可持续、环境、水、人口与社区部）下设立澳大利亚公园局，制定法律和政策给予自然保护优先权，并建议完全取消与国家公园不能和谐并存的利用措施（王维正，2000）；澳大利亚采取多项监管措施，如实行严格的许可证制度、游客量调控制度、环境影响监测和评价制度等，且禁止在公园内建设大型餐饮、住宿、娱乐等旅游接待设施以控制和杜绝国家公园的无序发展（温战强等，2009）；澳大利亚的政府官员若不重视保护事业，则会在听政咨询中被质问，且在选举中处于不利地位（李永乐等，2007）。各州和各领地的国家公园虽然管理宗旨不同，但都强调了在管理实践与生物多样性保护发生冲突时必须优先后者，如新南威尔士州和昆士兰州定义国家公园永久性地用于公众娱乐、教育和陶冶情操，但所有与基本目标（即自然保护）相抵触的活动一律禁止；又如塔斯马尼亚州对国家公园的定义首要目标是保护自然生态系统，其次用于娱乐、研究自然环境和公众休闲和旅游（诸葛仁，2001）。由此可见，澳大利亚国家公园的管理部门从上到下都极其重视对本土自然资源的守护，多样化的属地自治管理模式无论如何演化，都不能背离这项原则。

在属地自治的多样化管理方面，除了少数地区的国家公园由联邦政府直辖统管以外，各州对本地的国家公园都设立了相关法律、政策和管理执行机构。澳大利亚科学学会就曾在1958—1968年间提出建立能代表各州和地方各种自然环境的公园和保护区体系的建议（王维正，2000），意图结合各地特色和实况打造别具一格的国家公园体系；各州设立的主要政府管理机构享有的自主权力很大，形成扁平化、透明高效的管理体制。各属地的国家公园设定目标存在多样性，且各主要政府管理机构的名称和管理范畴不同，涉及的保护法案亦有差异。就国家公园的设定目标来说，两个领地（北领地和首都领地）以及塔斯马尼亚州将国家公园作为保护自然生态系统、娱乐以及自然环境研究和公众休闲的区域；新南威尔士州将国家公园定义为以未被破坏的自然景观和动植物区为主体建立的大面积区域，永久性服务于公众娱乐、教育和陶冶情操之目的（诸葛仁，2011）；昆士兰州要求尽可能维持国家公园自然状态，保护本土动植物种，未经允许，不得引进外来动植物种（刘莹菲，2003）。从国家公园管理遵循的相关法律来说，领地采纳联邦政府制定的《环境保护和生物多样性保存法》（1999年），新南威尔士、维多利亚、西澳、昆士兰、塔斯马尼亚、南澳6个州执行的是由各州政府制定的法案，分别是《国家公园和野生动物法》（1974）、《国家公园法》（1975年）、《保护和土地管理法》（1984年）、《自然保护法》（1992）、《国家公园和保护地管理法》（2002）、《自然资源管理法》（2004年）（贾丽奇等，2013）。从主要政府管理机构来说，南威尔士率先成立国家公园和野生动物局，取代原有的风景保护委员会，在此之后塔斯马尼亚、南澳和昆士兰皆效仿新南威尔士建立自己的国家公园和野生动物局，而维多利亚设立维多利亚公园局，西澳设立环境保护部，首都领地则有环境部主管，北领地由保护委员会主管。

在经营管理的保障措施和创新经验方面，澳大利亚国家公园的员工岗位是面向全社会公开招聘的公务员编制，签署稳定的劳动合同关系且佣金丰厚，以此吸纳具备专业技术的雇员。此外，澳大利亚政府充分发挥非政府、非盈利性环保组织作用，如"清洁澳大利亚"（Clean Up Australia）、"澳大利亚信托会"（Australia Trust for Conservation Volunteers and Nomad Backpackers）（李永乐等，2007），吸纳大量志愿者为国家公园无偿提供服务。而对于国家公园形象打造最成功的经典案例则是大堡礁国家公园在全球招募"世界最幸福雇员"的推广活动，这对于提升大堡礁的全球声誉和澳大利亚国家形象皆产生了巨大积极影响。

3. 属地自治管理模式的推进阻力

属地自治管理模式的推进阻力主要是各国家公园在发展定位和政策制定上受其政府机构就任主管的个人思想和观念影响较强，这从各州政府对于本州自然资源的"申遗"热情存在较大差异性即可轻易观测到：新南威尔士州的总理Neville Wran（1976—1986）积极支持自然保护工作，因此新南威尔士州的自然遗产提名工作得到当地政府的大力支持，而昆士兰州政府则表达了相反的意见（王维正，2000）。各州遵循不同的保护法案、采纳差异化的管理策略，联邦政府无法直接参与和控制，因此对于国家公园的管理力度难以集体把控，无法对各国家公园采用同一评估标准和工具对管理的有效性进行评测，在一定程度上较难形成完善统一的国家公园管理体系。

（四）以自然生态旅游为导向的可持续发展管理模式

可持续发展管理模式是在尊崇国家公园内资源的自然属性前提下，合理并有限度地挖掘其能为公民游憩提供生态服务的价值，一方面杜绝了野蛮、无序的开发方式带来的对国家公园内自然景象和环境资源的破坏，另一方面为国家公园本身可持续的运营和发展注入生态经济的活力。这种管理模式的代表国家有日本和芬兰，这两个国家建立和运营其国家公园的历史和经验短于前几个案例国家，但凭借可持续性自然旅游的管理模式仍然获得了健康和长久的发展。

1.可持续发展管理模式的构建动力

成立国家公园是一国对于本土自然资源重视和保护的途径和方式，然而运营和管理国家公园却并非易事，需要国家和地方部门持续为其投入大量资金和劳力，在多地已成为政府巨大的财政负担。而在国家公园内开发和提供自然生态旅游这一可持续发展管理模式则能够在一定程度上缓解运营资金完全依赖国家财政这一问题，并在自然保护的前提下充分给予公民游憩权，这种能够带来多样化积极效果的管理模式也逐渐引发多个国家争相学习和效仿。

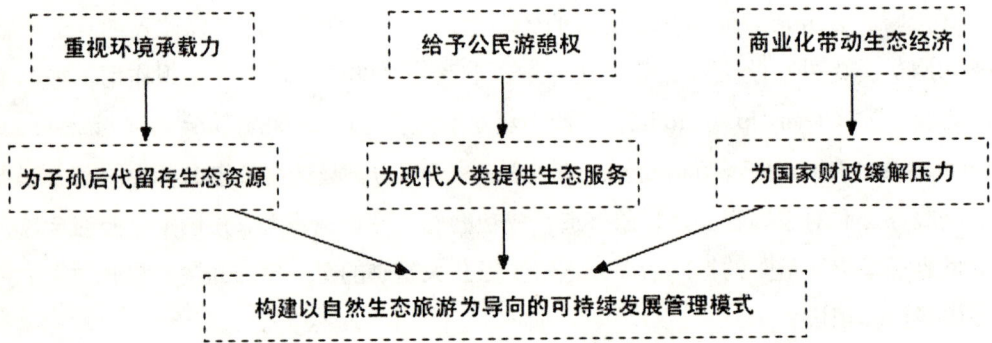

图2　可持续发展管理模式的构建动力示意图

2.可持续发展管理模式的实施路径

可持续发展管理模式的实施主要遵循两个原则：一是确保为参观和游览国家公园的游客提供顾客价值，如完善的生态服务和设施供给，从而提升游客的旅游体验及满意度，从而使得国家公园产品处于持续性的商业化运作状态；二是对国家公园的环境和质量采用严格的规制指标和手段，确保旅游行为不会对其产生负面影响。

日本自1930年在内务省成立国家公园委员会，并于次年颁布国家公园法，在此之后日本建立起多个国家公园，成为日本秀丽山川和海岸的典型代表，但由于当时日本的对外政策和军事建设优于社会和文化建设，因此战争的到来中止了其对于国家公园的管理（王维正，2000）。在经历20世纪40年代太平洋战争失败后，日本积极通过发展旅游业振兴和恢复国家经济，这开启了日本对于国家公园发展的新一轮热潮，国家公园由国家环境署命名，并严循《自然公园法》，在良好的管理下，国家公园的游客数量呈现逐年增长的趋势。在可持续管理模式的第一个实施原则即提升游客价值方面，日本国家公园在有限区域内集中提供公园的食宿设施，包括交通系统、观景台、游客中心、旅馆、露营和其他户外活动等设施硬件；对于特许经营方式取得酒店、旅馆等食宿设施经营权的承租人实行执照发放，严格按照每个国家的游客接待计划、服务质量标准和服务资格进行（张晓，1999），以保证对游客的服务质量，如日本的尾濑国家公园的旅游住宿设施主要是山小屋，共 22 处，所有山小屋必须预约才能入住，从而控制游客容量(谷光灿等，2013)。在可持续管理模式实施的第二个原则即环境质量规制方面，日本强调计划、分区和协议的规制方法，对公园实行详尽的保护计划和利用计划；严循分区治理原则（张海霞，2012)，按照人类自然环境的影响程度、旅游游客使用的重要性等指标将国家公园土地划分为"特殊保护区"、"海洋公园区"、"特别区"和"普通区"（张晓，1999)；另有特别规定，未经国家环境署批准的诸如建房、开矿、伐木、割除植物、收获植物、向河流排污等活动均不得进行（张朝枝等，2006)；由于日本的国家公园土地有部分属于私人所有，因此国家通过收购公园内私人土地的方法有效控制对环境或资源产生有还影响的人类活动（陈琳，2007)。

芬兰于 1916 年首次提出建设自然保护区的设想，国家公园的理念也来源于此，并在第二次世界大战后开始建设至今共拥有 37 个国家公园，总面积达到 8150 平方公里，且具有充裕的林业资源，是欧洲森林覆盖率最高的国家。芬兰的国家公园建设最初以环境教育为导向，通过与科研机构和大学院校合作，以"科研林"等方式展示其林业资源普及科学知识（张海霞等，2010)。以科里国家公园为例，随着国家公园知名度的提升，游客数量不断攀升，芬兰启动"科里国家公园可持续自然旅游发展项目计划"，实现向可持续旅游发展的管理模式的转型（张海霞等，2010)。在提升游客价值方面，通过举办与国家公园和经营相关的国际研讨会、设计竞赛等方式推动旅游产品的创新，并对游客的满意度进行跟踪监测；在环境质量规制方面，通过设立国家公园的管理质量生态标签计划，确保生态质量的可持续发展。

3. 可持续发展管理模式的推进阻力

可持续发展管理模式的构建可以兼顾多项目标、意义非凡，其推进阻力则是在实践中对于商业化和自然保护的权衡和管控，主管部门将面临如何选择经济价值与自然价值、如何协调旅游发展与生态敏感区保护的棘手问题。在实际管理中，允许在国家公园里进行旅游活动并非意味着国家公园对外的完全开放，国家公园必须秉持其公共资源的特性，为公众利益服务，没有严格的约束机制和风险管理策略非常容易导致旅游商业化过度入侵自然保护地的危机出现。只有保证在科学的管理计划、实时的评估监测以及严格的执行手段下才可能推行真正的可持续发展管理模式，否则失衡失败的管理实践最终将使国家公园沦为遍布游客足迹、自然资源流失严重的"热门景点"。

三、对我国构建国家公园管理模式的启示

我国现存多个国家级标签地，如国家自然保护区、国家级风景名胜区、国家森林公

园、国家湿地公园等，分属于不同的行政部门分割管理，也存在多个标签凝聚于一地的情况，导致资源权属不清、问责体系不明、管理体制混乱等多项问题。根据党的十八届三中全会提出的建立国家公园体制要求，将中国多项标签地整合并转型成为国家公园的落脚点即在于对其管理模式的构建和设计。通过对国外国家公园管理模式的应用梳理，建议从三个方面考虑和构思构建适应中国特色的国家公园管理模式：首先必须明确中国国家公园的构建动力和管理宗旨，在此基础上梳理现存标签地的自然和文化资源禀赋供给，并根据中国行政体制特色设计出与之适配的管理模式（如图 3 所示）。

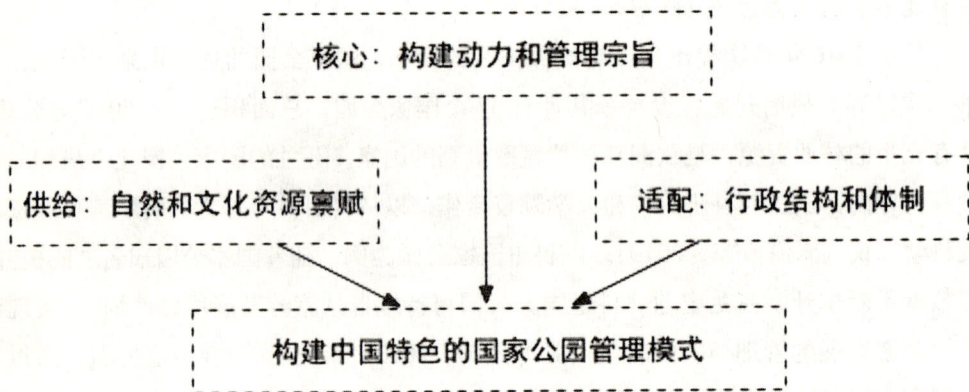

图 3　构建中国特色的国家公园管理模式构思示意图

首先，从国外的国家公园管理模式设计来看，明确构建动力和管理宗旨是国家公园管理模式设计的指导纲领。如美国明确了国家公园对于树立民族自信和国家认同的重要作用，因此采纳中央政府管理模式从全局性和整体性设计具体的管理策略和实施方法，形成了较为完善的国家公园体系；而澳大利亚建立国家公园的宗旨即自然保护，因此其采用的属地自治管理模式仍是在自然保护的前提框架下执行和发展的。因此，中国的国家公园管理模式的设计首要任务即抓住构建国家公园的核心动力，明确并制定出相应的管理目标。

其次，各地采用相异的管理模式也源于当地自然和文化资源的差异性。如英国采用协作共治共管模式，是考虑到可以将国家公园土地上具备多年传统的农场文化继承并转化为供民众游憩消遣的观赏要素；而澳大利亚丰富多样的生物资源则要求了其多样化的管理途径不能背离国家公园的创设初衷。中国地大物博、历史源远流长，对构建管理模式的重要任务则是对现存的自然和文化资源进行梳理和评估，进而探讨对资源管理重心的权衡和倾向问题。

最后，构建的管理模式必须考虑到与现有行政结构的适配性。澳大利亚所采用的属地自治管理模式即是直接建立在其原有的行政体系和立法结构之上，因此对国家公园构建和管理的推进难度减弱不少；芬兰则是考虑到本国运营国家公园的财政压力，采用可持续发展管理模式激活其生态经济系统，缓解政府压力。中国标签地运营成果不尽如人意的主要原因是标签地主管部门和当地行政部门权属不明，责任划分混乱，如一些地方政府的深度介入扭曲了国家公园的价值诉求（张海霞，2010）。因此，中国的国家公园在构建管理模式时要考虑到管理层级的设置和权限的划分标准，与行政部门实现高效率对接与匹配，避免部门交叉导致的管理低效与矛盾的出现。

五、设计资讯

作为启蒙的设计

——中国国际设计博物馆包豪斯藏品展

闫丽丽（中国美术学院）

一、作为启蒙的设计

2014 年 9 月 28 日至 11 月 8 日，中国国家博物馆举办了"作为启蒙的设计——中国国际设计博物馆包豪斯藏品展"，该展览由杭州市政府和中国美术学院主办，展出了以包豪斯为核心的一批德国优秀的现代设计。这次展览是中国国际设计博物馆继 2013 年在深圳何香凝美术馆举办的"从制造到设计——20 世纪德国设计展"后的又一次重要展览。展览展出了荷兰风格派设计大师格里特·里特维尔德（Gerrit Rietveld）设计的红蓝椅、路德维希·米斯·凡·德·罗（Ludwig Mies van der Rohe）设计的巴塞罗那椅，玛丽安娜·布兰德（Marianne Brandt）设计的茶壶，瓦西里·康定斯基（Wassily Kandinsky）的绘画作品，马塞尔·布劳耶（Marcel Breuer）设计的瓦西里椅等世界现代设计史上的许多经典作品。

将展览名定为"作为启蒙的设计"，总策展人中国美术学院院长助理、包豪斯研究院院长杭间教授有这样几层考虑：一是呼吁社会重新认识设计的价值，这是一种独特的"生活启蒙"，比思想启蒙毫不逊色；二是希望设计界也能从包豪斯出发反躬自省，对设计师的身份、设计服务、艺术科技、教育、生活等问题作进一步思考。包豪斯，一直以来被誉为"欧洲创造力的中心"；它不仅仅是一所学校，也是一个精神象征，一场艺术改革，一种关于现代生活启蒙的哲学。中国美术学院院长许江在展览开幕式上说："包豪斯是思想的容器，是国际设计技术艺术、设计文化和运动的策源地，是一个持续的发生作用的思想的现场。包豪斯的观念和主张，一直到今天都在影响着人们的生活，给我们带来艺术教育的样板，让我们重新思想教育内部和外部的诸多关系。所有这些构成了设计启蒙的力量，这就是为什么我们将这次展览命名为'启蒙的设计'"。

20世纪初期成立的包豪斯，其艺术理念和艺术实践，不仅对全世界的建筑、设计、雕塑和绘画有着深远影响，而且在某些方面改变了人们的生活方式，推动着人们思维的变化。它创立了现代设计的基本法则，使设计成为了独立的学科，奠定了现代设计艺术教育的基本理念和模式。包豪斯遗产是西方文明从工业期到创造期乃至产业结构发展期的遗存，它不仅具有历史价值，也是中国工业文明发展无可替代的参照物。策展团队希望通过对包豪斯为主的设计作品的展览，将其对于当代的启示辐射到艺术、设计、教育、生产和生活等各个方面。

这次在国家博物馆推出包豪斯艺术作品展，不仅可以满足设计研究者、设计从业人员专业上深度探寻、研究的需求，还可以令普通大众了解包豪斯，提升对设计的关注。

二、展览内容

此次展览围绕"启蒙"的主题，分为五个版块展开，它们分别是：思想启蒙、材料与结构、形式与功能、教育与生产、日常生活。开篇第一个版块"思想启蒙"，是从源头上梳理包豪斯作为思想启蒙的发源地的理念、先锋思想。20世纪初，德国正处在农业经济向工业经济转型的时期，工业革命所带来的生产方式的变革尚未发展成熟，机器生产与手工艺制作之间、艺术家的个性化创作与标准化生产之间仍然有许多问题存在。德国现代设计的先驱们，如德意志制造同盟的赫尔曼·穆特修斯（Hermann Muthesius）、艺术家和建筑师彼得·贝伦斯（Peter Behrens）、亨利·凡·德·威尔德（Henry van de Velde）、建筑师汉斯·珀尔齐希（Hans Poelzig）等人都在探索解决之道。他们从英国的工艺美术运动中吸取了经验，对手工艺和机器的关系、工匠与工业生产以及产品设计标准化等问题做了深入的思考与大胆的尝试，包豪斯正是在此基础之上发展起来的。

"材料与结构"版块则是通过材料发展的角度，诠释包豪斯如何在设计理念上影响了现代生活。在工业化大发展的社会背景下，全新的科技与材料为设计提供了更多的可能性，包豪斯在课程教学中十分注重材料研究，并建立起平等的材料观，打破传统工匠材分等级的看法，以经济、轻便的材料取代稀有金属，并通过批量化、标准化的生产，使艺术从特定阶层的垄断中解放出来，进入普通人的日常生活。他们率先大胆采用铝、胶合板、不锈钢、压制玻璃、复合金属等材料，利用材料特性设计出新的产品结构，进而从根本上实现了设计创新。新的材料带来了新的产品结构形态，轻量、可组合拆装、标准化的家具取代了厚重不便的家具，建筑以预制标准构件装配而成，生产快捷高效，玻璃幕墙也使得建筑的结构清晰明朗。通过不断完善产品的结构与形态，包豪斯形成了自己的设计语言。物品的价值也不再单纯地以原材料的高低贵贱来决定，设计与生产占了更多的比重，设计师及其设计的价值也因此得到了提升。

"形式与功能"版块是从相对微观的角度探讨产品的基本形态与功能。展览中不仅陈列了包豪斯学院师生们的作品，同时还展出了荷兰风格派、俄国构成主义等先锋派艺术大师如泰奥·凡·杜斯伯格(Theo Van Doesburg)、格里特·里特维尔德、瓦西里·康定斯基的作品。受到他们的影响，包豪斯的师生们大量采用几何图形作为基本的造型元素，探索能够代表时代特色的新形式。简单化的造型不仅便于生产，还使结构趋向合理，功能更加完善。系统性的设计增强了产品的适应性和实用性，并有效降低了成本。无论是提倡便于观看的小写字母，还是强调舒适感的钢管椅设计，包豪斯始终坚持设计的目的是人，而不是产品。为生活服务是所有功能的核心，由功能来决定形式。正如格罗皮乌斯在《包豪斯设计的原则》中所说的那样："物品的本质由其用途所决定，故而设计时应当注重功能的发挥，无论是一个容器、一把椅子，还是一栋住宅，其功能都是首当其冲要考虑的因素。符合基本用途是第一位的，这就意味着在实现功能的同时，方能兼取实用，经济而美观。"包豪斯人力求以更简单、直接的形式来实现功能需求，同时也为未来的设计师们提供了一种新的视觉语汇，他们后来将这些语汇广泛应用于日用品、家具、纺织品、平面以及建筑设计之中。

"教育与生产"版块重点展示了包豪斯的教育特色及其教育成果。为调和艺术家和工业化生产之间的矛盾，包豪斯在艺术与技术间架起了沟通的桥梁。学校采用工坊教育，实行双轨制教学，同时聘请知名的艺术大师与具有专业技术的工匠协同教学，培养艺术和技术兼备的新型人才。艺术家保罗·克利(Paul Klee)、莱昂尼尔·费宁格(Lyonel Feininger)、约翰尼斯·伊顿(Johannes Itten)等已享有国际声誉的艺术家都是包豪斯的教师。包豪斯在探索中逐渐成熟，其教育思想也经历了几次转变：办校之初以"艺术与手工艺的结合"为目标，后来转而寻求"艺术与技术的新统一"，将重心转移到技术与工业生产之上，强调标准化设计。尤其是在第二任校长汉内斯·迈耶(Hannes Meyer)任职期间，包豪斯通过广泛地与企业进行合作，将教育与生产紧密地联系起来，师生们设计的产品得以进入市场，并通过展览向社会推广。这些产品有的至今仍在生产，并成为现代主义设计中的经典。正是这些生产实践使包豪斯以一所现代设计学校的身份为工业社会体系提供了新的教学方向。包豪斯存在的14年间，打破了艺术、手工艺、建筑之间原有的等级，将其融合从而创造出独特的教育模式与范例，在不断探索中日益完善设计教育体系。学校关闭后，随着大批教员的移民，其教育思想和设计理念在欧洲乃至全世界得到推广，并对设计教育产生了重大影响。

"日常生活"版块将包豪斯与我们的日常生活关联起来，向观众揭示了我们生活中许多习以为常的物品，如日常照明灯具、现代厨房、规范高效的办公空间、建筑中的玻璃幕墙等，这些或多或少都带有包豪斯的理念与外观。包豪斯设计出简约现代的产品，为大众提供现代化生活方式的参考。通过举办展览、发行杂志、派发产品手册等方式向社会宣传他们的产品和新的理念。由包豪斯印刷与广告工坊的形式大师赫伯特·拜耶（Herbert Bayer）担任《新线》（*Die Neue Linie*）杂志的艺术总监，并与包豪斯教师拉兹洛·莫霍利-纳吉（László Moholy-Nagy）共同设计封面，该杂志也成为包豪斯推广现代生活方式的宣传阵地。在德绍校舍、大师之屋、霍恩街住宅这些现代化、理性、强调功能的建筑中，到处都是包豪斯师生设计的形式简洁、功能良好的器物、家具和厨房设施。包豪斯一直强调设计并非针对单个物品的改良，而是一整套的功能体系，要实现整体环境的和谐。创新不是以物品为任务，而是以"生活过程的创新塑造"为最终目标。通过使用现代材料，包豪斯为设计在生活中的普及提供了条件，改善着工业化社会中大众生活的方式与品质，从某种意义上重塑了我们的生活。

三、关于悖论的思考

此次展览还特别设立了一条线索"包豪斯悖论"。"悖论"从反思和批判的角度，直面包豪斯历史中的矛盾与冲突，以此揭示包豪斯理想在现实中所遭遇的种种困境。"悖论"所讨论的是一些在当代依然需要被讨论的问题，如启蒙与神话、艺术与技术、形式与功能、作品与产品、大生产与为大众生产。通过这些问题的提出，期冀能够从中找到对当代的启示，从中国当代的视角批判性地吸收包豪斯的思想精华。

如"启蒙与神话"中探讨了中国早期知识精英在接触到包豪斯后，通过对包豪斯"自觉误读"来适应当时社会需求，实现社会启蒙。包豪斯在我国设计教育领域长期以来被颂扬成一个高高在上的神话，如今我们更需要理性、客观地对待它，实现其对大众的启蒙作用而非仅只是个神话。启蒙与神话的悖论，成为我们发展包豪斯的一种"方法"，将其置于不同的实验场域中再活化，这样才能无限接近包豪斯精神及我们自身。

在"艺术与作品"的悖论中，发人深思的问题是：如果说包豪斯设计是艺术作品，其设计初衷却来自大工业时代的批量化考量，为了降低成本使普通大众都能购买；但若是将包豪斯设计看作工业产品，然而其中相当一部分却被当做手工制作的艺术创造，即使今天转以批量生产后也价格不菲，包含着远超越其使用功能的艺术附加值。包豪斯的理想究竟是创造作品还是生产产品，至今仍是个值得回味的问题。

四、展览方式

　　为了让观众能够更好地体验和理解包豪斯的设计和理念，展览采取了多种展示方式。从展厅入口处设计师设置了一条"启蒙"之路，并在起点与终点布置了两块屏风：入口处的屏风以费宁格的《教堂》作为展览主题和空间灵感的来源，用灯箱的形式予以表现；终点处则按比例复制了包豪斯德绍校舍上的"BAUHAUS"字样。"材料与结构"主题厅设计师采用阵列的形式，将展台均匀地分布在展厅里，以划分区域的方式展示了包豪斯对于材料工艺和产品结构的探索。

图1　展览入口　　　　　　　　　　　　　　　　图2　"启蒙"之路

　　"形式与功能"展厅以三个方形，圆形，三角形的巨大展台陈列对应不同展品的形式。无论是平面设计作品还是工业设计产品，无不包含了对于几何形式与使用功能之间对应关系的探讨。因此展览也试图重现这种"追本溯源"的态度，引发参观者从几何形态的视角重新审视我们司空见惯的工业产品。

　　"教育与生产"展厅使用了六个大小不一的黑色钢架设置在展厅的中央，分别展示包豪斯最为著名的六位学生、赫伯特·拜耶、威廉·华根菲尔德（Wilhelm Wagenfeld）、奥托·林迪希（Otto Lindig）等人，从个体人物的切面展现了包豪斯教育上所取得的成就。

　　"日常生活"展厅，设计师以空间重现的方式，利用包豪斯的设计作品，展示了那个设计革新年代的四个生活场景：包豪斯厨房、儿童天地、大师之家以及女性居所。背景墙上的设计品如实地展列在还原空间里，高度逼真的场景令观众如临其境，更好地理解设计作品产生的时代背景。

　　观众在展览现场不仅可以近距离观看这些设计史上的经典作品，还可以通过多媒体互动及包豪斯动画影片、微信等网络终端，进一步了解到藏品的作者、时代背景等相关信息，免费领取包豪斯故事册，通过趣味设计故事来了解包豪斯与当代生活的联系。展览画册《包豪斯：作为启蒙的设计》作为"中国设计与世界设计研究大系"系列丛书，由山东美术出版社出版发行，是此次展览的重要成果。

正如美国设计师威廉·斯莫克所说的那样："全世界的设计师和建筑师都从包豪斯的实例中汲取灵感，然后又反抗它。在每一个时代，包豪斯关于人性、社会责任和品位的理念都会成为一种刺激物。"对包豪斯历史及其思想的梳理，更为重要的是能够对今日中国有更多的启示。

图 3　展厅一角

全国首部设计文化发展报告
《上海设计文化发展报告（2011—2012）》出版

    由上海大学设计学博士生导师邹其昌教授主编的全国首部大型设计文化发展报告《上海设计文化发展报告（2011—2012）》正式由上海大学出版社出版。全书约 80 万字。

    《上海设计文化发展报告（2011—2012）》是上海大学中国设计理论与创意文化研究中心主办的大型设计文化产业研究丛刊（系列），是国内第一部正式出版发行的设计文化发展类研究报告，是中国当代设计学科建设、发展与完善的重要组成部分。

    本年度报告通过实地考察、书籍、期刊、报纸、网络等途径，对 2011—2012 年间的上海设计文化整体发展状况进行的整理与描述，包括对上海传统手工艺设计文化、上海视觉传达设计文化、上海工业设计文化、上海环境艺术设计文化、上海家居设计文化、上海市创意设计产业、上海数字媒体设计文化、上海动漫游戏设计文化、上海设计教育等领域的相关数据资料进行大量的搜集以及全面、深刻的结构分析。本报告试图通过对设计文化的产业链的系统考察与深入研究，来分析整合上海市 2011—2012 年的设计文化发展状况。在全面分析上海设计文化产业发展特点与趋势的基础上，阐述了上海设计文化的总体特征、发展模式和各相关类别的发展状况、特色，并对设计文化发展态势进行了预测、分析和展望，总结出了一些重要特征，以更加翔实的研究数据，更加深入的文化分析来考察本年度上海的设计文化发展总体状况和未来趋势。基于对上海及全国设计文化的翔实数据，对其进行了较为具体深入的剖析，形象地展现了上海设计文化发展的蓝图。本报告力求准确把握未来发展态势，对其作出更加科学、完整的预测和展望，并在此基础上提出了上海设计文化发展的总体策略和建议。最后，将 2011—2012 年的上海设计文化发展相关的政策文件进行了汇编，作为附录部分供读者参考使用。

    《上海设计文化发展报告（2011—2012）》是上海市本级学科建设项目"中国设计理论与创意文化研究"和上海市教委创新重点项目"《营造法式》与建构当代中国设计学理论体系之意义研究"的阶段性成果，也是上海大学设计学科创建高水平一流学科内涵建设的重要成果之一。

    《上海设计文化发展报告》的编撰具有以下重要价值：第一，学科价值：进一步探索和完善设计学科体系结构，即由传统的艺术性质设计学形态（理论＋实践）转变为新型的跨学科多行业性质设计学形态（理论＋实践＋产业）转变。第二，历史价值：探索并建构当代上海设计文化历史观，为上海乃至中外设计文化建设实践与发展规划服务。第三，产业价值：探索并建构上海设计文化产业评估机制，为上海乃至中外设计产业的经营模式、特征、趋势等提供咨询与服务。第四，政治价值：探索并建构新型设计文化形态为人类政治文明和社会进步服务。

邹其昌教授长期以来密切关注设计学科的前沿，率先在全国提出并努力探讨建构中国当代设计理论体系问题，注重上海大学设计学科的发展布局和内涵提升，尤其在设计理论建设方面，率先在全国成立中国设计理论研究中心，并组织研究团队展开了设计学理论系统研究，积极申报国家重大课题，率先在上海大学招收设计学方向的博士后，积极培养青年学术人才，积极争创全国一流设计学科。主编设计理论大型学术刊物《设计学研究》和《上海设计文化发展报告》，努力构建了上海大学设计学科在国内外学术界的高端话语权。

关于当代设计学体系建构问题，邹其昌教授认为当代设计学体系至少包含五个基本方面（五大建构）：设计学基本理论（设计史论）、设计学门类（设计实践）、设计管理（设计产业）、设计服务、设计类型等。五大建构又可进一步概括为设计学"三大核心"（设计理论、设计实践和设计产业），其中"设计产业"是当代设计理论体系建构的核心部分之一，并将设计产业纳入整个设计理论体系建构之中进行理论探讨，突出设计学科不同于其他艺术学科的本身固有的特殊性质。五大建构沟通着三大部门互动，即政府、学界和企业的政产学研互动。然而三大部门如何真正实现协同创新，至今仍是一个亟待攻克的极其重大的课题——也是难题。借鉴国际上发达国家的成功经验，我们极力倡导"理论先导、政策跟进、产业繁荣"协同创新发展逻辑。这也是美国等设计理论发达国家所具有的经验，其基本程序是，理论家提出和论证某一设计理论，作为咨询报告提交给政府；政府再作为政策或法规进行推广与实施；从而引导和规范设计产业和市场，提升设计产业竞争力，改变人类观念和推动社会的发展。如"绿色设计"、"为人民的设计"、"用户体验设计"等理论都是如此。

作为教学研究机构，设计学校的优势就在于对当代设计产业的关注与研究。而上海设计文化是上海设计产业的焦点，因此，上海大学中国设计理论与创意文化研究中心将立足上海，辐射全国，放眼世界，构建高水平协同创新设计理论研究平台，展开对以上海设计文化为核心的中国设计产业及其国际竞争力的关注与系统研究工程。《上海设计文化发展报告》（年度系列）是这一工程的阶段性成果之一。

邹其昌教授目前设计学研究的基本框架由四块构成，即：（1）设计史论（中外设计史，重点为中国古代设计史和美国设计史）、（2）上海设计（包括上海设计史、上海设计文献整理与研究、当代上海设计文化研究等）、（3）当代设计理论体系、（4）设计产业。

该报告编撰的顺利展开，一则获益于上海市本级学科建设项目"中国设计理论与创意文化研究"和上海市教委创新重点项目"《营造法式》与构建当代中国设计学理论体系之意义研究"的资助；二则得益于上海大学"中国设计理论与创意文化研究团队"的通力合作。该报告是在主编的主持和指导下，集体完成的成果。研究团队成员及分工如下（以报告章节为序）：

周琦（前言、文献汇编）

李清华（上海非物质文化遗产与手工艺设计文化发展报告）

孙聪（上海视觉传达设计文化发展报告）

李笑萍（上海工业设计发展报告）

李青青（上海环境艺术设计文化发展报告）

梅婷婷（上海家居设计文化发展报告）

李正柏（上海创意设计产业发展报告）

冯易（上海数字媒体设计文化发展报告）

吴小勉（上海动漫游戏设计文化发展报告、上海设计教育发展报告）

全书统稿由主编和周琦合作完成。

全书编撰提纲、指导思想、编撰体例和最后定稿由主编完成。